안쌤의 STEAM+ 창의사고력

과학 100제

초등 1-2학년

안쌤의 STEAM+ 창의사고력 과학 100제

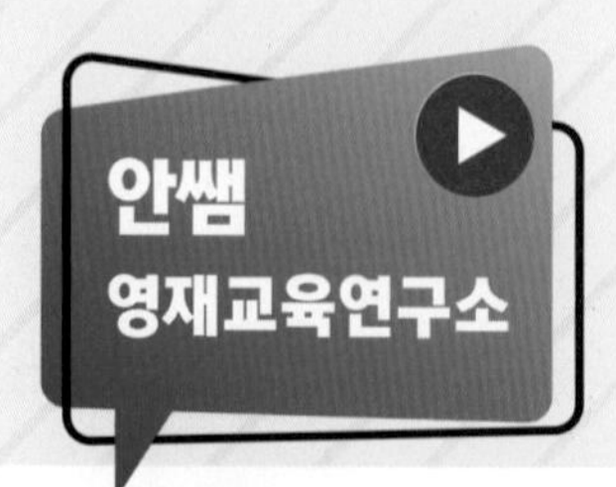

잠깐!

안쌤 영재교육연구소 학습 자료실
샘플 강의와 정오표 등 여러 가지 학습 자료를 확인하세요~!

이 책을 펴내며

초등학교 과정에서 과학은 수학과 영어에 비해 관심이 적기 때문에 과학을 전문으로 하는 학원도 적고 강의 또한 많이 개설되지 않습니다. 이런 상황에서 과학은 어렵고, 배우기 힘든 과목이 되어 가고 있습니다. 특히, 비수도권 지역에서 좋은 과학교육을 받는 것은 매우 힘든 일임이 분명합니다. 그래서 지역에 상관없이 전국의 학생들이 과학 수업을 받을 수 있도록 창의사고력 과학 특강을 실시간 강의로 진행하게 되었습니다. '안쌤 영재교육연구소' 카페를 통해 강의를 진행하면서 많은 학생이 과학에 대한 흥미와 재미를 더해 가는 것을 보았습니다. 더불어 10년이 넘는 시간 동안 강의를 진행하면서 많은 학생이 영재교육원에 합격하는 모습을 지켜볼 수 있는 영광을 얻기도 했습니다. 창의사고력 과학 문제들은 대부분 실생활에서 볼 수 있는 현상을 과학적으로 '어떻게 설명할 수 있는지', '왜 그런 현상이 일어나는지', '어떻게 하면 그런 현상을 없앨 수 있는지' 등의 다양한 접근을 통해 해결해야 합니다. 이러한 과정을 통해 창의사고력을 키울 수 있고, 문제해결력을 향상시킬 수 있습니다.

이에 **(주)시대교육**과 함께 여러 강의와 집필 과정에서의 노하우를 담아 『안쌤의 STEAM+창의사고력 과학 100제』 시리즈를 출간하게 되었습니다. 이 책은 어렵게 생각할 수 있는 과학 문제에 재미있는 그림을 이용한 '창의사고력 실력다지기', 재미있는 과학 기사와 실전 문제를 융합한 '도전! STEAM 창의탐구력'으로 구성했으며, 실제 시험 유형을 확인할 수 있도록 대표 기출문제를 정리해 수록했습니다.

과학을 배우고 강의하면서 과학은 세상을 살아가는 데 매우 중요한 학문이며, 꼭 어렸을 때부터 배워야 한다고 믿고 있습니다. 과학을 통해 창의사고력과 문제해결력이 향상된다면 학생들은 문제나 어려움에 부딪혔을 때 포기하지 않고 그 문제나 어려움이 발생된 원인을 찾고 분석해 해결하려고 노력할 것입니다. 이처럼 과학은 공부뿐만 아니라 인생을 살아가는 데 매우 중요한 역할을 합니다.

마지막으로 이 교재와 안쌤 영재교육연구소 카페 및 유튜브 채널의 다양한 정보를 통해 많은 학생들이 과학에 더 큰 관심을 가지고, 자신의 꿈을 키우기 위해 노력하며 행복하게 살아가기를 바랍니다.

안쌤 영재교육연구소 대표 안재범

영재교육원에 대해서 궁금해 하는 Q&A

영재교육원 대비로 가장 많이 문의하는 궁금증 리스트와
안쌤의 속~ 시원한 답변 시리즈

No.1 안쌤이 생각하는 대학부설 영재교육원과 교육청 영재교육원의 차이점

Q 어느 영재교육원이 더 좋나요?

A 대학부설 영재교육원이 대부분 더 좋다고 할 수 있습니다. 대학부설 영재교육원은 대학 교수님 주관으로 진행하고, 교육청 영재교육원은 영재 담당 선생님이 진행합니다. 교육청 영재교육원은 기본 과정, 대학부설 영재교육원은 심화 과정, 사사 과정을 담당합니다.

Q 어느 영재교육원이 들어가기 쉽나요?

A 대부분 대학부설 영재교육원이 더 합격하기 어렵습니다. 대학부설 영재교육원은 9～11월, 교육청 영재교육원은 11～12월에 선발합니다. 먼저 선발하는 대학부설 영재교육원에 대부분의 학생들이 지원하고 상대평가로 합격이 결정되므로 경쟁률이 높고 합격하기 어렵습니다.

Q 선발 요강은 어떻게 다른가요?

A

대학부설 영재교육원은 대학마다 다양한 유형으로 진행이 됩니다.	교육청 영재교육원은 지역마다 다양한 유형으로 진행이 됩니다.
1단계 서류 전형으로 자기소개서, 영재성 입증자료 2단계 지필평가 (창의적 문제해결력 검사, 영재성판별검사, 창의력검사 등) 3단계 심층면접(캠프전형, 토론면접 등) 지원하고자 하는 대학부설 영재교육원 요강을 꼭 확인해 주세요.	GED 지원단계 자기보고서 포함 여부 1단계 지필평가 (창의적 문제해결력 평가(검사), 영재성검사 등) 2단계 면접 평가(심층면접, 토론면접 등) 지원하고자 하는 교육청 영재교육원 요강을 꼭 확인해 주세요.

No.2 교재 선택은 현재 기준일까? 내년 기준일까?

Q 현재 4학년이면 3~4학년 교재를 봐야 하나요? 5~6학년 교재를 봐야 하나요?

A 3～4학년 교재를 봐야 합니다. 교육청 영재교육원은 선행 문제를 낼 수 없기 때문에 현재 학년에 맞는 교재를 선택하시면 됩니다.

Q 현재 6학년인데, 중등 영재교육원에 지원합니다. 중등 선행을 해야 하나요?

A 현재 6학년이면 6학년과 관련된 문제가 출제됩니다. 중등 영재교육원이라고 하는 이유는 올해 합격하면 내년에 중1이 되어 영재교육원을 다니기 때문입니다.

Q 대학부설 영재교육원은 수준이 다른가요?

A 대학부설 영재교육원은 대학마다 다르지만 1～2개 학년을 더 공부하는 것이 유리합니다.

No.3 지필평가 유형 안내 - 영재성검사? 창의적 문제해결력 검사?

 **영재성검사와 창의적 문제해결력 검사는 어떻게 다른가요?**

 **과거**

영재성 검사	+	학문적성 검사	=	창의적 문제해결력 검사
언어창의성 수학창의성 수학사고력 과학창의성 과학사고력	+	수학사고력 과학사고력 창의사고력	=	수학창의성 수학사고력 과학창의성 과학사고력 융합사고력

현재

영재성 검사	창의적 문제해결력 검사
일반창의성 수학창의성 수학사고력 과학창의성 과학사고력	수학창의성 수학사고력 과학창의성 과학사고력 융합사고력

지역마다 실시하는 시험이 다릅니다.
서울 : 창의적 문제해결력 검사
부산 : 창의적 문제해결력 검사(영재성검사+학문적성검사)
대구 : 창의적 문제해결력 검사
대전+경남+울산 : 영재성검사, 창의적 문제해결력 검사

No.4 영재교육원 대비 파이널 공부 방법

Step1 자기인식

자가 채점으로 현재 자신의 실력을 확인해 주세요. 남은 기간 동안 효율적으로 준비하기 위해서는 현재 자신의 실력을 확인해야 합니다. 남은 기간이 많지 않아 걱정이 된다면 걱정만 하지 말고 빨리 지필평가에 맞는 교재를 준비해 주세요.

Step2 답안 작성 연습

지필평가 대비로 가장 중요한 부분은 답안 작성 연습입니다. 모든 문제가 서술형이라서 아무리 많이 알고 있고, 답을 알더라도 답안을 제대로 작성하지 않으면 점수를 제대로 받을 수 없습니다. 꼭 답안 쓰는 연습을 해 주세요. 자가 채점이 많은 도움이 됩니다.

안쌤이 생각하는 자기주도형 과학 학습법

변화하는 교육정책에 흔들리지 않는 것이 자기주도형 학습법이 아닐까?
입시 제도가 변해도 제대로 된 학습을 한다면 자신의 꿈을 이루는 데 걸림돌이 되지 않는다!

독서 ▸ 동기 부여 ▸ 공부 스타일로
공부하기 위한 기본적인 환경을 만들어야 한다.

1 단계 : 독서

'빈익빈 부익부'라는 말은 지식에도 적용된다. 기본적인 정보가 부족하면 새로운 정보도 의미가 없지만, 기본적인 정보가 많으면 새로운 정보를 의미 있는 정보로 만들 수 있고, 기본적인 정보와 연결해 추가적인 정보(응용 · 창의)까지 쌓을 수 있다. 그렇기 때문에 먼저 기본적인 지식을 쌓지 않으면 아무리 열심히 공부해도 과학 과목에서 높은 점수를 받기 어렵다. 기본적인 지식을 많이 쌓는 방법으로는 독서와 다양한 경험이 있다. 그래서 입시에서 독서 이력과 창의적 체험활동(www.neis.go.kr)을 보는 것이다.

2 단계 : 동기 부여

인간은 본인의 의지로 선택한 일에 더 책임감이 강해지기 때문에 스스로 적성을 찾고 장래를 선택하는 것이 가장 좋다. 스스로 적성을 찾는 방법은 여러 종류의 책을 읽어서 자기가 좋아하는 관심 분야를 찾는 것이다. 자기가 원하는 분야에 관심을 갖고 기본 지식을 쌓다 보면, 쌓인 기본 지식이 학습과 연관되면서 공부에 흥미가 생겨 점차 꿈을 이루어 나갈 수 있다. 꿈과 미래가 없이 막연하게 공부만 하면 두뇌의 반응이 약해진다. 그래서 시험 때까지만 기억하면 그만이라고 생각하는 단순 정보는 시험이 끝나는 순간 잊어버린다. 반면 중요하다고 여긴 정보는 두뇌를 강하게 자극해 오래 기억된다. 살아가는 데 꿈을 통한 동기 부여는 학습법 자체보다 더 중요하다고 할 수 있다.

3 단계 : 공부 스타일

공부하는 스타일은 학생마다 다르다. 예를 들면, '익숙한 것을 먼저 하고 익숙하지 않은 것을 나중에 하기', '쉬운 것을 먼저 하고 어려운 것을 나중에 하기', '좋아하는 것을 먼저 하고, 싫어하는 것을 나중에 하기' 등 다양한 방법으로 공부를 하다 보면 자신에게 맞는 공부 스타일을 찾을 수 있다. 자신만의 방법으로 공부를 하면 성취감을 느끼기 쉽고, 어떤 일이든지 자신 있게 해낼 수 있다.

어느 정도 기본적인 환경을 만들었다면

이해 - 기억 - 복습의 자기주도형 3단계 학습법으로

창의적 문제해결력을 키우자.

1 단계 : 이해

단원의 전체 내용을 쭉 읽어본 뒤, 개념 확인 문제를 풀면서 중요 개념을 확인해 전체적인 흐름을 잡고 내용 간의 연계(마인드맵 활용)를 만들어 전체적인 내용을 이해한다.
개념을 오래 고민하고 깊이 이해하려고 하는 습관은 스스로에게 질문하는 것에서 시작된다.
[이게 무슨 뜻일까? / 이건 왜 이렇게 될까? / 이 둘은 뭐가 다르고, 뭐가 같을까? / 왜 그럴까?]
막히는 문제가 있으면 먼저 머릿속으로 생각하고, 끝까지 이해가 안 되면 답지를 보고 해결한다. 그래도 모르겠으면 여러 방면(관련 도서, 인터넷 검색 등)으로 이해될 때까지 찾아보고, 그럼에도 이해가 안 된다면 선생님께 여쭤 보라. 이런 과정을 통해서 스스로 문제를 해결하는 능력이 키워진다.

2 단계 : 기억

암기해야 하는 부분은 의미 관계를 중심으로 분류해 전체 내용을 조직한 후 자신의 성격이나 환경에 맞는 방법, 즉 자신만의 공부 스타일로 공부한다. 이때 노력과 반복이 아닌 흥미와 관심으로 시작하는 것이 중요하다. 그러나 흥미와 관심만으로는 힘들 수 있기 때문에 단원과 관련된 과학 개념이 사회 현상이나 기술을 설명하기 위해 어떻게 활용되고 있는지를 알아보면서 자연스럽게 다가가는 것이 좋다.
그리고 개념 이해를 요구하는 단원은 기억 단계를 필요로 하지 않기 때문에 이해 단계에서 바로 복습 단계로 넘어가면 된다.

3 단계 : 복습

과학에서의 복습은 여러 유형의 문제를 풀어 보는 것이다. 이렇게 할 때 교과서에 나온 개념과 원리를 제대로 이해할 수 있을 것이다. 기본 교재(내신 교재)의 문제와 심화 교재(창의사고력 교재)의 문제를 풀면서 문제해결력과 창의성을 키우는 연습을 한다면 과학에서 좋은 점수를 받을 수 있을 것이다.

마지막으로 과목에 대한 흥미를 바탕으로 정서적으로 안정적인 상태에서 낙관적인 태도로 자신감 있게 공부하는 것이 가장 중요하다.

안쌤 영재교육연구소 대표 **안 재 범**

안쌤이 생각하는 영재교육원 대비 전략

1. 학교 생활 관리 : 담임교사 추천, 학교장 추천을 받기 위한 기본적인 관리

- 교내 각종 대회 대비 및 창의적 체험활동(www.neis.go.kr) 관리
- 독서 이력 관리 : 교육부 독서교육종합지원시스템 운영

2. 교과 선행 : 학생의 학습 속도에 맞게 진행해 주세요.

- 교과 개념 교재+심화 교재(안쌤 교재) 순서로 선행
- 현행에 머물러 있는 것보다 학생의 학습 속도에 맞는 선행 추천

3. 창의사고력 수학, 과학 : 수학, 과학 공통으로 사고력 문제와 융합 문제 출제

수·과학 융합 특강

안쌤의 수·과학 융합 특강 (초등)

창의사고력 수학 100제 시리즈 (1·2학년, 3·4학년, 5·6학년)

안쌤의 STEAM+ 창의사고력 수학 100제 초등 1·2학년

안쌤의 STEAM+ 창의사고력 수학 100제 초등 3·4학년

안쌤의 STEAM+ 창의사고력 수학 100제 초등 5·6학년

창의사고력 과학 100제 시리즈 (1·2학년, 3·4학년, 5·6학년, 중등)

안쌤의 STEAM+ 창의사고력 과학 100제 초등 1·2학년

안쌤의 STEAM+ 창의사고력 과학 100제 초등 3·4학년

안쌤의 STEAM+ 창의사고력 과학 100제 초등 5·6학년

안쌤의 STEAM+ 창의사고력 과학 100제 중등

4. 지원 가능한 영재교육원 모집 요강 확인

- 각 영재교육원 모집 요강을 확인하고, 그 중 지원 가능한 지원 분야와 전형 일정을 확인해 주세요.
- 아직 모집 요강이 발표되지 않았으면 전년도 모집 요강을 확인해 주세요.
- 지역마다 학년별 지원 분야가 다른 경우들이 있습니다.

5. 지필평가 대비

평가 유형에 맞는 교재 선택과
서술형 답안 작성 연습 필수

영재성검사 창의적 문제해결력 모의고사 시리즈

영재성검사 창의적 문제해결력 모의고사 초등 3·4학년

영재성검사 창의적 문제해결력 모의고사 초등 5·6학년

영재성검사 창의적 문제해결력 모의고사 중등 1·2학년

SW 정보영재 영재성검사 창의적 문제해결력 모의고사 시리즈

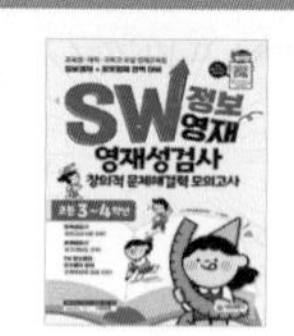

SW 정보영재 영재성검사 창의적 문제해결력 모의고사 초등 3·4학년

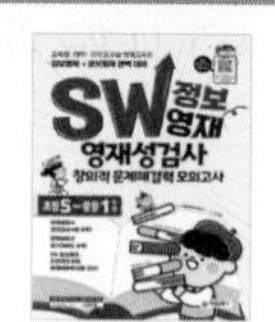

SW 정보영재 영재성검사 창의적 문제해결력 모의고사 초등 5~중등 1학년

6. 면접 평가 대비 : 면접 기출문제로 연습 필수

- 면접 기출문제와 예상문제에 자신만의 답변을 글로 정리하고, 말로 표현하는 연습 필수
- 안쌤의 실전 면접 특강 교재와 강의 추천

영재교육원 면접 특강

AI와 함께하는 영재교육원 면접 특강

7. 가장 중요한 것 : 학부모의 꿈이나 의지가 아닌 학생의 꿈과 의지

늦었다고 포기하거나 대충 준비하지 말고 남은 기간 최선을 다해서 후회하지 않을 정도로 열심히 공부하고 합격하자.

안쌤 영재교육연구소

수학 · 과학 학습 진단 검사

수학 · 과학 학습 진단 검사란?

수학 · 과학 교과 학년이 완료됐을 때 개념이해력, 개념응용력, 창의력, 수학사고력, 과학탐구력, 융합사고력 부분의 학습이 잘 되었는지 진단하는 검사입니다.

영재교육원 대비를 생각하시는 학부모님과 학생들을 위해, 수학 · 과학 학습 진단 검사를 통해 영재교육원 대비 커리큘럼을 만들어 드립니다.

검사지 구성

구분	구성
과학 13문항	• 다답형 객관식 8문항 • 창의력 2문항 • 탐구력 2문항 • 융합사고력 1문항
수학 20문항	• 수와 연산 4문항 • 도형 4문항 • 측정 4문항 • 확률 / 통계 4문항 • 규칙 / 문제해결 4문항

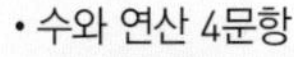

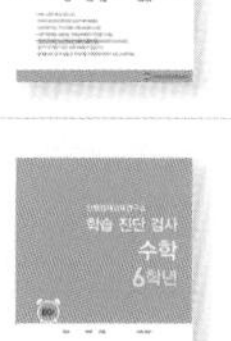

수학 · 과학 학습 진단 검사 진행 프로세스

1. **신청** – 안쌤 영재교육연구소 카카오톡으로 신청 **2만 원**
2. **발송** – 수학 · 과학 진단 검사지 **택배 발송**
3. **진행** – 90분간 **검사 진행**
4. **채점** – 채점 후 결과지를 메일과 카카오톡으로 **발송**
5. 검사 종료 후 카카오톡으로 말씀해 주시면 연구소에서 **택배 회수**
6. 로드맵과 함께 교재 선택 및 학습법 **안내 상담**

수학 · 과학 학습 진단 학년 선택 방법

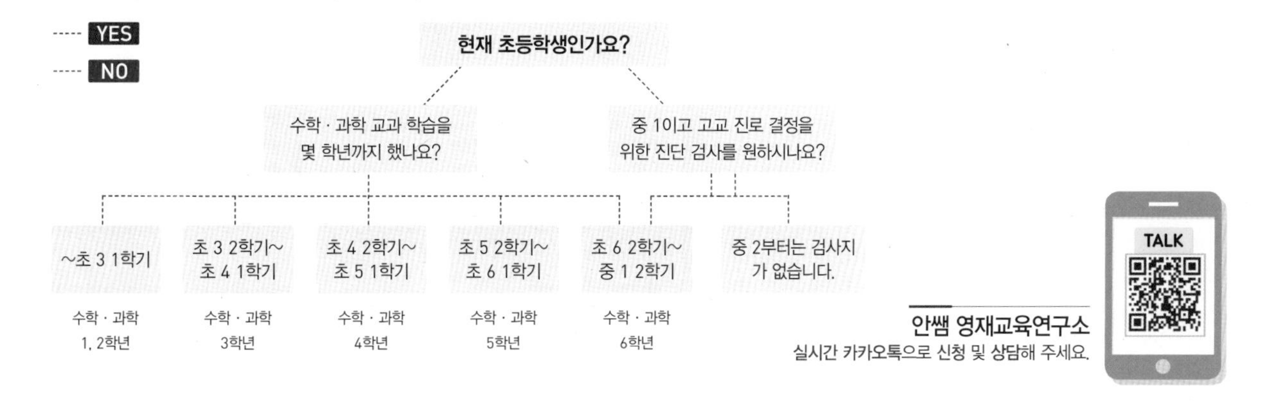

안쌤 영재교육연구소
실시간 카카오톡으로 신청 및 상담해 주세요.

이 책의 구성과 특징

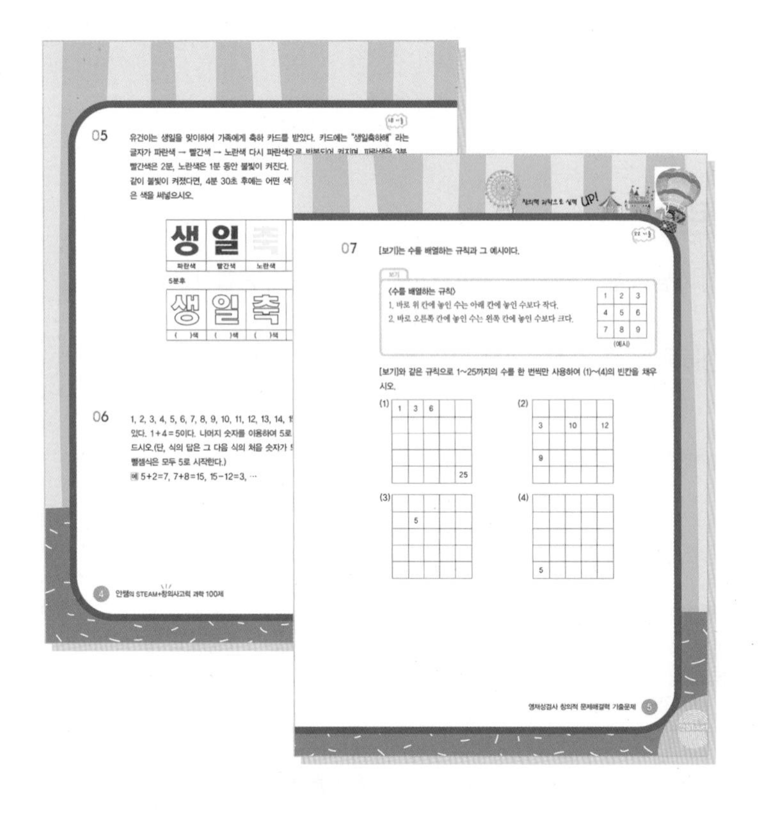

05 유건이는 생일을 맞이하여 가족에게 축하 카드를 받았다. 카드에는 "생일축하해" 라는 글자가 파란색 → 빨간색 → 노란색 다시 파란색으로 반복되어 켜지며, 파란색은 3분 빨간색은 2분, 노란색은 1분 동안 불빛이 켜진다. 같이 불빛이 켜졌다면, 4분 30초 후에는 어떤 색 은 색을 써넣으시오.

생	일	축
파란색	빨간색	노란색

5분후

생	일	축
( )색	( )색	( )색

06 1, 2, 3, 4, 5, 6, 7, 8, 9, 10, 11, 12, 13, 14, 1 있다. 1+4=5이다. 나머지 숫자를 이용하여 5로 드시오.(단, 식의 답은 그 다음 식의 처음 숫자가 뺄셈식은 모두 5로 시작한다.)
예 5+2=7, 7+8=15, 15−12=3, …

4 안쌤의 STEAM+창의사고력 과학 100제

창의력 과학으로 실력 UP!

07 [보기]는 수를 배열하는 규칙과 그 예시이다.

보기
〈수를 배열하는 규칙〉
1. 바로 위 칸에 놓인 수는 아래 칸에 놓인 수보다 작다.
2. 바로 오른쪽 칸에 놓인 수는 왼쪽 칸에 놓인 수보다 크다.

1	2	3
4	5	6
7	8	9

(예시)

[보기]와 같은 규칙으로 1~25까지의 수를 한 번씩만 사용하여 (1)~(4)의 빈칸을 채우시오.

(1)

1	3	6		
				25

(2)

3		10		12
9				

(3)

	5			

(4)

5				

영재성검사 창의적 문제해결력 기출문제 5

부록

창의적 문제해결력 기출문제

교육청 · 대학 · 과학고 부설 영재교육원 영재성검사, 창의적 문제해결력 평가 최신 기출문제를 수록했습니다. 기출문제를 풀어보면서 최신 출제 경향을 파악해 보세요.

문제 - 제1편

창의사고력 실력다지기 100제

초등 1~2학년 교과에 나오는 개념을 기반으로 생명, 물질, 에너지, 지구과학, 융합 각 영역의 대표 실전 유형문제를 뽑아 재미있는 삽화와 함께 구성했습니다.
또한, 풀이에 반드시 필요한 개념들은 문항별 핵심이론으로 함께 수록했습니다.

안쌤의 STEAM+창의사고력 과학 생명 실력다지기

01 키 쑥쑥 커지고 몸 튼튼해지는 '비타민D'

영화 〈반지의 제왕〉과 〈호빗〉에 등장하는 골룸은 왜 항상 착한 주인공에게 질까?
그 이유는 골룸의 몸속에 '비타민D'가 부족하기 때문이라는 재미있는 연구결과가 나왔다. 비타민D는 칼슘의 흡수를 촉진시켜 뼈를 튼튼하게 하는 데 도움을 주는 영양소이다. 비타민D는 달걀노른자, 생선, 치즈와 같은 음식에도 들어있지만 주로 햇빛을 통해 얻어진다.
최근 영국 임페리얼 칼리지 런던대학 연구팀은 호주 의학저널의 크리스마스 판에 "나쁜 주인공이 착한 주인공에게 지는 것은 비타민D가 부족하기 때문"이라는 연구결과를 발표했다.
연구팀의 니콜라스 홉킨슨 박사는 "마지막에 승리를 차지한 빌보 배긴스는 골룸보다 비타민D가 만들어지는 활동을 눈에 띄게 많이 했다"면서 "소설이나 영화 속에 등장하는 악당 캐릭터들이 영웅들에게 지는 이유는 바로 어둠을 좋아하기 때문"이라고 말했다.

비타민D가 부족할 때 걸리는 질병, 구루병
뼈가 자라는 성장기 어린이의 몸에 비타민D가 부족하면 구루병에 걸리게 된다. 구루병이란 칼슘이 충분히 뼈에 흡수되지 못했을 때 생기는 병으로 다리가 곧지 못하고 바깥쪽으로 둥글게 휘어지는 병이다. 비타민D는 '햇빛 비타민'이라 불릴 만큼 낮에 야외활동을 하는 것으로 충분히 얻을 수 있다.

2 안쌤의 STEAM+창의사고력 과학 100제

창의력 과학으로 실력 UP!

[1] 비타민D에 대한 설명으로 틀린 것은?
…괴된다.
…튼튼하게 만든다.
…휘는 구루병에 걸린다.
…과 같은 음식에서 얻을 수 있다.

…이 뼈에 충분히 흡수되지 못해 다리가 바깥쪽으로 둥글 …것인가?

…생과 대학원생 5,239명을 대상으로 정기 건강 검진을 …가 20대 성인의 평균 수치보다 부족한 학생의 비율이 …생 96.6%)로 조사됐다고 한다. 학생들의 비타민 수치 …하시오.

…나 생리 기능을 조절하는 필수적인 영양소이다. 비타 … 합성되더라도 충분하지 못하기 때문에 음식물로 섭취

1편 창의사고력 실력다지기 3

문제 - 제2편

도전! STEAM 창의탐구력

실제 생활에서 일어날 수 있는 다양한 현상과 이론을 실전 유형문제와 연계해 여러 방향으로 생각할 수 있는 과학 원리에 중점을 둔 융합 창의탐구력 문항을 수록했습니다. 또한, 실제 사용되는 과학의 원리를 읽기 자료 및 동영상 QR로 수록하여 더욱 쉽고 빠르게 이해할 수 있도록 했습니다.

정답 및 해설

자세하고 재미있는 정답 및 해설

자세한 예시답안으로 자신의 생각과 선생님의 생각을 비교할 수 있도록 했습니다. 모든 문제에 자세한 해설을 담아 별도의 이론서가 없어도 혼자서 공부를 잘 할 수 있어요!

이 책의 차례

안쌤의
STEAM+
창의사고력
초등 1~2학년
과학 100제

영 / 재 / 교 / 육 / 원

영재성검사 창의적 문제해결력

기출문제

영재성검사 창의적 문제해결력 기출문제

01 다음 식에서 ○, △, □는 각각 다른 수를 나타낸다. ○, △, □가 나타내는 수를 각각 구하시오.

$$○ + △ + □ = ○ \times △ \times □$$
$$○ + 2 = △ + 1 = □$$

17 기출

02 다음과 같은 〈보기〉 모양의 판이 있다. 주어진 도형 (가)와 (나)를 최소한으로 사용하여 판을 빈틈없이 덮는 방법을 구하시오.

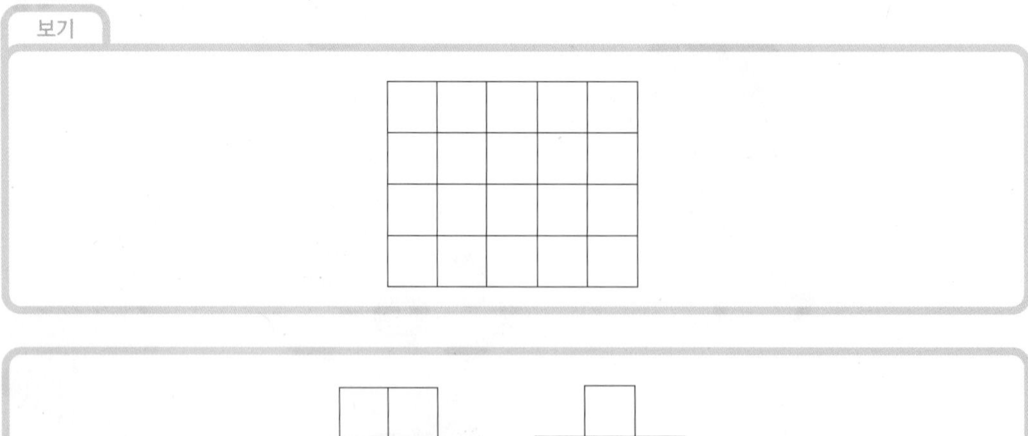

19 기출

03

영재는 새로운 규칙의 주사위 놀이를 했다. 이 놀이는 주사위 1개를 두 번 굴려 나온 눈의 수에 따라 일정한 규칙으로 점수를 얻는 놀이이다.

〈 주사위 놀이 방법 〉
1. 1회에 한 개의 주사위를 2번 던진다.
2. 주사위를 던져 나온 눈의 수를 차례대로 결과표에 적는다.
3. 주사위를 던져 나온 눈의 수에 따라 정해진 규칙으로 점수를 계산한다.

다음은 영재가 주사위 놀이를 한 결과이다.

회	1회		2회		3회		4회		5회		6회		최종점수
눈의 수	5	2	4	1	2	2	4	6	6	3	4	4	45
점수	3		3		4		24		3		8		

놀이 결과를 보고 알 수 있는 주사위 놀이의 점수 계산 방법을 모두 서술하시오.

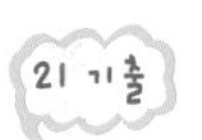

04

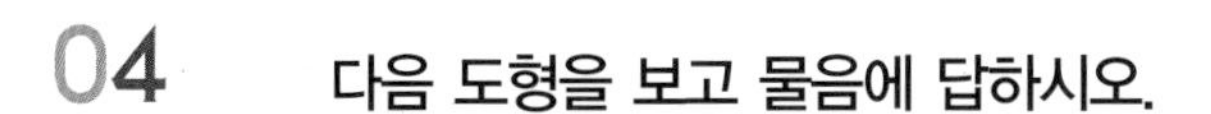
다음 도형을 보고 물음에 답하시오.

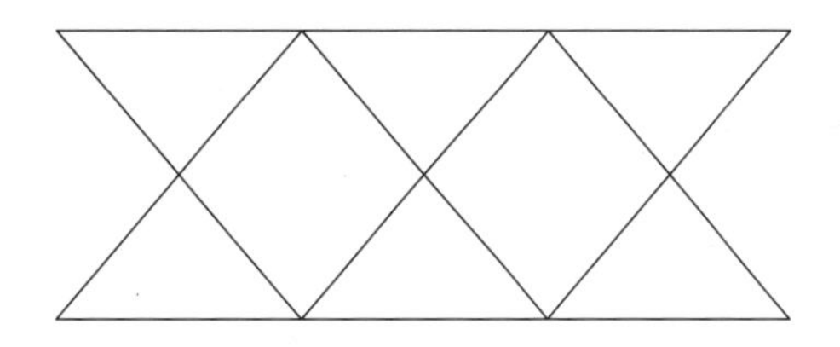

(1) 크고 작은 삼각형의 개수를 모두 구하시오.

(2) 크고 작은 사각형의 개수를 모두 구하시오.

18 기출

05 유건이는 생일을 맞이하여 가족에게 축하 카드를 받았다. 카드에는 "생일축하해" 라는 글자가 파란색 → 빨간색 → 노란색 다시 파란색으로 반복되어 켜지며, 파란색은 3분, 빨간색은 2분, 노란색은 1분 동안 불빛이 켜진다. 카드 전원 버튼을 눌렀을 때, 다음과 같이 불빛이 켜졌다면, 4분 30초 후에는 어떤 색깔의 글자들이 나타날지 빈칸에 알맞은 색을 써넣으시오.

생	일	축	하	해
파란색	빨간색	노란색	파란색	노란색

4분 30초 후

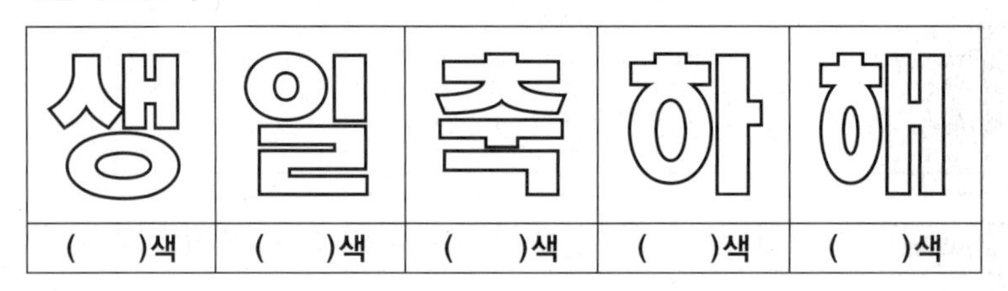

06 1, 2, 3, 4, 5, 6, 7, 8, 9, 10, 11, 12, 13, 14, 15, 16, 17, 18, 19, 20까지의 수가 있다. $1+4=5$이다. 나머지 수를 이용하여 5로 시작하는 덧셈식과 뺄셈식을 7개 만드시오.(단, 식의 답은 그 다음 식의 처음 수가 되어야 한다. 그래서 처음 덧셈식이나 뺄셈식은 모두 5로 시작한다.)

예 $5+2=7$, $7+8=15$, $15-12=3$, …

22 기출

07

[보기]는 수를 배열하는 규칙과 그 예시이다.

보기

〈수를 배열하는 규칙〉

1. 바로 위 칸에 놓인 수는 아래 칸에 놓인 수보다 작다.
2. 바로 오른쪽 칸에 놓인 수는 왼쪽 칸에 놓인 수보다 크다.

1	2	3
4	5	6
7	8	9

(예시)

[보기]와 같은 규칙으로 1~25까지의 수를 한 번씩만 사용하여 (1)~(4)의 빈칸을 채우시오.

(1)

1	3	6		
				25

(2)

3		10		12
9				

(3)

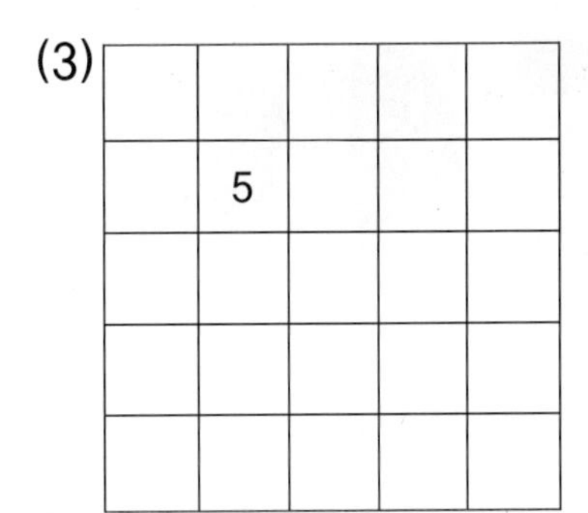

	5			

(4)

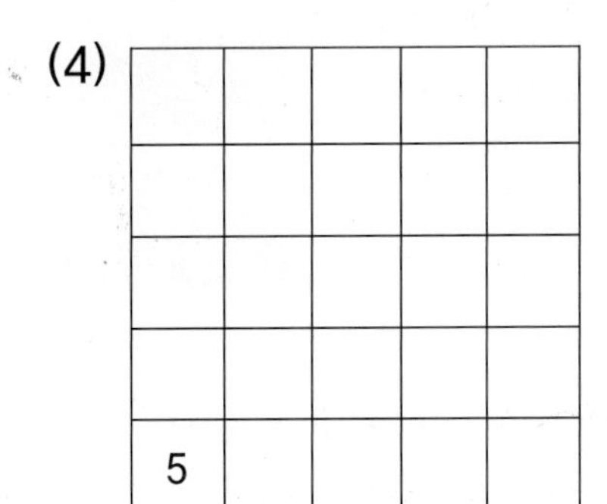

5				

08

수컷 공작새는 화려한 깃털을 가질수록 자기 자손을 남길 확률이 높아진다. 이 때문에 수컷 공작새의 깃털은 더욱 화려하게 진화하고 있다. 하지만 화려한 깃털을 가질수록 천적의 눈에 쉽게 띄게 된다. 수컷 공작새가 천적의 위협을 피하는 방법을 5가지 서술하시오.

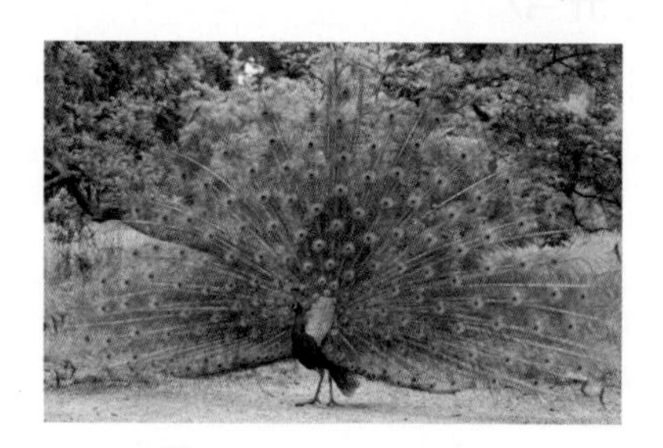

18 기출

09

우리는 생활 속에서 기체를 다양하게 이용한다. 그 예로 조빙, 워터워크, 열기구 등이 있다.

〈조빙〉

〈워터워크〉

〈열기구〉

이외에 생활 속에서 기체를 이용하는 사례를 5가지 설명하시오.

20 기출

10

초식 동물은 육식 동물에게 잡아먹힐 수 있어서 빨리 먹고 다시 도망치는데, 허겁지겁 먹다보면 다음 사진과 같이 몸속에 못이나 쇳조각이 들어가기도 한다. 그래서 몸속에 들어간 못이나 쇳조각을 찾기 위하여 소에게 자석을 먹인다. 소에게 먹이는 자석의 모양을 그리고, 그 특징을 3가지 서술하시오.

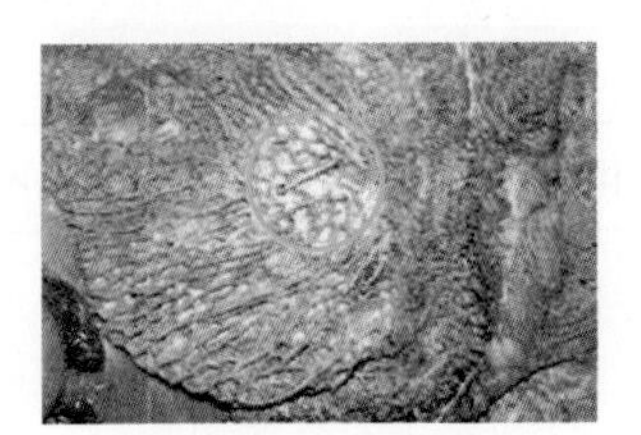

〈소 위에 박힌 쇳조각〉

(1) 모양

(2) 특징

21 기출

11

〈보기〉의 물체를 기준을 정해 분류하시오.(단, 분류 기준은 모두 다르고, 빈칸이 없도록 모두 채울 수 있어야 한다.)

보기

가위, 커터칼, 망치, 색연필, 플라스틱 자, 유리컵, 쇠그릇, 고무장갑

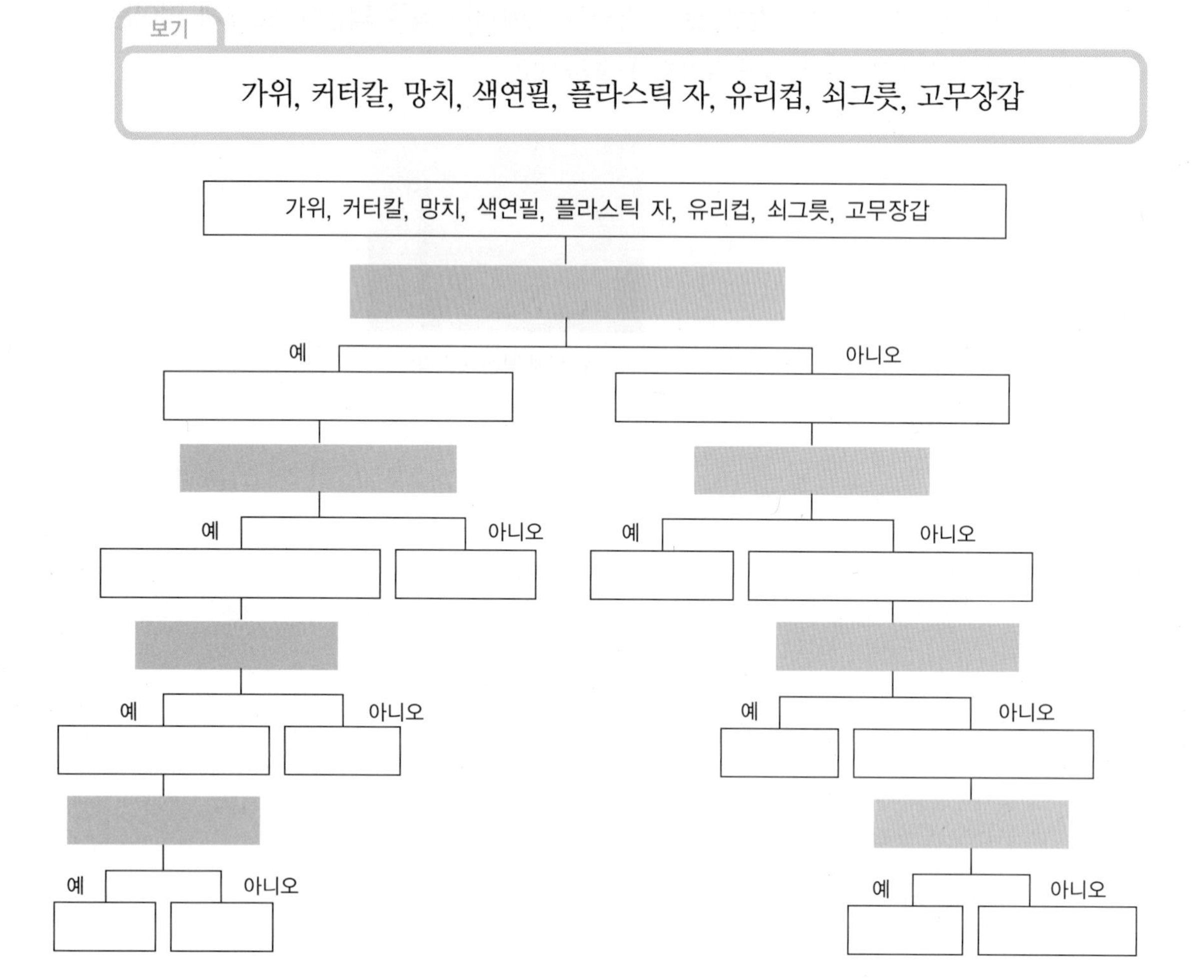

20 기출

12 사슴벌레와 잠자리의 공통점과 차이점을 각각 2가지씩 서술하시오.

(1) 공통점

(2) 차이점

13

만약 코끼리가 추운 북극 지방에서 살아왔다면, 오늘날에는 어떤 모습일지 이유와 함께 5가지 설명하시오.

코끼리 주요 서식지 : 기온이 높고 풀과 나무가 잘 자라는 곳

14

22 기출

국내의 한 기업은 '빼는 것이 플러스다.' 라는 슬로건을 내세워 가격에 거품은 빼고, 가성비는 더한다는 전략으로 가격이 저렴하면서도 품질이 좋은 제품을 판매하여 소비자들로부터 큰 인기를 끌었다. '~빼면 ~ 플러스(+)다.' 라는 문구를 넣어 사람들에게 긍정적인 영향을 주는 문장을 5가지 서술하시오.

예시

가격에 거품을 빼면 판매량이 플러스다.

영 / 재 / 교 / 육 / 원

영재성검사
창의적 문제해결력 기출문제

정답 및 해설

01 모범답안

○ + 2 = △ + 1 = □이므로 ○, △, □는 연속한 세 수이다.
연속한 세 수의 합과 곱이 같은 경우는 1+2+3=1×2×3이므로
○=1, △=2, □=3이다.

02 모범답안

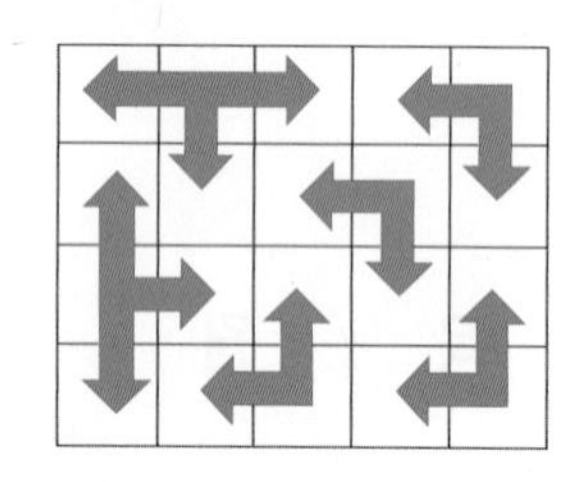
또는
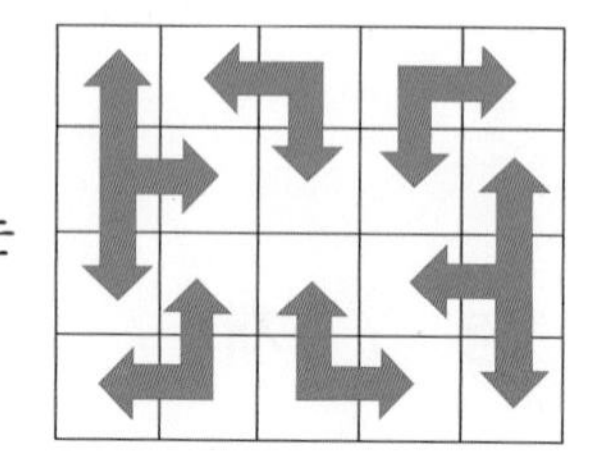

해설

〈보기〉 모양의 판에서 □의 개수는 4×5=20(개)이고 (가)는 3개, (나)는 4개이다. (나)만을 사용하여 판을 빈틈없이 덮으려면 (나)를 5개 사용하면 된다. 그러나 (나)의 모양으로는 〈보기〉 모양의 판을 빈틈없이 덮을 수 없다.
그 다음으로 도형을 최소한으로 사용하는 방법은 (가) 4개, (나) 2개이다.
이 방법 외에도 빈틈없이 판을 덮는 방법에는 여러 가지 방법이 있다.

03 모범답안

• 두 수의 차가 3이면 점수는 3이다.
• 두 수가 같으면 두 수를 합한 값이 점수이다.
• 두 수의 차가 2이면 두 수를 곱한 값이 점수이다.

04 모범답안

(1) 작은 삼각형 1개로 이루어진 삼각형의 개수 : 6개

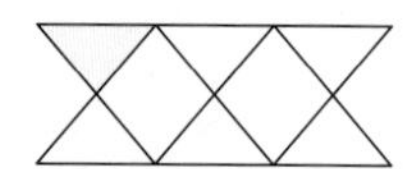

작은 삼각형 2개와 사각형 1개로 이루어진 삼각형의 개수 : 4개

따라서 크고 작은 삼각형의 개수는 6+4=10 (개)이다.

(2) 작은 사각형 1개로 이루어진 사각형의 개수 : 2개

작은 삼각형 1개와 사각형 1개로 이루어진 사각형 개수 : 8개

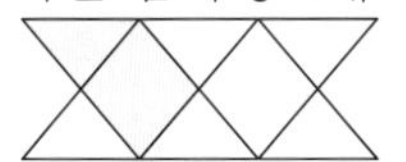

작은 삼각형 2개와 사각형 1개로 이루어진 사각형 개수 : 4개

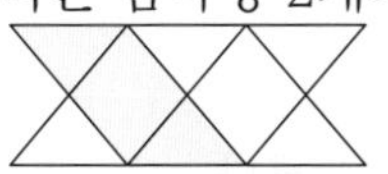

작은 삼각형 4개와 사각형 2개로 이루어진 사각형 개수 : 4개

따라서 크고 작은 사각형의 개수는 2+8+4+4=18 (개)이다.

05

모범답안

빨간색, 파란색, 빨간색, 빨간색, 빨간색

해설

4분 30초 후이므로 다음과 같다.

글자	생	일	축	하	해
색깔	파란색(3분) 빨간색(2분) 노란색(1분) ⋮	빨간색(2분) 노란색(1분) 파란색(3분) ⋮	노란색(1분) 파란색(3분) 빨간색(2분) ⋮	파란색(3분) 빨간색(2분) 노란색(1분) ⋮	노란색(1분) 파란색(3분) 빨간색(2분) ⋮
4분 30초 후	빨간색	파란색	빨간색	빨간색	빨간색

06

모범답안

1+4=5

- 5+6=11
- 11+7=18
- 18+2=20
- 20−12=8
- 8+9=17
- 17−14=3
- 3+10=13

07

모범답안

(1)

1	3	6	7	8
2	4	9	10	11
5	12	13	14	15
16	17	18	19	20
21	22	23	24	25

(2)

1	2	5	6	7
3	4	10	11	12
8	13	14	15	16
9	17	18	19	20
21	22	23	24	25

(3)

1	2	3	6	7
4	5	8	9	10
11	12	13	14	15
16	17	18	19	20
21	22	23	24	25

(4)

1	6	7	8	9
2	10	11	12	13
3	14	15	16	17
4	18	19	20	21
5	22	23	24	25

08 모범답안

- 나뭇잎이 많은 풀숲에 숨어 적의 눈에 띄지 않게 한다.
- 요란한 울음소리를 내며 적을 위협한다.
- 빨리 달린다.
- 큰 날개를 빠르게 퍼덕거리면서 날아간다.
- 꽁지깃을 몸통인 것처럼 위장하고 꽁지깃만 떼어주고 나무 위로 날아오른다.

〈풀숲에 숨은 수컷 공작〉

〈수컷 공작 비행〉

해설

수컷 공작이 날아오를 때 깃털이 방해가 되긴 하지만 일단 날아오르면 시속 16km의 속력으로 날 수 있다.

09 모범답안

- 풍선에 기체를 넣어 만드는 풍선 아트
- 기체를 넣은 자동차 타이어, 자전거 타이어
- 기체를 넣어 사용하는 고무튜브, 고무보트
- 과자가 부서지지 않게 기체를 넣은 과자 봉지
- 기체를 넣어 충격을 줄여주는 운동화
- 기체를 넣은 에어매트
- 기체를 넣어 충격을 줄여주는 에어캡(뽁뽁이)

10 모범답안

(1) 모양

(2) 특징

- 소 위에 상처를 내지 않도록 둥글어야 한다.
- 강한 위산에 녹지 않는 재질로 만들어야 한다.
- 소 위 속에서 돌아다니지 않도록 무거워야 한다.
- 쇳조각을 잘 끌어당기기 위해 자석의 힘이 강해야 한다.
- 소가 삼키기 쉽도록 크기는 작고 가늘고 긴 모양이어야 한다.

해설

소에게 먹이는 자석은 자석의 힘이 강한 알니코 자석이나 네오디뮴 자석을 사용한 둥근 막대 모양으로, 크기는 길이 7~10 cm, 지름 1.5~2.5 cm 정도이다.

11 모범답안

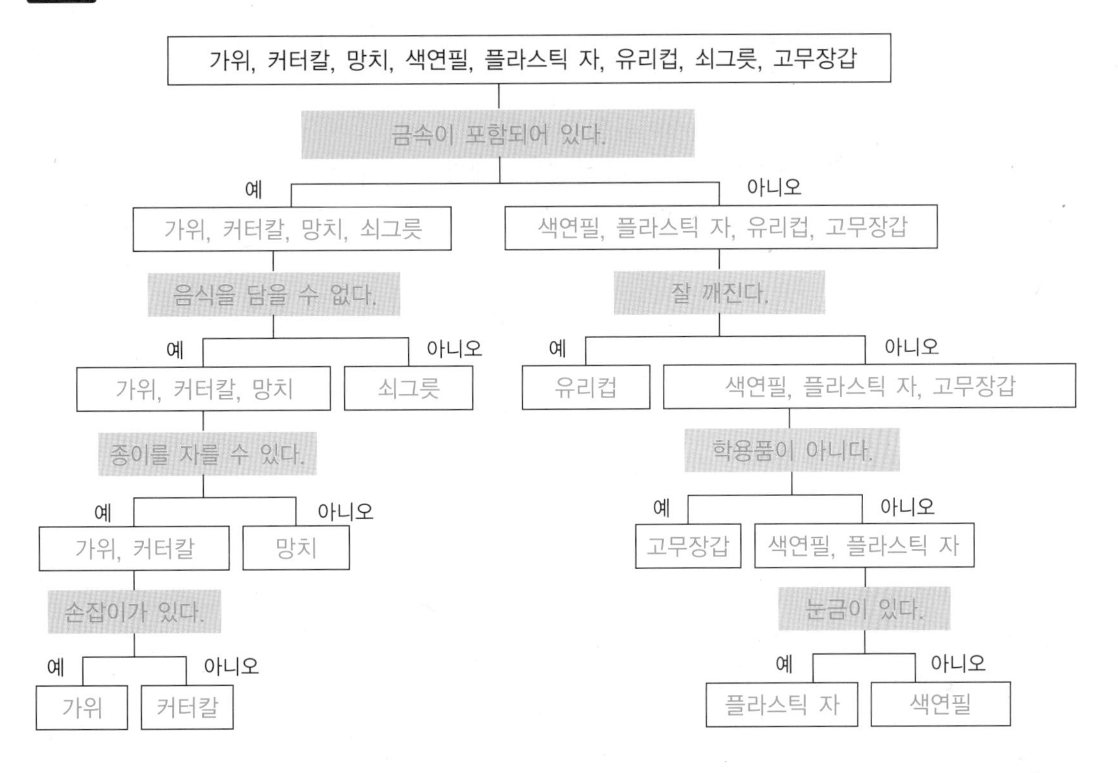

12 모범답안

(1) 공통점
- 다리가 6개이다.
- 날개가 2쌍이다.
- 머리, 가슴, 배로 구분할 수 있다.
- 곤충으로 분류할 수 있다.
- 겹눈을 가지고 있다.

(2) 차이점
- 사슴벌레는 완전 탈바꿈을 하지만 잠자리는 불완전 탈바꿈을 한다.
- 사슴벌레는 흙 속에 알을 낳지만 잠자리는 물속에 알을 낳는다.
- 사슴벌레 유충(애벌레)은 흙 속에서 생활하지만 잠자리 유충은 물속에서 생활한다.
- 사슴벌레는 번데기 과정을 거치지만 잠자리는 번데기 과정을 거치지 않는다.
- 사슴벌레는 암수 구별이 쉽지만 잠자리는 암수 구별이 어렵다.
- 사슴벌레는 초식이고, 잠자리는 육식이다.

13

모범답안

- 추위를 견디기 위해 여러 겹의 털이 자랐을 것이다.
- 추위를 견디기 위해 몸에 두꺼운 지방층이 생겨 몸집이 컸을 것이다.
- 체온이 빠져나가지 않도록 표면적을 줄이기 위해 귀의 크기가 작고, 꼬리도 짧았을 것이다.
- 먹이를 먹으면 낙타처럼 지방 덩어리가 모여서 어깨에 혹이 생겼을 것이다.
- 펭귄처럼 원더네트(열교환 구조)나 혈액이 많이 흐르는 구조의 발을 갖고 있어 얼지 않았을 것이다.
- 보호색으로 몸에 난 털이 하얀색이었을 것이다.
- 열이 빠져나가는 것을 막기 위해 몸이 둥글둥글해졌을 것이다.
- 추위를 이기기 위해 무리지어 생활했을 것이다.

해설

추운 북극 지방에서 코끼리가 살았다면 매머드와 비슷하게 모습이 변해 추위를 이겨냈을 것이다. 몸의 표면적을 줄여 체온을 유지하고, 발은 얼지 않는 구조로 환경에 적응했을 것이다.

14

모범답안

① 학교에서 코로나를 빼면 편리함이 플러스다.
② 아파트에서 층간 소음을 빼면 행복함이 플러스다.
③ 생활 속 플라스틱 사용을 빼면 지구 환경에 플러스다.
④ 제품에서 과대 포장을 빼면 지구 환경에 플러스다.
⑤ 비만인 사람이 살을 빼면 건강이 플러스다.
⑥ 콘센트에서 쓰지 않는 플러그를 빼면 전기 절약이 플러스다.
⑦ 압축팩에 이불을 넣고 공기를 빼면 공간 활용이 플러스다.
⑧ 음식을 포장할 때 공기를 빼면 신선함이 플러스다.
⑨ 소 방귀에서 메테인 가스를 빼면 지구 환경에 플러스다.
⑩ 길거리에 떨어진 쓰레기를 빼면 깨끗함이 플러스다.
⑪ 공기 중에 떠다니는 미세먼지를 빼면 건강함이 플러스다.

제1편

창의사고력 실력다지기 100제

01 키 쑥쑥 커지고 몸 튼튼해지는 '비타민D'

영화 〈반지의 제왕〉과 〈호빗〉에 등장하는 골룸은 왜 항상 착한 주인공에게 질까?

그 이유는 골룸의 몸속에 '비타민D'가 부족하기 때문이라는 재미있는 연구결과가 나왔다. 비타민D는 칼슘의 흡수를 촉진시켜 뼈를 튼튼하게 하는 데 도움을 주는 영양소이다. 비타민D는 달걀 노른자, 생선, 치즈와 같은 음식에도 들어있지만 주로 햇빛을 통해 얻어진다.

최근 영국 임페리얼 칼리지 런던대학 연구팀은 호주 의학저널의 크리스마스 판에 "나쁜 주인공이 착한 주인공에게 지는 것은 비타민D가 부족하기 때문"이라는 연구결과를 발표했다.

연구팀의 니콜라스 홉킨슨 박사는 "마지막에 승리를 차지한 빌보 배긴스는 골룸보다 비타민D가 만들어지는 활동을 눈에 띄게 많이 했다"면서 "소설이나 영화 속에 등장하는 악당 캐릭터들이 영웅들에게 지는 이유는 바로 어둠을 좋아하기 때문"이라고 말했다.

비타민D가 부족할 때 걸리는 질병, 구루병

뼈가 자라는 성장기 어린이의 몸에 비타민D가 부족하면 구루병에 걸리게 된다. 구루병이란 칼슘이 충분히 뼈에 흡수되지 못했을 때 생기는 병으로 다리가 곧지 못하고 바깥쪽으로 둥글게 휘어지는 병이다. 비타민D는 '햇빛 비타민'이라 불릴 만큼 낮에 야외활동을 하는 것으로 충분히 얻을 수 있다.

[1] 비타민D에 대한 설명으로 틀린 것은?

① 우리 몸의 면역력을 높인다.
② 햇볕을 쬐면 비타민D가 파괴된다.
③ 칼슘 흡수를 촉진시켜 뼈를 튼튼하게 만든다.
④ 비타민D가 부족하면 뼈가 휘는 구루병에 걸린다.
⑤ 달걀노른자, 생선, 치즈 등과 같은 음식에서 얻을 수 있다.

[2] 비타민D가 부족할 경우 칼슘이 뼈에 충분히 흡수되지 못해 다리가 바깥쪽으로 둥글게 휘어지는 병의 이름은 무엇인가?

[3] 2013년 4~5월 서울대 학부생과 대학원생 5,239명을 대상으로 정기 건강 검진을 실시한 결과 비타민D 수치가 20대 성인의 평균 수치보다 부족한 학생의 비율이 96.2%(남학생 95.7%, 여학생 96.6%)로 조사됐다고 한다. 학생들의 비타민 수치가 낮은 이유를 추리하여 서술하시오.

핵심 이론

비타민 : 매우 적은 양으로 물질 대사나 생리 기능을 조절하는 필수적인 영양소이다. 비타민은 체내에서 전혀 합성되지 않고, 합성되더라도 충분하지 못하기 때문에 음식물로 섭취해야 한다.

생명 실력 다지기

02 대왕 오징어의 비밀

오징어의 종류는 전 세계적으로 약 490종에 달하며, 우리나라 주변 바다에는 35종이 살고 있는 것으로 알려졌다. 오징어 종류 중 가장 작은 것은 꼬마오징어로 다 자라도 몸길이가 2cm 남짓밖에 되지 않는다. 반면 가장 큰 오징어인 대왕오징어는 몸길이가 20m 가까이 자란다. 대왕오징어는 지구에서 가장 큰 무척추동물이다. 대왕오징어는 바다 괴물로 불릴 만큼 거대한 몸집을 가졌지만, 심해에 사는 까닭에 제대로 된 연구가 진행되지 못했다.

2005년 일본의 오가사와라군도 근처에서 살아있는 대왕오징어가 사상 처음으로 카메라에 잡혔다. 이 오징어는 길이 15m에 무게 250kg으로 바닷속에서 만나게 되면 엄청나게 무서울 듯한 크기이다.

지금까지 호주, 일본, 프랑스, 아일랜드 등지에서 잡은 거대 오징어 43마리의 세포 조직을 연구한 결과 이들의 유전자는 매우 비슷한 것으로 밝혀졌다. 이 연구를 통해 전 세계 곳곳에서 발견된 대왕오징어는 모두 같은 종이라는 결론을 얻었다.

[1] 오징어 대한 설명으로 틀린 것은?

① 대왕오징어는 가장 큰 무척추동물이다.
② 오징어는 세계적으로 490여 종에 달한다.
③ 우리나라 주변 바다에는 약 35종의 오징어가 살고 있다.
④ 세계 곳곳에서 발견되는 대왕오징어는 서로 다른 종이다.
⑤ 가장 작은 오징어는 다 자라도 몸의 길이가 2cm 정도밖에 되지 않는다.

[2] 동물은 크게 등뼈가 있는 동물과 등뼈가 없는 동물, 두 무리로 분류할 수 있다. 오징어처럼 등뼈가 없는 동물을 무엇이라고 하는가?

[3] 다음 여러 가지 동물 중 오징어와 비슷한 동물을 고르고, 그렇게 생각한 이유를 쓰시오.

개, 거미, 고래, 상어, 지렁이, 호랑이

• 오징어와 비슷한 동물 :

• 그렇게 생각한 이유 :

핵심 이론

무척추동물 : 등뼈가 없는 동물을 말하며, 전체 동물 중 97%를 차지한다.

03 사각형 수박 러시아에서 인기

주사위처럼 네모난 모양의 '사각형 수박' 이 러시아에서 인기다.

일본 교도통신은 일본의 가가와 현에서 재배된 사각형 수박이 최근 러시아의 부자들 사이에서 큰 인기를 끌어 1개에 2만 8,000루블(약 96만 1,240원)에 팔린다고 보도했다. 러시아에서 비슷한 크기의 보통 수박(무게 약 6kg)의 가격은 1개에 약 100루블(약 3,433원)이다.

가가와 현의 특산품인 이 수박은 30년 전 한 농부가 개발하여 특허를 땄으며, 지름이 10cm쯤 될 정도로 자라면 강화 플라스틱 용기에 넣어 재배하기 때문에 나중에는 주사위 모양이 된다. '사각형 수박' 은 다 익기 전에 미리 수확하기 때문에 식용으로 적합하지 않지만 러시아에서는 관상용이라고 명기되지 않아 실제로 이를 먹는 사람도 있다고 한다.

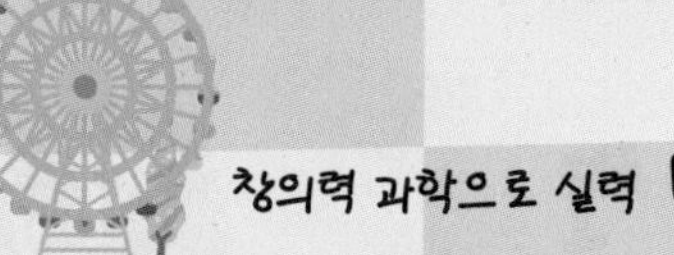

정답 및 해설 04쪽

[1] 우리나라에서 수박이 많이 나는 계절은 언제인가?

① 봄
② 여름
③ 가을
④ 겨울
⑤ 사계절 내내 수박을 볼 수 있다.

[2] 다음 중 수박이 많이 나는 계절에 볼 수 있는 과일이나 채소를 모두 고르시오.

참외, 귤, 배, 복숭아, 포도, 사과, 오이, 배추

[3] 사각형 수박의 장점과 단점을 서술하시오.

• 장점 :

• 단점 :

핵심 이론

계절식품 : 계절에 따라 많이 나오는 식품으로 재배에 특별한 시설이 필요하지 않아 값이 쌀 뿐 아니라 맛과 향이 좋고 영양이 풍부하다.

04 사람도 겨울잠 잔다고?

겨울잠을 자는 동물들은 대체로 덩치가 작다. 체구가 작으므로 체온 유지를 위해 많은 에너지가 필요한데, 겨울에는 먹잇감도 부족하고 먹이를 구하러 돌아다니다가는 얼어 죽거나 잡아먹히기 십상이기 때문에 겨울잠을 통해 포식자의 눈도 피하고, 체내 에너지 소비를 줄여 생존율을 높이는 것이다. 그리고 겨울잠을 자는 동안은 면역력이 떨어져서 바이러스와 병원균이 침투하지만, 체온이 낮아서 활성화되지 않는다.

추운 지역에 사는 불곰, 흑곰, 반달가슴곰 등을 제외한, 따뜻한 지역에 살거나 비교적 몸집이 큰 포유류는 대부분 겨울잠을 안 잔다.

최근 연구 결과에 의하면 인간도 겨울잠 능력은 있지만, 겨울잠을 자기 시작할 때 필수적인 아데노신 같은 물질이 대량생산되지 않기 때문에 겨울잠을 자지 않는다고 한다. 또한, 미국 오리건 보건과학대 교수팀은 쥐에 특정 물질을 주입해 겨울잠 회로를 켜는 실험에 성공했다. 쥐는 원래 겨울잠을 자지 않지만, 이 실험에서 아데노신을 투입하자 체온과 물질대사, 심장박동, 호흡 수치가 낮아지고 주요 대사물질이 탄수화물에서 지질로 바뀌는 등 겨울잠에 빠질 때와 똑같은 변화가 일어나는 것이 관찰됐다.

정답 및 해설 05쪽

[1] 겨울잠에 대한 설명으로 옳지 않은 것은?

① 겨울잠을 통해 포식자의 눈을 피할 수 있다.
② 겨울잠을 자는 동물들은 대체로 덩치가 작다.
③ 겨울잠을 자는 동안 체내 에너지 소비율을 낮춘다.
④ 따뜻한 지역에 사는 동물들은 대부분 겨울잠을 잔다.
⑤ 겨울잠을 자는 동안 바이러스가 침투하여도 체온이 낮아 활성화되지 않는다.

[2] 우리 주변에서 겨울잠을 자는 동물을 세 가지 이상 쓰시오.

[3] 인간도 겨울잠 능력은 있지만, 겨울잠을 자기 시작할 때 필수적인 아데노신 같은 물질이 대량생산되지 않기 때문에 겨울잠을 자지 않는다고 한다. 만약 인간이 겨울잠을 잘 경우 좋은 점은 어떤 것이 있을지 서술하시오.

핵심 이론

〈겨울잠 유형과 특징〉

- 개구리 형 : 심장이 멈추고 반뇌사 상태이다.
- 곤충 형 : 개구리 형과 유사하나 애벌레나 번데기 상태로 겨울을 보내는 경우도 있다.
- 박쥐 형 : 체온을 매우 천천히 섭씨 3℃로 낮춘다.
- 곰 형 : 체온을 매우 천천히 섭씨 30℃로 낮추고 대사율을 25% 감소시킨다.

05 나를 찾아주세요.

카멜레온보다 더한 변신의 귀재가 있다. 바로 문어와 오징어! 죽은 상태의 문어나 오징어는 밋밋하게 흰색 바탕에 갈색이나 회색 반점이 나 있을 뿐이지만, 살아 있는 문어와 오징어는 다른 동물들이 따라오지 못할 정도로 현란하게 몸의 색과 무늬를 바꿀 수 있다.

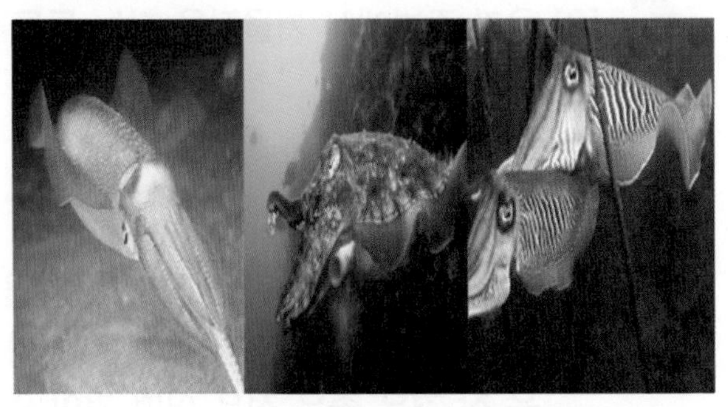

주변 환경에 따라 몸 색을 바꾸는 갑오징어

동물들이 자신의 몸 색을 바꾸는 이유는 적들로부터 자신을 보호하기 위함이다. 동물 중에는 몸 색뿐만 아니라 자신의 몸 모양까지 주위와 비슷하게 맞추는 종들이 있다. 이처럼 주변의 색깔과 비슷하여 다른 동물에게 발견되기 어려운 빛깔을 보호색이라고 하며, 색깔뿐만 아니라 모양까지 비슷하게 하는 것을 의태라고 한다.

나뭇잎꼬리 도마뱀 붙이

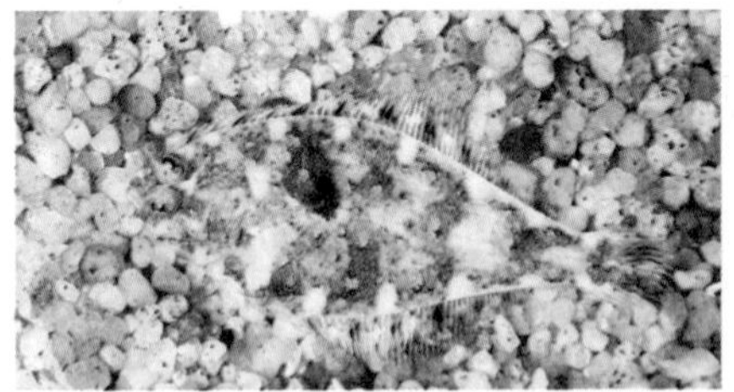

넙치

스노우표범

대벌레

[1] 다음 생물 중 자신의 몸을 보호하는 방법이 <u>다른</u> 하나는 어느 것인가?

① 
카멜레온

② 
문어

③ 
갑오징어

④ 
자벌레

⑤ 
박쥐 얼굴 두꺼비

[2] 카멜레온이나 갑오징어처럼 자신이 적의 눈에 띄지 않도록 주변의 환경과 비슷하게 바꾼 몸의 색깔을 무엇이라고 하는지 쓰시오.

[3] 미국 북부나 캐나다의 숲에 서식하는 갈색 토끼는 겨울이 되면 털갈이를 해서 온 몸이 흰색이 된다. 토끼가 털갈이하는 이유를 추리하여 서술하시오.

핵심 이론

- 보호색 : 동물의 색이 주위 환경이나 배경의 빛깔과 닮아서 다른 동물에게 발견되기 어려운 색
- 경계색 : 자신이 위험한 동물이라는 것을 적에게 알릴 수 있도록 눈에 띄는 색
- 위협색 : 약한 동물이 기묘한 색이나 얼룩무늬를 가져 그것의 이상함 때문에 포식자의 공격으로부터 벗어나는 데 도움이 되는 몸의 색
- 의태 : 주위의 물체나 다른 동물과 매우 비슷한 모양을 하고 있는 것

꽃 피는 식물, 2억 5천만 년 전에도 있었다.

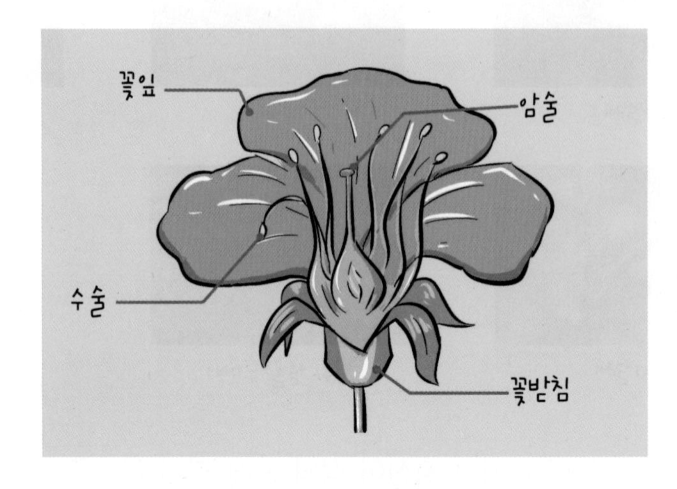

꽃이 피는 식물이 등장한 시기가 지금까지 알려진 것보다 약 1억 년 더 빠르다는 최신 연구가 나왔다.

미국 과학신문의 보도에 따르면 잎이 뾰족한 침엽수와 소철(가지가 없고 줄기가 하나로 자라는 키가 작은 나무), 종자 고사리(꽃이 피지 않는 양치식물) 등 씨를 맺지 않는 고대 식물로부터 꽃이 피는 식물이 진화한 시기는 그동안 백악기 초기인 약 1억4천만 년 전으로 알려져 있었다. 이는 지금까지 발견된 가장 오래된 꽃가루 화석의 연대가 약 1억4천만 년 전이기 때문이다.

그러나 최근 스위스와 독일 과학자들이 스위스 북부의 두 곳에서 채취한 2억 5,200만~2억 4,700만 년 전 퇴적물에서 화석이 된 여섯 종류의 꽃가루를 발견했다.

연구진은 "꽃이 피는 식물들은 딱정벌레 같은 곤충에 의해 꽃가루받이가 이루어졌을 것"이라고 추정했다. 벌은 이로부터 1억 년 후에야 등장했기 때문이다. 이번 발견은 당시에 꽃식물이 이미 다양했다는 점을 알아낸 것과 꽃이 피는 식물의 역사가 훨씬 길어졌다는 점에서 의미가 있다.

정답 및 해설 06쪽

[1] 꽃에 대한 설명으로 틀린 것은?

① 꽃은 식물의 생식 기관이다.
② 꽃가루는 수술에서 만들어진다.
③ 식물 중에는 꽃이 피지 않는 식물도 있다.
④ 꽃의 종류에 따라 꽃잎의 모양이나 색깔 등이 다양하다.
⑤ 지금까지 발견된 꽃가루 화석 중 가장 오래된 것의 연대는 약 1억 4천만 년 전이다.

[2] 곤충이나 바람 등 여러 가지 원인에 의해 수술의 꽃가루가 암술머리에 옮겨붙는 현상을 무엇이라고 하는가?

[3] 장미꽃이나 호박꽃 등은 다른 꽃들에 비해 색깔이 진하고 모양이 화려하며, 진한 향기를 내뿜는다. 이처럼 꽃이 화려하면 좋은 점은 무엇인지 서술하시오.

장미꽃

호박꽃

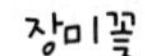

핵심 이론

꽃 : 식물의 생식 기관으로 암술, 수술, 꽃잎, 꽃받침으로 구성되어 있으며, 꽃이 진 후에 열매가 생긴다.

스마트폰 오래 사용하면 병 생긴다.

스마트폰 사용자가 3천만 명을 넘어섰다. 어린아이부터 할머니, 할아버지까지 전 나이에 걸쳐 사용되는 스마트폰은 이제 우리 생활에서 떼려야 뗄 수 없는 존재가 되었다. 스마트폰 사용으로 생활은 편해졌지만, 문제점도 드러나고 있다. 눈의 피로, 손목 등 관절의 문제는 내버려두면 심각한 질환으로 이어질 수 있다.

◇ 일자목 현상

스마트폰을 장시간 사용하면 체형이 망가진다. 보통 스마트폰을 사용할 때 고개를 숙이고 목을 앞으로 내미는데, 이런 자세가 지속될 경우 목뼈의 형태가 1자로 되는 일자목 현상이 나타난다.

◇ 안구 건조증

스마트폰처럼 응시하고 있는 부분의 면적이 좁을수록 눈을 깜빡이는 횟수가 줄어들어 분비되는 눈물의 양이 감소한다. 우리의 눈은 울지 않을 때도 눈물을 조금씩 분비하여 눈을 보호하는데, 눈을 깜빡이지 않으면 눈물이 마르는 안구건조증이 생긴다.

◇ 소음성 난청

보통 스마트폰으로 음악을 듣거나 동영상을 볼 때는 이어폰을 사용한다. 이어폰을 낀 상태로 약한 강도의 소음에 장시간 노출되어 있으면 소음성 난청에 걸릴 수 있다. 소음성 난청이 생기면 귀가 '웅' 하고 울리며, 시끄러운 장소에서 대화하기 어렵다.

정답 및 해설 07쪽

[1] 스마트폰의 부작용에 대한 설명으로 옳은 것을 모두 고르시오.

① 화면을 계속 쳐다보면 안구건조증이 발생할 수 있다.
② 고개를 계속 숙이므로 일자목이 될 수 있다.
③ 스마트폰 게임에 중독될 수 있다.
④ 언제든지 쉽게 정보를 검색할 수 있다.
⑤ 이동하면서 음악을 듣거나 동영상을 볼 수 있다.

[2] 스마트폰은 우리 생활에 여러 가지 편리한 점을 가져다주었지만, 너무 많이 사용하면 여러 가지 문제점을 안겨다 준다. 작은 화면을 너무 집중하여 보면서 눈을 자주 깜빡이지 않아 눈이 건조하게 되는 증세를 무엇이라고 하는가?

[3] 혹시 나도 스마트폰 중독인지 체크해 보고, 스마트폰을 올바르게 사용하기 위한 행동 지침을 세 가지 만들어 보자.

핵심 이론

스마트폰 중독 : 휴대폰과 인터넷의 기능을 모두 가지고 있는 스마트폰의 편의성에 중독되어 스마트폰에서 손을 떼면 불안해하거나 초조해하는 등 부작용을 느끼는 것

생명 실력다지기

08 사람이 먹는 음식은 No! '전용사료' 만 줘야.. 반려견 비만 관리

Q. 저희 집 반려견은 사료를 주면 잘 안 먹습니다. 그런데 고기랑 사료를 같이 주면 잘 먹습니다. 혹시 반려견이 비만이 되지는 않을까요?

A. 반려견의 건강에 가장 좋은 음식은 '전용사료' 입니다. 반려견이 비만이 되는 것을 예방하기 위해 적절한 칼로리의 사료를 주고, 규칙적으로 운동을 시켜주는 것은 아주 중요합니다. 또한, 반려견이 사람이 먹는 음식을 달라고 하는 나쁜 습관을 지니고 있다면 반드시 행동을 교정해 줘야 합니다.

일반적으로 개의 체형 기준은 5단계로 분류할 수 있다.

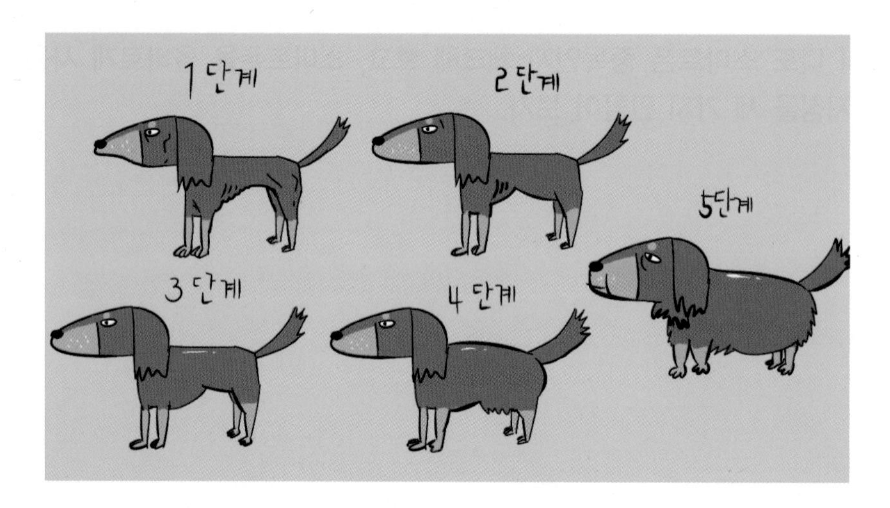

개의 경우, 일반적으로 적정체중의 10~15%를 초과하면 비만으로 본다.

반려견의 비만은 합병증(여러 질병에 곁들여 일어나는 다른 질병)을 발생시킬 가능성을 높여 결과적으로 반려견의 수명을 단축시킨다. 무기력해지고, 피로도가 증가하고, 활동량이 줄어들고, 수술로 마취가 필요한 경우 위험성이 증가하고, 무거운 체중을 지탱하므로 관절에 무리가 간다. 심장 및 심혈관계 질환, 당뇨병 등 여러 질환을 가져올 뿐만 아니라 암컷의 경우에는 불임(임신하지 못함)이 될 수도 있다.

정답 및 해설 08쪽

[1] 반려동물 대한 설명으로 틀린 것은?

① 집에서 기르는 개, 고양이 등이 반려동물에 속한다.
② 반려동물이란 사람과 더불어 살아가는 동물이라는 뜻이다.
③ 반려동물의 먹이로 사람이 먹고 남은 음식물을 주는 것이 좋다.
④ 반려동물을 건강하게 기르기 위해서는 적절한 운동과 산책을 시켜주는 것이 필요하다.
⑤ 단순히 인간의 장난감이 아니라 반려자(친구)로 대우하자는 의미에서 반려동물이라 한다.

[2] 사람이나 동물이 몸에 너무 많은 체지방을 가질 경우를 비만이라고 한다. 개의 경우 체지방이 적정 체중의 어느 정도 이상일 때 비만이라고 판단하는가?

[3] 우리 집에서 반려동물을 기르고 있다면 또는 앞으로 반려동물을 기르게 된다면 그 동물을 어떻게 대할지 자신의 다짐을 세 가지 이상 쓰시오.

핵심 이론

비만 : 과다한 체지방을 가진 상태를 비만이라고 한다. 사람뿐만 아니라 반려동물에게도 문제가 되는데 반려 동물의 비만은 노화나 주인이 먹이를 지나치게 많이 주는 경우, 칼로리가 높은 먹이를 먹는 경우 등이 그 원인이 된다.

09 우리 동네 벚꽃은 언제 필까?

올봄에는 벚꽃이 예년보다 일찍 필 것으로 보인다. 기상청은 벚꽃이 피는 시기가 평년보다 3일 정도 이르고 지난해보다는 8일 정도 이를 것이라고 예상했다. 지역별로 보면 남부지방은 평년보다 2~6일 빠르고 중부지방은 평년과 비슷하거나 하루 정도 일찍 필 것으로 보인다. 서울은 4월 9일이면 꽃망울이 터지기 시작하는 벚꽃을 만날 수 있다.

벚꽃이 예년보다 일찍 피는 이유는 꽃이 피는 시기에 영향을 주는 2, 3월 기온 때문이다. 2월 전국 평균기온은 0.7도로 평년보다 0.4도 낮았지만, 3월 초에는 6.1도로 평년보다 2.3도가 높았다.

벚꽃의 개화 시점은 왕벚나무를 기준으로 한 그루에서 세 송이 이상이 완전히 피었을 때이다.

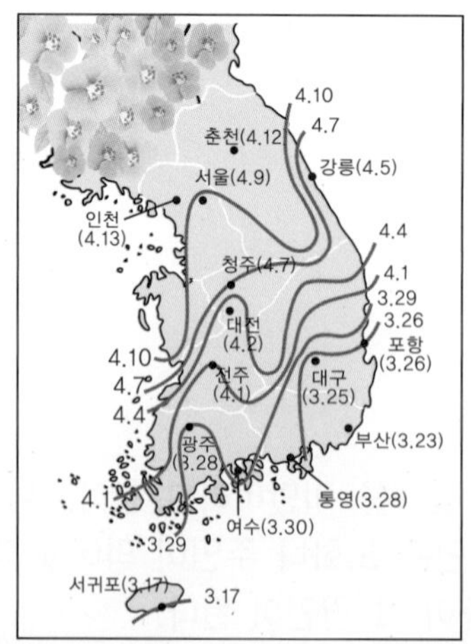

〈전국 주요 벚꽃 관광지의 벚꽃 개화 예상 시점〉

정답 및 해설 08쪽

[1] 벚꽃이 가장 늦게 필 것으로 예상되는 지역은?

① 여수
② 대구
③ 포항
④ 대전
⑤ 인천

[2] 서울과 전주에 벚꽃이 피기 시작할 것으로 예상되는 날짜를 각각 쓰세요.

• 서울 :

• 전주 :

[3] 벚꽃의 개화 시기가 해마다 조금씩 빨라지고 있다고 한다. 그 이유는 무엇인지 서술하시오.

핵심 이론

개화 : 풀이나 나무의 꽃이 피는 것을 말하며, 꽃마다 개화 시기가 다르다.

10 빙판길 조심하세요.

지난겨울 서울 시내 빙판길에서 미끄러진 10명 중 1명은 중상(아주 심하게 다침)인 것으로 조사됐다.

2011년 12월~2012년 2월 빙판길 낙상사고(넘어지거나 떨어져서 몸을 다치는 사고)로 119에 구급차로 이동된 사례는 모두 2,778건이었다. 이 중 320건은 중상, 2,459건은 경상(조금 다침)이었던 것으로 나타났다. 중상은 뼈가 부러지는 등 크게 다쳐 전치 3주 이상의 판정을 받은 경우다. 빙판길을 걸을 때는 주머니에서 손을 빼고, 평소 보폭(앞발과 뒷발의 거리)보다 10~20% 줄여 걷는 것이 안전하다. 또 바닥이 미끄럽지 않은 신발을 신는 것이 좋다.

[1] 위 기사의 계절과 관련 있는 것을 모두 고르시오.

①  ②  ③  ④  ⑤ 

[2] 빙판에서 넘어져 미끄러지거나 다치지 않도록 빙판길을 걸을 때 주의해야 할 점을 두 가지 쓰시오.

[3] '겨울' 하면 떠오르는 것을 빈칸에 쓰고, 각 칸이 완성되면 빙고 게임을 해 봅시다.

빙고 게임 방법
1. 두 명 이상의 사람이 특정한 주제에 대한 단어를 빈칸에 채운다.
2. 한 사람씩 돌아가면서 빈칸에 쓴 단어를 말한다.
3. 부르는 단어가 칸에 있으면 O표를 한다.
4. 가로, 세로, 대각선으로 3줄이 되면 빙고를 외친다.

핵심 이론

겨울 : 1년의 사계절 중 네 번째 계절로, 가을과 봄 사이에 해당하며 찬바람이 불어 날씨가 춥고 눈이 온다.

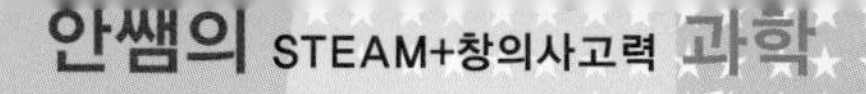

생명 실력 다지기

11 숨 쉬는 알

전남 보성 비봉리 공룡 알 화석 산지에는 수많은 공룡 알 화석이 있다. 공룡 알은 돌과 거의 똑같이 생겨서 구분하기 힘들다. 돌과 공룡 알 화석을 어떻게 구분할까? 우리나라 척추고생물학자 임종덕 박사님의 말에 따르면 두 가지 방법이 있다고 한다. 일단 공룡 알들은 크기가 모두 비슷하고 둥그렇게 여러 개가 모여 있으며, 햇빛에 비춰보면 조그마한 구멍들이 보인다고 한다.

전남 보성군 비봉리 공룡알 화석 산지

공룡 알, 새알, 달걀 등 모든 알에는 숨을 쉴 수 있는 숨구멍이 있다. 숨구멍은 알 속의 생명체에게 산소를 공급하고, 부화할 때 새끼가 껍질을 깨고 나오기 쉽게 만들어 준다. 주먹보다 작은 달걀 껍데기에는 아주 작은 7천 개의 숨구멍이 있다. 달걀은 이 숨구멍을 통해 산소를 빨아들이고 이산화 탄소를 내뿜으며 숨을 쉰다.

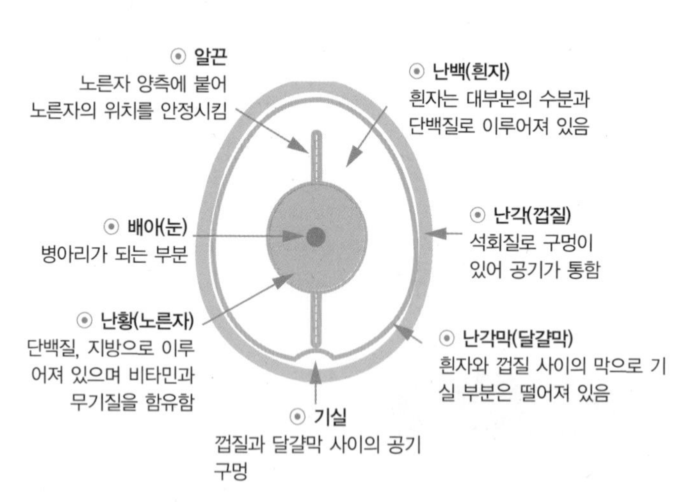

달걀의 구조

정답 및 해설 09쪽

[1] 알에 대한 설명으로 옳지 않은 것은?

① 새나 물고기는 알을 낳는다.
② 개나 코끼리는 알을 낳는 동물이다.
③ 곤충의 알에서는 애벌레가 부화한다.
④ 알을 낳는 동물 중 암컷이 알을 낳는다.
⑤ 알 속에 있던 새끼가 껍질을 깨고 나오는 것을 부화라고 한다.

[2] 공룡 알은 돌과 비슷한 모양이기 때문에 구분하기가 어렵다고 한다. 공룡 알을 발굴할 때 발견한 것이 알인지 돌인지 구분하는 기준은 무엇인가?

[3] 대부분 알의 모양은 모두 둥글지만, 일부는 약간 길쭉한 타원형 모양을 하고 있다. 알의 모양이 공처럼 둥글지 않고 타원형이기 때문에 좋은 점은 무엇인지 서술하시오.

공

달걀

핵심 이론

알 : 조류, 파충류, 어류, 곤충 따위의 암컷이 낳는, 둥근 모양의 물질로 일정한 시간이 지나면 새끼나 애벌레로 부화한다.

생명 실력 다지기

12 한강의 녹조

2012년 8월 북한강 상수원의 녹조 현상으로 악취와 흙냄새가 나는 수돗물 때문에 많은 사람들이 고통받았다. 녹조 현상이란 물에 영양물질이 증가하여 유속이 느린 하천에서 녹조류가 크게 늘어나 물이 녹색으로 변하는 현상이다. 녹조류란 다량의 엽록소를 가지고 있어서 녹색을 띠는 조류로 흔히 알고 있는 청각이나 파래가 녹조류에 속한다.

기온이 올라가면서 수온이 25℃ 이상으로 유지되어 물이 따뜻했고, 여기에 햇빛이 많이 비치고 물속으로 영양분이 과다 공급되어 녹조류와 플랑크톤이 활발하게 증식해서 녹조 현상이 일어난 것이다. 또한, 폭염으로 인해 물이 마르고 장마가 짧아져 비가 많이 내리지 않아 물의 양 자체가 줄어 녹조 현상의 피해가 더 커진 것이다.

물 표면에 녹조가 덮이면 물속으로 들어가는 햇빛이 차단되고 물속에 산소가 추가로 유입되지 않아 물속의 용존산소량이 줄어들게 된다. 이렇게 되면 물고기와 수중생물이 죽고 물에서 악취가 나며, 그 수역의 생태계가 파괴되어 사회적 · 경제적 · 환경적 측면에서 많은 문제가 생긴다.

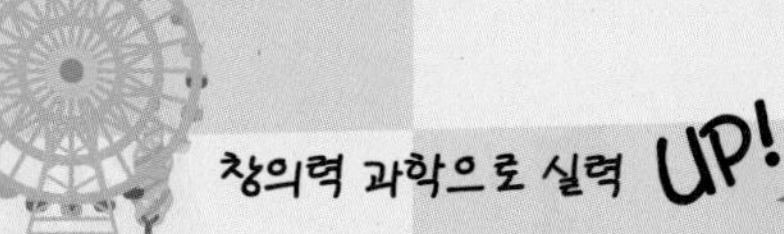

[1] 녹조류나 녹조 현상에 대한 설명으로 옳지 <u>않은</u> 것은?

① 청각이나 파래 등이 녹조류에 속한다.
② 녹조류가 늘어나 물 색깔이 녹색이 되는 현상이다.
③ 녹조류가 많아지면 물속에 녹아있는 산소량이 증가한다.
④ 녹조 현상이 심할 경우 해당 수역의 생태계가 파괴되기도 한다.
⑤ 물의 흐름이 빠른 곳보다 느린 곳에 녹조 현상이 잘 발생한다.

[2] 녹조 현상은 날씨가 추운 겨울철보다 여름철에 더 잘 발생한다고 한다. 그 이유는 무엇인가?

[3] 녹조 현상이 발생하면 수면에 황토를 뿌려 수중으로 들어가는 햇빛을 차단해주면서 녹조 번식을 막고, 녹조들이 황토와 뒤엉켜 바닥으로 가라앉게 하는 방법으로 해결했다. 황토를 이용한 방법 외에 녹조 현상을 해결하는 방법을 서술하시오.

핵심 이론

녹조류 : 다량의 엽록체를 가지고 있어서 녹색을 띠며, 녹색식물 중에서 가장 간단한 체제를 갖는다.

13 체중 조절용 식품 '1회 제공량 열량' 부족

체중 조절용 식품 밥 대신 먹으면 건강에 위험!

시리얼, 곡물 바와 같은 '체중 조절용 식품' 대부분이 열량이 지나치게 낮아 다른 음식은 먹지 않으면서 이 식품만 섭취할 경우 영양 불균형이 발생할 가능성이 있다는 주장이 제기됐다.

소비자단체인 녹색소비자연대가 시중에 판매되는 25개의 체중 조절용 식품을 조사한 결과 23개 제품의 1회 제공량 당 열량이 200kcal(약 밥 한 공기에 해당하는 열량)에 미치지 않는 것으로 나왔다. 그리고 '1일 권장섭취량'을 잘 지켜 먹어야 필요한 영양소를 공급받을 수 있어 건강에 이상이 없다고 한다. 1일 권장섭취량이란 '건강한 사람이 하루에 먹는 음식에 꼭 포함되어야 할 영양분의 양'을 말하는데 1일 권장섭취량은 나이와 성별에 따라 달라진다. 남자 어린이는 하루에 1,600~2,400kcal, 여자 어린이는 하루에 1,500~2,000kcal를 섭취해야 한다.

구 분	체중(kg)	신장(cm)	에너지(kcal)	단백질(g)
남 9~11세	34.5	138.0	1,900	35.0
여 9~11세	32.6	138.0	1,700	35.0

정답 및 해설 10쪽

[1] 1일 권장섭취량에 대한 설명으로 틀린 것은?

① 남자 어린이는 하루에 1,600~2,400kcal의 양을 섭취해야 한다.
② 여자 어린이의 권장 섭취량이 남자 어린이의 권장 섭취량보다 많다.
③ 1일 권장섭취량보다 많은 열량을 섭취할 경우 비만의 원인이 될 수 있다.
④ 1일 권장섭취량보다 적은 열량을 섭취할 경우 성장에 나쁜 영향을 미칠 수 있다.
⑤ 건강한 사람이 하루에 먹는 음식에 꼭 포함되어야 할 영양분의 양을 1일 권장 섭취량이라고 한다.

[2] 다이어트에 도움이 된다고 광고하는 체중 조절 식품을 밥 대신 먹으면 건강에 위험한 이유를 쓰시오.

[3] 다이어트란 원래 어떤 종류의 질병을 적극적으로 치료하기 위해 의사의 지시에 따라 병과 상처를 고치는 목적으로 정상 식사를 수정한 식이 요법을 일컫는 말이었지만, 최근 미용이나 건강을 위해 살이 찌지 않도록 먹는 것을 제한한다는 의미로 사용되고 있다. 건강한 다이어트를 할 수 있는 식습관 방법을 세 가지 서술하시오.

핵심 이론

열량 : 열의 많고 적음을 나타내는 양으로 단위는 cal(칼로리)와 kcal(킬로칼로리)를 사용한다.
- 1cal : 물 1g의 온도를 1℃만큼 올리는 데 필요한 열의 양이다.
- 1kcal : 1,000cal를 1kcal이라고 한다.

14 한국, 해양생물 다양성 세계 최고

우리나라 바다의 생물 다양성이 세계 최고 수준인 것으로 나타났다. 해양수산부의 조사 결과에 따르면 우리나라 연안에는 밴댕이, 홍어, 고등어, 성대, 전갱이, 멸치, 쥐치 등 총 4,874종의 해양생물이 서식하고 있는 것으로 확인됐다.

우리나라 갯벌의 해양생물 다양성도 세계 최고 수준이다. 우리나라 갯벌에는 총 1,141종의 해양생물이 서식하고 있으며, 특히 크기가 1mm 이상인 대형저서동물은 717종으로, 이는 갯벌 중 유일하게 세계유산으로 지정된 독일, 네덜란드 연안의 바덴 해 갯벌(168종)보다도 3.3배 많은 생물이 서식하고 있는 것이다. 우리나라 갯벌(총면적 2,489.4km^2)의 연간 총 경제적 가치는 약 16조 원에 달하는 것으로 조사됐다.

우리나라 바다의 생물 다양성이 높은 이유는 지구온난화로 인해 우리나라 해양생태계에 다양한 변화가 나타났기 때문인 것으로 확인됐다.

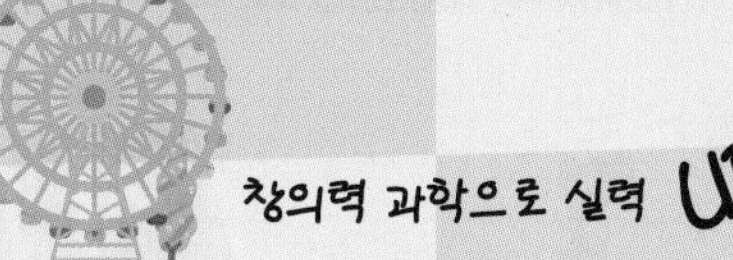

정답 및 해설 11쪽

[1] 우리나라 해양생물에 대한 설명으로 틀린 것은?

① 우리나라 연안에는 약 4,800종 이상의 해양생물이 서식하고 있다.
② 우리나라 갯벌에는 약 1,100종 이상의 해양생물이 서식하고 있다.
③ 우리나라 갯벌의 경제적 가치는 16조 원에 달하는 것으로 추정된다.
④ 우리나라 남해안 전역에 아열대성 생물이 나타나 생물 다양성이 높아지고 있다.
⑤ 우리나라 갯벌보다 독일, 네덜란드 연안의 바텐 해 갯벌에 더 많은 생물이 살고 있다.

[2] 왼쪽 기사에서 우리나라의 해양생물이 다양해진 이유를 찾아 쓰시오.

[3] 생물학자들은 지금 수준의 환경 파괴가 계속된다면 2030년경에는 현존하는 동식물의 2%가 절멸하거나 조기 절멸의 위험에 처할 것으로 추정한다. 우리가 생물 다양성을 보존해야 하는 이유를 서술하시오.

핵심 이론

- **생물다양성** : 생명체들이 각각의 수준에서 나타내는 다양함과 종류의 많고 적음을 나타낸다.
- **절멸** : 생존해 있던 종의 개체를 세계에서 확인할 수 없게 되는 것을 말한다. 또는 멸종

15 새로운 특징을 가진 생물들

1978년 독일 생물학 연구소에서 가지에는 토마토가 열리고 땅속에서는 감자가 열리는 포메이토를 만드는 데 성공했다. 우리나라에서도 1992년에 포메이토 생산에 성공했다. 포메이토는 유전공학기술을 사용해 감자와 토마토의 세포를 융합시켜서 얻은 새로운 식물이다. 이 후 과학자들은 생물의 유전자를 조작하여 새로운 특징을 가진 생물들을 연구하기 시작했다.

추위에 약한 딸기에 깊은 바다에 살아 추위에 강한 넙치의 유전자를 이식하면 추위에 강한 새로운 딸기를 만들 수 있다. 수선화나 옥수수에서 베타카로틴을 만드는 유전자를 벼 유전자에 넣어서 만든 황금쌀도 있다. 베타카로틴이 함유되어 있는 황금쌀을 섭취하면 베타카로틴이 비타민 A로 바뀌기 때문에 야맹증이나 빈혈로 힘들어 하는 사람들에게 도움을 줄 수 있다. 이뿐만 아니라 성장호르몬 분비를 조절하는 물질을 제거해 더 많이 성장하도록 유전자를 조작한 슈퍼연어도 만들었으며, 제초제에 강한 저항성을 보이는 유전자를 콩이나 옥수수에 넣어 제초제에 강한 콩과 옥수수를 만들었다.

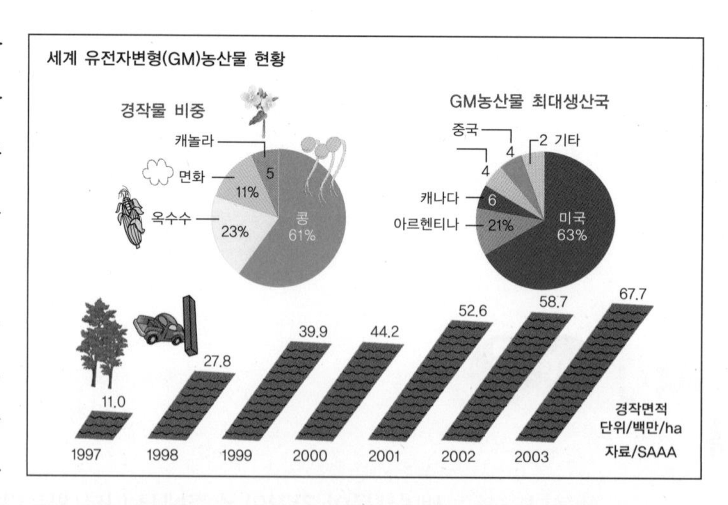

정답 및 해설 12쪽

[1] 유전자를 조작하여 새로운 특징을 가지게 된 생물에 대한 설명으로 <u>틀린</u> 것은?

① 황금쌀은 베타카로틴 유전자가 이식된 쌀이다.
② 포메이토는 토마토와 고구마를 합친 품종이다.
③ 제초제에 강한 콩과 옥수수는 대량 생산이 가능하다.
④ 딸기에 넙치 유전자를 이식하여 추위에 강한 딸기를 만들 수 있다.
⑤ 성장호르몬 분비를 조절하는 유전자를 조작하여 생물체의 크기를 조절할 수 있다.

[2] 추위에 약한 딸기에 추위에 강한 넙치의 유전자를 이식하거나, 베타카로틴이 없는 벼에 베타카로틴 유전자를 이식하는 등 생물의 유전자를 변형시키는 것을 무엇이라고 하는가?

[3] 제2의 녹색혁명으로 불리는 유전자 조작 식품의 장점과 단점을 각각 두 가지 이상 서술하시오.

• 장점 :

• 단점 :

핵심 이론

• 유전자 : 부모로부터 자식에게 물려지는 특징을 만들어내는 유전 정보의 기본 단위
• 유전자 조작 : 특수 효소를 이용하여 유전자를 자르거나 연결하여 유전자를 변형하는 것

16 소금은 설탕보다 더 위험하다.

실제로 2010년 한 해 동안 전 세계에서 230만 명 이상이 소금을 과다 섭취하여 심장 관련 질환으로 사망했다는 연구 결과가 나왔다. 세계보건기구(WTO)가 권장하는 1일 나트륨 섭취는 2g이지만, 이들은 모두 하루 평균 4g의 나트륨을 섭취한 것으로 나타났으며, 한국인의 하루 평균 나트륨 섭취량은 4.791g이나 된다. 국, 찌개, 김치, 고추장, 된장, 간장, 젓갈, 자반고등어, 라면, 냉면, 우동 등에 나트륨이 엄청나게 포함되어 있기 때문이다.

그렇다면 나트륨을 섭취하지 말아야 하는 것일까? 아니다. 나트륨은 신경자극을 생성하고, 근육 수축에 관여하여 체내의 산-염기 평형을 유지하는 데 꼭 필요한 물질이기 때문에 섭취를 해야 한다. 다만, 나트륨을 많이 섭취하면 비만이 될 수 있을 뿐 아니라, 심장마비, 뇌졸중, 고혈압 등의 질환과 골격계 질환의 근원이 된다.

보건복지부에서는 어린이의 경우 하루 소금 섭취량을 1.5g으로 권고하고 있다.

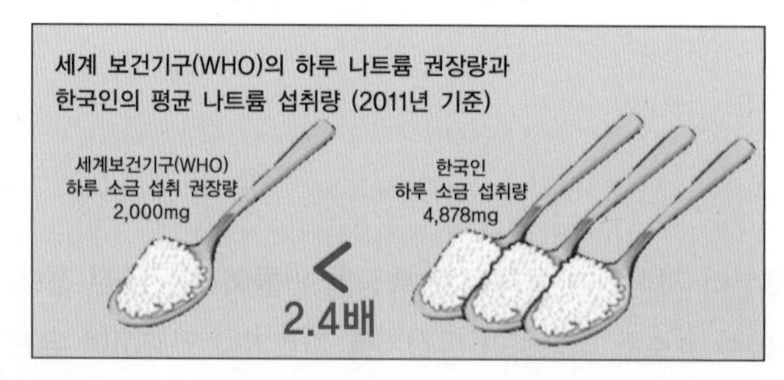

정답 및 해설 12쪽

[1] 소금에 대한 설명으로 틀린 것은?

① 소금을 다른 말로 염화 나트륨이라고 한다.
② 어린이의 하루 소금 섭취 권장량은 1.5g이다.
③ 소금은 아무리 많이 먹어도 건강에 해롭지 않다.
④ 우리나라 사람들이 즐겨 먹는 음식에는 소금이 많이 들어 있다.
⑤ 2010년에는 230만 명이 소금 과다 섭취로 사망하였다는 연구 결과가 있다.

[2] 소금을 너무 많이 섭취하면 어떤 물질에 중독되어 심할 경우 사망에 이르게 된다. 과다 섭취로 사망에 이르게 하는 이 물질은 무엇인가?

[3] 나트륨은 생명 활동을 위해 우리 몸에 꼭 필요하지만 너무 많은 양을 섭취하면 비만, 심장마비, 뇌졸중 등 다양한 질환의 원인이 된다. 나트륨의 과다 섭취를 줄이기 위한 방법을 세 가지 서술하시오.

핵심 이론

나트륨의 생체 내 역할과 건강 : 나트륨은 모든 동물에게 꼭 필요한 물질로, 삼투압과 세포 내 pH 조절 등 생명 활동에 관여한다. 체내 나트륨이 결핍되면 몸이 붓거나 저혈압의 원인이 되고, 지나치게 많이 섭취하면 고혈압, 신장병, 심장병 등 여러 가지 질병을 일으킨다.

17 얄미운 미생물, 고마운 미생물

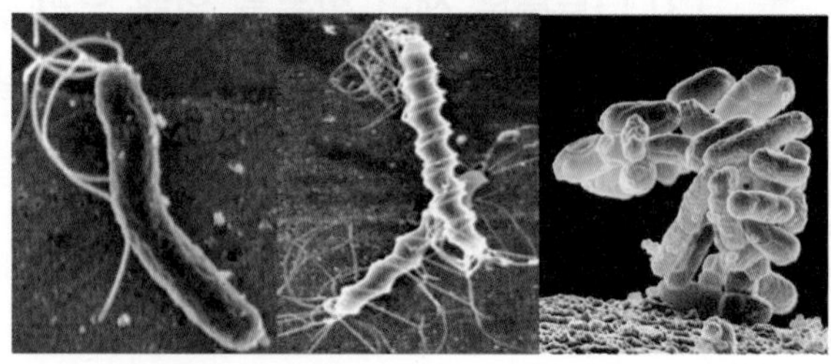
헬리코박터 파일로리 균 대장균

헬리코박터 파일로리 균은 위 속에서 꿈틀거리며 살고 있는 미생물로 만성위궤양이나 위염과 속쓰림의 원인이 되며 1급 발암인자로 규정된 나쁜 균으로 알려져 있는데, 전 세계적으로 인구의 절반 이상이 헬리코박터 균에 감염돼있다고 추정된다. 우리나라 사람 4명 중 3명이 헬리코박터 균에 감염되어 있다고 하는데, 찌개처럼 맵고 자극적인 음식이나, 앞 접시를 사용하지 않고 국이나 찌개를 같이 먹는 음식문화 때문이다.

그런데 우리 몸에서 헬리코박터 균이 완전히 없어지면 위산이 식도로 역류하거나 식도염이 생기기도 한다. 또 헬리코박터 균이 다른 설사를 유발하는 세균에 영향을 주어 설사를 줄이는 것으로 보인다는 연구 결과가 있다.

대장에 살고 있는 여러 종류의 대장균은 대장에서 우리 몸에 필요한 비타민 K, 비타민 B6을 합성한다. 그러나 대장이 아닌 물이나 음식에서 이 대장균이 발견되면 물이나 음식이 오염된 것이고 마시거나 먹게 되면 식중독에 걸리게 된다.

헬리코박터 균이나 대장균과 같은 미생물들은 몹쓸 질병을 일으키는 나쁜 균일까? 우리 몸에 도움을 주는 균일까?

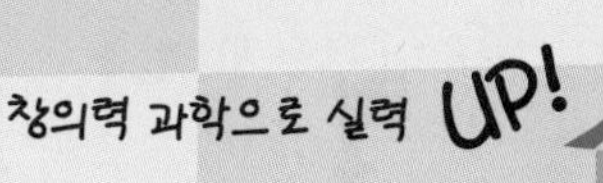

정답 및 해설 13쪽

[1] 미생물에 대한 설명으로 옳지 않은 것은?

① 헬리코박터 균은 위 속에 산다.
② 대장균은 대장에서 비타민을 합성한다.
③ 헬리코박터 균은 위궤양의 원인이 된다.
④ 대장에도 여러 가지 미생물이 살고 있다.
⑤ 유산균 음료를 마시면 헬리코박터 균을 없앨 수 있다.

[2] 유산균, 헬리코박터 균, 대장균 등의 미생물들은 크기가 매우 작아 맨눈으로 관찰하기가 어렵다. 이러한 미생물을 관찰할 수 있는 방법을 쓰시오.

[3] 유산균 음료 한 잔 속에는 약 500억 마리의 유산균이 들어 있다고 한다. 이처럼 지구상에는 매우 다양한 미생물이 많은데, 우리 생활 속에서 미생물을 이용하고 있는 경우를 세 가지 찾아 쓰시오.

핵심 이론

미생물 : 크기가 0.1mm 이하로 매우 작아서 눈으로는 볼 수 없는 아주 작은 생물

안심Touch

18 '토종' 생태계 망가뜨리는 '꽃매미' 나빠요.

산림청은 포도 농가에 피해를 주는 꽃매미의 확산을 막기 위해 알이 부화하기 전인 4월 말까지 대대적인 알집 제거 작업을 펼친다.

꽃매미가 어떤 나쁜 짓을 하기에 대대적인 방제작업을 펼치는 걸까? 꽃매미는 나무의 영양분을 빼앗아 먹는다. 줄기에 달라붙어 즙을 빨아 먹어서 나무가 영양분을 제대로 흡수하지 못하게 만들어 결국 나무는 말라 죽는다.

꽃매미가 크게 늘어난 이유는 무엇일까? 꽃매미는 중국이 고향인 외래종이다. 중국에서 건너온 묘목이나 화물에 알이 묻어와 우리나라로 옮겨진 것이다. 꽃매미와 같은 외래종이 많이 유입되면 '토종' 생태계는 균형을 잃고 혼란에 빠진다. 우리나라에 있는 다른 곤충이나 동식물이 '꽃매미가 어떤 곤충인지', '힘은 얼마나 센지', '잡아먹어도 괜찮은지' 잘 모르기 때문에 먹이사슬로 이뤄진 생태계에서 꽃매미를 괴롭히거나 잡아먹지 않아 꽃매미가 번식하기 더 좋은 것이다.

따뜻한 지방인 중국 남부나 동남아시아지역에 살던 꽃매미가 처음 한국에 들어왔을 때는 추운 겨울 동안 살아남기 어려웠다. 하지만 지구온난화로 날씨가 점점 따뜻해지면서 한국날씨에 잘 적응할 수 있었고 열심히 알을 낳으며 번식했다.

정답 및 해설 14쪽

[1] 꽃매미에 대한 설명으로 틀린 것은?

① 꽃매미의 고향은 중국이다.
② 꽃매미의 알은 4월 말이 지나면 부화한다.
③ 꽃매미는 추운 지방에서도 잘 살게 되었다.
④ 꽃매미는 따뜻한 중국 남부나 동남아에서 잘 산다.
⑤ 꽃매미는 나무의 영양분을 빨아먹어 나무를 말라죽게 한다.

[2] 중국 열대지역이 고향인 꽃매미가 우리나라에서 살아갈 수 있게 된 것은 우리나라 기후가 아열대기후에 들어섰다는 걸 나타낸다. 우리나라의 기후가 변한 원인은 무엇인가?

[3] 꽃매미와 같은 외래종이 우리나라 생태계에 미치는 영향은 무엇인지 서술하시오.

핵심 이론

외래종 : 원래의 서식지가 아닌 장소로 이동해 생활을 계속하는 종으로 일반적으로 외국에서 들어온 생물

19 바나나에서 초파리는 어떻게 생겨날까?

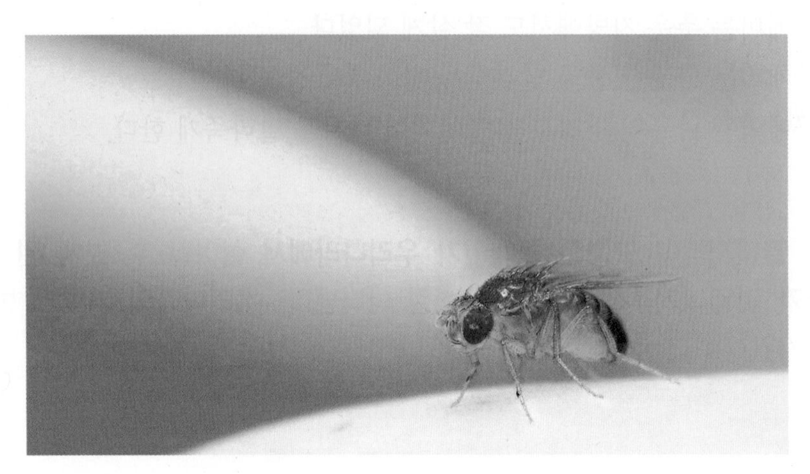

초파리는 영어로 'fruit fly' 라고 하며, 과일의 당분을 찾아내는 능력이 매우 발달되어 있다. 초파리의 크기는 2~5mm 정도로 방충망도 뚫고 들어올 수 있다. 어디선가 단 냄새를 맡은 초파리 한 마리는 방충망을 뚫고서라도 들어와 아무도 모르게 바나나에 착륙한 후 신나게 바나나 과즙을 쭉쭉 빨아먹고 바나나 껍질에 알도 낳고 날아간다. 초파리는 한번에 알을 400~900개씩 낳는데 이 알들은 일주일만 지나면 성충이 되고 다시 알을 낳을 수 있다. 한 마리의 초파리가 바나나에 잠시 들렀다 가면 일주일 후에 바나나는 초파리의 천국이 될 수 있다.

바나나에 초파리가 생기지 않게 하려면 어떻게 해야 할까? 바나나 주위에 계피를 함께 두면 초파리가 생기지 않는다. 계피는 초파리뿐만 아니라 모기나 벌레도 쫓을 수 있다. 페트병으로 간단히 초파리 트랩을 만들어 초파리를 잡을 수도 있다. 초파리의 공간지각능력은 아주 낮아서 넓은 입구로 들어갈 수는 있어도 좁은 입구로 나오지는 못한다고 한다.

[1] 초파리에 대한 설명으로 옳지 않은 것은?

① 달콤한 과일 냄새를 잘 맡는다.
② 공간지각능력이 낮다고 알려져 있다.
③ 크기가 5mm 이하로 매우 작다.
④ 한 번에 400~900개 정도의 알을 낳는다.
⑤ 알이 자라서 성충이 되기까지 약 한 달이 걸린다.

[2] 두 과학자들이 생물이 어떻게 생기는지에 대해 설명한 것을 보고, 실온에 둔 바나나 주변에 얼마 후 초파리가 생기게 되는 이유를 설명하시오.

아낙시만드로스	레디
파리나 모기와 같은 해충은 썩은 음식물이나 쓰레기 주변에서 저절로 생기는 것입니다.	마개를 덮지 않은 병에서는 구더기가 생겼고, 마개를 덮은 병에서는 구더기가 생기지 않는 것으로 보아 파리는 저절로 생기는 것이 아닙니다.

[3] 위 레디의 실험 결과에 타당성을 주기 위하여 같게 해야 할 조건과 다르게 해야 할 조건을 찾아 쓰시오.

• 실험에서 같게 해야 할 조건 :

• 실험에서 다르게 해야 할 조건 :

핵심 이론

• **자연발생설** : 생물은 자연적으로 우연히 발생하며, 어버이가 없어도 생물이 생길 수 있다고 주장하는 과학 이론
• **생물속생설** : 생물이 발생하기 위해서는 반드시 어버이가 있어야 한다는 과학 이론

환자와 가족 고통 덜어야 vs 생명은 소중해

무의미한 연명치료 '가족 뜻으로 중단 가능해질 듯'

'연명'이란 한자로 '늘릴 연(延)'과 '목숨 명(命)', 즉 목숨을 이어간다는 뜻이며 연명치료란 실제로 다시 살아날 가능성이 없지만 목숨을 이어가기 위해 행하는 의료행위를 말한다.
보건복지부는 다시 살아날 가능성이나 치료하는 의미가 없고 죽음을 거의 앞둔 환자를 대상으로 의미가 없는 연명치료를 중단할 것을 권하는 합의안을 만들었으며, 이후 최종 확정할 예정이라고 한다. 지금까지는 연명치료를 중단할 수 있는 길이 실질적으로 없었다.
환자가 의식이 있는 상태에서 관련 절차에 따라 연명치료를 원하지 않는다고 분명히 표시하면 의사가 확인 후 중단할 수 있다. 환자가 의식이 없는 경우 그 가족 전원이 합의하고 의사 두 명이 확인하면 환자의 연명치료 중단을 결정할 수 있도록 했다. 여기서 가족은 배우자와 직계 존비속(환자의 부모나 자식)을 말한다.

[1] 기사에서 연명치료의 의미를 찾아 쓰시오.

정답 및 해설 15쪽

[2] 다음 가계도를 보고 붉은색 동그라미 친 사람이 환자일 경우 환자의 연명치료 중단을 결정할 수 있는 가족을 모두 골라 ○표 하시오.

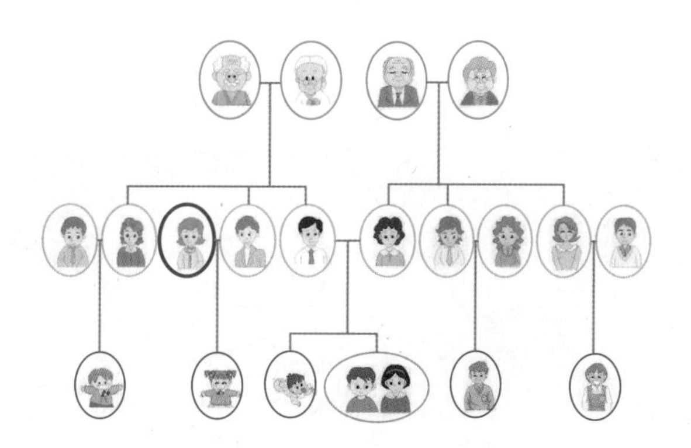

[3] 최근 연명치료 중단에 대한 논란이 거세다. 국민 72%가 '무의미한 연명치료는 중단하는 것이 옳다'고 찬성하는 가운데 일부에서는 가족의 동의로 연명치료를 중단할 수 있게 되면 가족들이 쉽게 환자를 포기할 수도 있다고 주장한다. 다음 두 친구의 생각을 읽어보고, 자신의 생각을 서술하시오.

남자아이	여자아이
저는 연명치료 중단을 찬성해요. 환자를 생각하면 마음이 아프지만 기쁨이나 슬픔과 같은 최소한의 감정도 느끼지 못한 채 기계에만 의존해 하루하루를 살아가는 것은 의미가 없다고 생각해요. 또, 가족들이 짊어져야하는 엄청난 고통과 치료비 부담에서 벗어나도록 해줄 필요도 있고요.	저는 생각이 달라요. 가족의 동의만으로 치료를 중단할 수 있게 된다면 힘든 간병에 지친 가족들이 쉽게 환자를 포기하고 치료를 중단할 수 있게 되지 않을까요? 연명치료를 중단하는 것은 결국 생명을 포기하는 것이나 다름없어요.

핵심 이론

가계도 : 가족 간의 관계를 빠르게 알아보고 필요한 정보를 손쉽게 얻기 위해 제작하는 그림

01 커피 찌꺼기로 악취를 제거한다.

최근에는 커피전문점에서 쉽게 구할 수 있는 커피 찌꺼기를 방향제로 사용하는 사람들이 많아졌다. 원두커피 찌꺼기를 종이컵 등에 넣어 차 안에 두면 퀴퀴한 냄새는 사라지고 은은한 커피 향이 차 안 가득 퍼져 운전을 한층 즐겁게 만들어주기 때문이다. 앞으로는 커피 찌꺼기가 지금까지의 방향제 기능뿐만 아니라 하수구 주변에서 나는 심한 악취 역시 제거할 수 있는 환경친화적인 필터의 역할까지 하게 될 것으로 보인다.

최근 미국 뉴욕 시립대학 연구진은 커피에 들어 있는 카페인에 포함된 질소가 탄소가 가진 냄새를 흡착하는 특성을 강화한다는 연구결과를 발표했다. 연구진은 환경친화적 필터를 개발하는 연구를 수행 중이었는데 얼마 전 커피 찌꺼기로 만든 필터가 하수구에서 나는 고약한 냄새의 주범인 황화수소 기체를 대량으로 흡수할 수 있다는 사실을 발견했다.

황화수소는 악취를 풍기는 불쾌감을 일으키는 기체일 뿐만 아니라. 사람의 생명에 치명적인 영향을 주는 가스이다. 사람의 후각은 기체가 일정 농도 이상이 되면 감지하지 못할 수도 있는데, 이 때문에 하수구에서 강한 농도의 황화수소에 일정 시간 노출된 근로자가 사망한 사례도 있다.

정답 및 해설 16쪽

[1] 커피 찌꺼기에 대한 설명으로 옳지 않은 것은?

① 일종의 방향제이다.
② 환경 친화적인 필터의 역할을 할 수 있다.
③ 악취를 풍기는 이산화 탄소 기체를 대량 흡수한다.
④ 커피의 은은한 향이 강해 퀴퀴한 냄새를 없애준다.
⑤ 냄새를 흡착하는 특성을 강화하는 물질이 들어 있어 방향제나 필터로 사용할 수 있다.

[2] 다양한 형태로 우리 몸에 흡수되며, 우리 몸에 작용하여 피로를 줄이는 등의 효과가 있지만, 장기간 다량 복용할 경우 중독이 될 수 있다. 또한, 이것이 들어 있는 커피는 찌꺼기를 방향제나 환경 친화적 필터로 사용할 수 있다. 이 물질의 이름을 쓰시오.

[3] 연구진은 커피 찌꺼기를 친환경 필터 외에 또 다른 목적으로 재활용하고 있다고 말했다. 산성 토양을 좋아하는 식물 아래에 놓아두면 훌륭한 비료가 될 수 있다는 것이다. 커피 찌꺼기가 왜 식물에게 훌륭한 비료가 될 수 있는지 서술하시오.

핵심 이론

- 카페인 : 질소를 포함하고 염기성을 나타내는 물질 중의 하나로, 포함하고 있는 질소가 탄소가 가진 냄새를 흡착하는 특성을 강화시킨다는 점 때문에 카페인이 들어있는 커피 찌꺼기가 방향제나 친환경 필터로 사용될 수 있다.
- 필터 : 액체나 기체 속에 들어 있는 불순물을 걸러내는 기구
- 흡착 : 어떤 것이 달라붙음. 기체나 액체가 다른 액체나 고체의 표면에 달라붙는 것

물질

02 다이아몬드를 만들어내는 촛불의 비밀

물질이란 물체를 이루는 재료로, 불 또는 불꽃은 엄격히 말하면 물질이 아니다. 양초(파라핀), 지방 등의 연료가 공기 중의 산소와 만나면서 빛과 열을 만들어내는 현상인 것이다. 그러므로 불꽃의 성분, 즉 불꽃이 무엇으로 이루어졌는지를 알아내는 일은 좀처럼 쉽지 않다. 영국 세인트앤드루스 대학교 화학과의 저우 교수는 "촛불의 성분을 알아내는 것은 불가능하다."는 동료 과학자의 말을 반박하며 연구를 시작했다.

촛불의 성분을 알아내려면 우선 불꽃 내부의 물질부터 채집해야 한다. 저우 교수와 제자인 수쯔쉬에 연구원은 불꽃의 아랫부분, 중심 부분, 윗부분에서 여러 입자를 채집했는데, 대부분의 불꽃이 그러하듯 탄소 성분이 검출되었다. 여기서 발견된 두 가지 놀라운 점은 모두 4가지의 탄소 물질이 발견되었고, 그중에는 다이아몬드 입자도 있었다는 사실이다.

발견된 4가지 탄소 물질 중 다이아몬드는 아주 작은 나노입자 수준으로 존재했지만, 불꽃에 의해 만들어지는 다이아몬드 입자의 개수는 초당 150만 개에 달했다. 다만 눈 깜짝할 사이에 사라져 버리는데, 양초를 10분 동안 켜놓으면 9억 개의 다이아몬드 나노입자가 생겨났다가 이산화탄소로 변해 공중으로 날아가는 것이다. 저우 교수는 "각종 산업에서 핵심재료로 쓰이는 공업용 다이아몬드를 저렴하고 친환경적인 방법으로 제조하는 방법을 찾는 데 도움이 될 것"으로 기대하고 있다.

정답 및 해설 16쪽

[1] 촛불에 대한 설명으로 옳은 것은?

① 촛불의 성분을 알아내는 일은 쉽다.
② 촛불의 성분을 알아내려면 촛불 주변 물질부터 채집해야 한다.
③ 파라핀이 공기 중의 산소와 만나면서 빛과 열을 만들어내는 현상이다.
④ 촛불에서는 모두 3가지 탄소 물질이 발견되었다.
⑤ 수쯔쉬에 연구원이 촛불의 성분 연구를 처음으로 시작했다.

[2] 비록 아주 작은 나노입자이지만 흔히 매우 비싼 보석으로 알려진 다이아몬드가 이처럼 촛불에서 만들어진다니 참으로 놀랍다. 그런데 아쉽게도 다이아몬드 입자는 눈 깜짝할 사이에 사라진다고 한다. 그 이유는 무엇인지 찾아 쓰시오.

[3] 촛불에서 발견된 입자는 4가지로 모두 탄소 입자이고 그중 하나가 다이아몬드 입자이다. 모두 같은 탄소 입자인데 어떻게 다른 모습을 한 걸까? 그 이유를 추리하여 서술하고, 탄소 입자로 이루어진 물질들을 다양하게 찾아 쓰시오.

핵심 이론

- **연소** : 물질이 산소와 반응하여 빛과 열을 내며 타는 현상으로, 타는 물체(연료), 물체가 타기 시작하는 시점의 온도(발화점), 산소가 있어야 한다. 이 세 가지 중 하나라도 없으면 연소는 일어나지 않는다. 양초의 경우 연소가 일어나면 그을음이 생기고, 수증기와 이산화 탄소가 발생한다. (이산화 탄소로 변하기 전의 탄소 입자 중 하나가 나노입자 수준의 다이아몬드 입자이다.)
- **나노입자** : 천만 분의 1m 이하로 아주 작은 입자

03 아이스크림을 먹으면 머리 아프다?

기원전 3000년경 고대 중국인들은 눈이나 얼음에 꿀과 과일주스를 섞어 먹기 시작했는데, 후에 중국을 방문한 마르코 폴로가 동방견문록에 이를 소개하면서 알려졌다. 1550년경 이 책을 본 이탈리아 요리사들이 과즙에 설탕이나 향이 좋은 양주 등을 넣고 잘 섞어서 얼린 셔벗(샤베트)과 같은 아이스크림을 만들자 귀족들 사이에서 유행하였다.

지금과 같은 아이스크림은 18세기 후반 이탈리아의 왕비가 프랑스로 시집가면서부터 알려졌다. 200여 년 동안 아이스크림은 부유층의 전유물이었지만, 1851년 미국인 제이콥 휘슬에 의해 대중화되기 시작했다.

우리나라의 아이스크림은 아이스케키에서 시작됐다. 한국전쟁 이후 소규모 공장에서 설탕이나 팥앙금을 얼려 팔기 시작했는데, 당시 사람들은 이것을 아이스케키라고 불렀다.

설탕, 과당, 유당이 아이스크림의 단맛을 낸다. 이 원료들은 아이스크림 혼합용액의 어는점을 낮추는 역할을 하는데, 특히 유당은 얼음 결정을 작게 해 아이스크림을 부드럽게 한다. 즉 우리가 아이스크림을 쉽게 떠먹을 수 있게 해주는 것이다. 유화제는 서로 섞이지 않는 아이스크림의 재료들을 잘 섞어주어 입안에서 녹을 때 좋은 감촉을 느끼도록 해준다. 안정제는 수분과 결합해 아이스크림이 쉽게 녹아 흘러내리는 것을 막아준다. 즉 수분끼리 서로 결합해 커다란 얼음 결정이 되는 것을 막는 것이다. 또한, 우리 입안에서 천천히 사르르 녹도록 하는 역할도 한다.

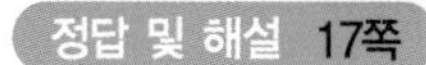

[1] 아이스크림에 대한 설명으로 옳은 것을 모두 고르시오.

① 중국에서 셔벗과 같은 형태로 처음 시작되었다.
② 마르코 폴로가 쓴 동방견문록에 소개되면서 알려졌다.
③ 이탈리아 왕비가 프랑스로 시집가면서부터 대중화되기 시작했다.
④ 우리나라의 아이스크림은 아이스케키에서 시작됐다.
⑤ 아이스크림 속 유화제는 수분과 결합해 아이스크림이 녹아 흐르는 걸 막는다.

[2] 아이스크림을 떠먹을 때 숟가락으로 저은 후 맛을 보면 더 부드러운 것처럼 아이스크림 제조 과정 중에도 얼어 있는 아이스크림을 휘저어 주면 더 부드러워진다. 이렇게 하면 아이스크림이 부드러워지는 것은 물론 부피에 비해 가벼워지기도 한다. 그 원인이 되는 물질은 무엇일지 쓰시오.

[3] 한 예능프로그램에서 남성 멤버 한 명이 아이스크림을 급하게 먹다가 갑자기 머리를 움켜쥐며 쓰러졌다. 방송에서는 '아이스크림 두통' 때문이라고 보도했다. 이처럼 찬 아이스크림을 급하게 먹었을 때 아이스크림 두통이 발생하는 이유를 다음의 단어들을 이용하여 서술하시오.

온도, 혈관, 수축(줄어듦), 혈액 순환

핵심 이론

아이스크림 두통 : 찬 아이스크림을 빨리 먹었을 때 급격한 온도 저하로 혈관의 수축이 심해지기 때문에 나타난다. 수초 안에 발생해 30초 뒤에 가장 심해지지만 몇 분 안에 완전히 회복되기 때문에 크게 걱정할 필요는 없다. 우리나라 인구의 3분의 1이 경험했을 만큼 흔한 증상 중 하나로, 보통 아이스크림을 먹고 난 후 머리가 얼어버리는 것 같은 느낌을 받았다면 이를 경험한 것이라고 볼 수 있다.

04 한겨울에 자동차는 이게 필수!

운전자들이 겨울철에 부동액 관리를 잘못하면 동파로 인해 자동차가 고장이 날 수 있다.
부동액은 끈적끈적하고 단맛이 나는 무색의 에틸렌글리콜을 물과 혼합한 물질로, 자동차 엔진에서 발생하는 열을 흡수해 자동차의 고장을 방지하는 냉각수 역할을 한다.
많은 운전자가 냉각수 역할만 중요하게 생각하다 보니 부동액이 아닌 일반 물을 사용하고 있다는 것이 문제다. 열 흡수가 목적이라면 물을 사용해도 별 차이가 없을 거란 생각 때문인데, 기온이 뚝 떨어지는 겨울에는 물이 얼어 부피가 팽창하면서 자동차 내부에 손상을 입힐 수 있다. 따라서 물에 에틸렌글리콜을 섞어 만든 부동액을 써야 한다. 그러면 어는점이 크게 낮아져 한겨울에도 부동액이 얼지 않는다.
에틸렌글리콜의 어는점은 -12℃로 한겨울이 되면 얼어버릴 수 있지만, 물과 에틸렌글리콜을 3:7 비율로 섞으면 어는점이 -50℃ 이하로 내려가 웬만한 강추위 속에서도 문제가 없다. 자동차 전문가들은 우리나라 기후에서는 5:5 비율 정도로만 섞어도 충분하다고 말한다.
돈을 아끼겠다고 겨울에 부동액 대신 물을 사용했다가는 자동차 수리비용으로 부동액 가격의 수백 배가 더 들 수 있으므로 주의해야 한다. 또한, 아무리 급해도 뜨거운 냉각기 뚜껑을 함부로 열어서는 안 된다. 냉각기 뚜껑을 잘못 열면 내부압력으로 뻗쳐 나오는 뜨거워진 냉각수에 자칫 끔찍한 화상을 입을 수 있기 때문이다.

[1] 부동액에 대한 설명으로 옳지 않은 것은?

① 에틸렌글리콜을 물과 혼합한 물질이다.
② 냉각수 역할을 하므로 일반 물을 사용해도 된다.
③ 자동차 엔진에서 발생하는 열을 흡수하는 냉각수 역할을 한다.
④ 우리나라 기후에서는 물과 에틸렌글리콜을 5:5 비율 정도로 섞어도 된다.
⑤ 아무리 급해도 냉각기 뚜껑을 함부로 열어서는 안 된다.

[2] 자동차 엔진에서 발생하는 열을 흡수해 자동차의 고장을 방지하는 냉각수로 일반 물이 아닌 물과 에틸렌글리콜의 혼합용액인 부동액을 써야 하는 이유를 찾아 쓰시오.

[3] 순수한 물은 대기압 상태에서는 0℃에서 얼고 100℃에서 끓는다. 따라서 추운 겨울이 되면 냉각수로 부동액을 사용해야 한다. 그러나 부동액은 추운 겨울뿐 아니라 더운 여름에도 넣는다고 한다. 더운 여름에도 부동액을 사용하는 이유를 서술하시오.

핵심 이론

- **에틸렌글리콜** : 알코올의 한 종류로 물과 잘 섞이고 값도 싸서 부동액으로 적합하다. 끓는점은 197℃, 어는점은 −12℃이다.
- **부동액** : 물과 에틸렌글리콜을 혼합한 용액으로, 기온이 뚝 떨어지는 한겨울에도 쉽게 얼지 않기 때문에 자동차 엔진에서 발생하는 열을 흡수해 자동차의 고장을 방지하는 냉각수 역할을 하기에 적합하다.

물질 실력 다지기

05 매머드는 빙하기의 혹독한 추위를 어떻게 이겨냈을까?

대표적인 멸종 동물인 매머드는 코끼리와 같은 조상에서 진화한 가까운 사이이다. 하지만 둘 사이에는 큰 차이가 있다. 코끼리는 따뜻한 지방에서만 서식하지만 매머드는 빙하기의 거센 추위도 두려워하지 않았다는 것이다.

어떻게 그럴 수 있었을까? 코끼리에게는 없는 두꺼운 털이 추위를 이겨내는 비결이라고 알려졌다. 그런데 두꺼운 털 이외에도 생존의 비법이 있었다.

케빈 캠벨 교수는 땅 온도가 영하가 되어 지하 수분이 얼어 있는 층에 갇힌 4,300년 전 매머드의 뼈를 구해 DNA 연구 전문가 알랜 쿠퍼 박사와 함께 4,300년 전 살아있었던 매머드의 혈액을 복원했다. 그리고 복원한 매머드 혈액 샘플을 아시아와 아프리카 코끼리의 혈액과 비교했다.

혈액 속에 있는 헤모글로빈은 산소를 전달하는 역할을 한다. 코끼리의 혈액 속에 있는 헤모글로빈은 사람과 마찬가지로 따뜻한 온도에서만 산소를 잘 전달했다. 그런데 매머드는 달랐다. 기온이 떨어져도 온도와 관계없이 혈액 속 헤모글로빈이 지속적으로 산소를 몸에 공급하는 것이었다. 이런 차이는 매머드가 어떻게 혹독한 추위에서도 적응할 수 있었는지를 설명해 준다.

정답 및 해설 18쪽

[1] 매머드에 대한 설명으로 옳지 않은 것은?

① 현재 멸종된 동물이다.
② 코끼리와 같은 조상에서 진화한 동물이다.
③ 두꺼운 털이 있어서 빙하기의 추위를 견뎌낼 수 있었다.
④ 매머드와 달리 코끼리는 따뜻한 온도에서만 혈액 속 헤모글로빈이 산소를 전달한다.
⑤ 사람처럼 매머드는 기온이 떨어지면 헤모글로빈이 산소를 전달하지 못한다.

[2] 케빈 캠벨 교수와 알랜 쿠퍼 박사가 4,300년 전 살아 있었던 매머드의 혈액을 복원하여 알아낸 매머드의 특성은 무엇인지 찾아 쓰시오.

[3] 매머드의 혈액에 [2]의 답과 같은 특성이 없었다면 매머드가 빙하기의 혹독한 추위를 이기기 위해서 어떻게 해야 했을지 서술하시오.

핵심 이론

- 매머드의 혈액 : 코끼리와 비슷하고 사람처럼 포유류이지만 매머드는 이들과 달리 혈액 속에 부동액 성분이 있어 낮은 온도에서도 혈액이 얼지 않았다.
- 빙하기 : 오랫동안 쌓인 눈이 다져져 육지 일부를 덮고 있는 얼음층이 존재했던 시기

김장 김치 겨울에 담그는 이유는?

왜 김장은 항상 찬바람이 부는 추운 겨울에 하는 걸까? 겨울이 1년 중 배추가 가장 맛있는 계절이기 때문이다. 배추는 수확 시기와 위치에 따라 김장 배추, 여름 배추, 봄배추, 월동 배추 등으로 나뉘는데, 이 중 가장 맛있는 배추는 11월에 수확하는 김장 배추다.

그러나 아무리 좋은 재료로 김치를 만들어도 빨리 상하거나 시어지면 소용이 없다. 김치의 맛은 온도와 유산균에 의해 좌우되므로 이들 요소를 적절히 조절하는 것이 필요하다.

배추를 소금에 절이면 대부분의 미생물이 죽고 소금을 좋아하는 미생물인 유산균만 살아남는다. 유산균이 늘어나는 양에 따라 초기, 적숙기, 과숙기, 산패기 김치로 나뉘는데, 김치는 pH 4.5, 젖산 농도 0.6~0.7%인 적숙기 때가 가장 맛있다. 이처럼 김치의 산도가 변하는 이유는 유산균이 활동하며 내놓는 젖산 때문이다. 갓 담근 초기 김치는 pH가 6.5 정도로 중성이거나 약산성을 띠고, 젖산 농도도 0.5%가 안 된다. 초기가 지나면 웨이셀라 균과 루코노스톡 균 같은 이형발효 유산균이 활발히 활동한다. 이들은 젖산뿐만 아니라 탄산도 만드는데, 잘 익은 김치를 먹으면 청량음료와 같이 톡 쏘는 느낌이 나는 것도 이 때문이다.

유산균이 빠르게 번식해 김치가 금세 시어지는 것을 막기 위해서는 온도를 낮춰야 한다. 냉장고가 없었던 과거에 김장독을 땅속에 묻은 이유가 여기에 있다. 땅속은 겨우내 0~1℃를 유지해 김치가 얼지 않으면서도 발효 속도를 늦춰 주기 때문이다.

정답 및 해설 19쪽

[1] 김장 김치의 맛을 좌우하는 요소를 두 가지 고르시오.

① 유산균
② 배추
③ 소금
④ 온도
⑤ 무

[2] 김장은 왜 항상 옷을 두껍게 입고 핫팩까지 챙겨야 하는 추운 겨울에 하는 걸까? 따뜻해서 활동하기 좋은 때에 김장을 하면 좋지 않을까? 그것은 11월에 수확하는 배추가 가장 맛있기 때문이다. 이 배추의 이름을 쓰시오.

[3] 김치가 과숙기, 산폐기에 이르면 맛은 시어지고, 오래 묵은 젓갈 같은 냄새가 난다. 톡 쏘는 느낌이 나고 맛있는 적숙기의 김치가 과숙기, 산폐기에 이르면 왜 신맛이 나고 젓갈 같은 냄새가 나게 되는지 적숙기 때의 김치를 바탕으로 pH와 젖산 농도를 이용하여 서술하시오.

핵심 이론

- pH : 산성도(산도)를 나타내는 값으로 0에서 14까지 있으며, 7이면 중성, 7보다 작으면 산성, 7보다 크면 염기성을 나타낸다.
- 산성 : pH가 7보다 작을 때이고, 신맛이 난다. 예 식초, 염산, 레몬, 사이다, 오렌지주스 등
- 중성 : pH가 7일 때이다. 예 물, 설탕물, 소금물, 우유 등
- 염기성 : pH가 7보다 클 때이고, 쓴맛이 난다. 예 샴푸, 비눗물, 표백제, 암모니아수 등

약 먹어도 안 낫는다?

감기약은 콧물을 멈추게 하는 '항히스타민제'와 열을 내리게 하는 '해열제', 근육 통증을 덜어주는 '진통제', 가래를 없애주는 '진해거담제' 등으로 이루어져 있다.

감기 기운이 있다고 무턱대고 약부터 먹으면 부작용을 일으킬 수 있다. 콧물을 멈추게 하는 항히스타민 성분은 졸음과 현기증, 입안이 마르는 듯한 증상을 유발하고 가래를 없애주는 코데인 성분은 장기간 복용하면 중독 위험이 있다. 따라서 증상이 있을 때만 약을 잘 골라 먹는 것이 중요하다.

해열제나 소염제가 들어 있는 감기약은 위에 부담을 주기 때문에 반드시 식사하고 먹어야 한다. 하지만 대부분의 감기약은 식사시간과 무관하게 위 벽으로 흡수된다.

감기는 걸려보지 않은 사람이 없다고 할 정도로 흔한 질병으로, 어른은 1년에 평균 2~3회, 아이들은 5~6회나 걸린다고 한다. 그런데 독감처럼 독한 질병도 백신이 있고 타미플루 같은 치료제도 나왔는데 왜 감기는 백신도 치료제도 없는 걸까? 이렇게 된 이유는 여럿 있겠지만 감기가 그렇게 심각한 질병이 아니라는 게 한 이유다. 또 감기의 원인 바이러스는 유형으로 치면 200가지가 넘는다. 현재는 이 가운데 인플루엔자바이러스에 대해서만 집중적으로 연구를 하여 백신과 치료제를 개발해 어느 정도 대처하고 있는 상태다.

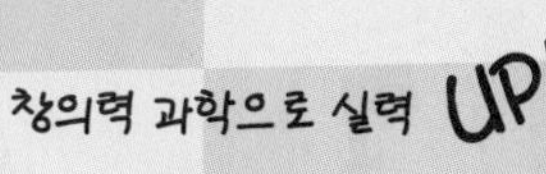

정답 및 해설 19쪽

[1] 감기에 대한 설명으로 옳은 것은?

① 감기 기운이 있으면 미리 약을 먹는다.
② 약을 먹으면 금세 낫는다.
③ 독감은 백신이 있지만 감기는 백신이 없다.
④ 모든 감기약은 반드시 식사 후에 먹어야 한다.
⑤ 감기는 심각한 질병으로 아주 드물게 걸린다.

[2] 감기약은 바이러스에 직접 작용하여 치료하는 게 아니라 증상을 덜 하게 하는 것뿐이므로 감기약을 먹어도 감기가 낫기까지는 며칠이 걸린다. 독감처럼 백신이나 치료제를 만들어 예방하면 좋을 텐데 왜 감기는 백신도 치료제도 없는 걸까? 두 가지 이유를 찾아 쓰시오.

[3] 녹차, 커피, 에너지 음료 등과 감기약을 같이 먹으면 신장(콩팥)에 부담을 줄 수 있고 소화 장애를 일으켜서 위에 부담을 줄 수 있어 위험하다. 물과 비슷한 음료일 뿐인데 왜 감기약과 같이 먹으면 위험할까? 포함된 성분과 관련하여 그 이유를 서술하시오.

핵심 이론

- **백신** : 질병을 일으키는 바이러스 등을 약하게 만들어 감염이 있기 전 인체 내에 주사하여 병원체에 감염되더라도 그 피해를 예방하거나 최소화하기 위해 사용하는 것
- **감기약** : 약국이나 병원에서 처방해 주는 감기약은 바이러스에 직접 작용하여 치료하는 게 아니라 단지 감기 증상을 완화하는 목적이 있다.

08 얼음 참 특이해~

물에 얼음이 뜬다는 당연한 사실이 자연에서는 아주 특이한 현상이다. 대부분의 물질은 고체가 액체보다 무거워 물에 가라앉기 때문이다.

물을 통에 넣어 얼려 보면 알겠지만 원래 넣었던 물에 비해 얼음의 양이 많아진 것을 알 수 있다. 자칫 물을 통에 가득 넣어 얼리면 원래보다 커져 버린 얼음 탓에 통이 깨져버리기도 한다. 물은 얼면서 부피가 9% 늘어난다. 물이 얼 때 결정구조가 육각형으로 바뀌면서 물일 때보다 입자(알갱이)들 사이의 거리가 멀어져 밀도가 낮아지고 물에 뜨는 것이다. 자연에서 볼 수 있는 얼음의 결정구조는 육각형뿐이다.

냉동실에서 얼린 얼음은 투명하기보다 하얀색이다. 이는 물에 포함된 불순물과 공기 때문이다. 물속에는 다양한 기체들이 녹아 있는데, 이 기체가 물이 얼면서 미처 빠져나가지 못하면 빈 공간을 만든다. 얼음이 투명하게 보이려면 가시광선이 통과해야 하는데, 이렇게 기포가 갇혀 만들어진 빈 공간들은 빛을 반사하거나 산란해서 뿌옇게 보이게 한다.

정답 및 해설 20쪽

[1] 물이 얼음이 되면 물의 결정구조는 어떤 모양이 되는가?

① 삼각형 ② 사각형
③ 오각형 ④ 육각형
⑤ 불규칙한 모양

[2] 둥근 모양, 하트 모양, 세모 모양 등의 틀을 사용하면 집에서도 다양한 모양의 얼음을 만들 수 있다. 그런데 모양이 달라져도 냉동실에서 얼린 얼음은 모두 하얀색이다. 그 이유를 찾아 쓰시오.

[3] 얼음정수기에서 후두둑 떨어지는 투명얼음처럼 우리 집의 희뿌연 하얀 얼음도 깨끗하고 맑은 투명얼음으로 만들 수는 없을까? 냉동실에서 얼린 얼음이 하얀색인 이유를 참고하여 하얀 얼음을 투명얼음으로 만들 방법을 서술하시오.

핵심 이론

얼음의 특징 : 일반적인 고체와 달리 물은 얼음이 되면 부피가 커지고 밀도가 낮아진다. 따라서 얼음은 물에 뜬다. 물에는 불순물과 공기가 포함되어 있어 냉동실에서 얼리면 불투명한 하얀색의 얼음이 되지만 물속에 녹아 있는 기체와 불순물을 최대한 제거하면 투명한 얼음을 만들 수 있다.

09 여름철 차 안에 생수 놔뒀다간 세균 공장된다?

많은 사람들은 생수는 무조건 깨끗하고 안전한 물이라고 생각한다. 그러나 생수가 한여름 무더위에 노출되면 청정 식수가 아니라 세균 공장이 된다는 연구결과가 있어 생수를 즐기는 사람들은 특별히 주의해야 할 것으로 보인다.

특히 여름철 생수를 마시다가 차 안에 두는 것이 가장 위험하다. 차 안에 2시간 보관되어 있던 생수의 세균을 관찰한 결과, 실온에 보관한 물보다 무려 7배나 많은 세균이 발견됐다. 한여름 외부 온도가 30℃가 되면, 차 내부의 온도는 60~70℃까지 올라가 세균이 번식하기에 좋은 환경이 되기 때문이다.

실온에서 보관한 생수도 예외는 아니다. 생수를 실온에서 5일간 보관하면 세균 증식이 60%, 10일 이상이 되면 80%까지 증가하는 것으로 나타났다. 이렇게 세균이 많은 생수를 마시게 되면 설사를 동반한 위장계통의 질병을 일으킬 수 있기 때문에 여름철에는 생수를 반드시 냉장 보관해야 한다.

뿐만 아니라 한여름 무더위에 노출된 생수는 발암물질이 대량 함유되어 있다는 사실이 밝혀져 충격을 주고 있다. 일반적으로 생수는 합성수지로 만들어진 용기에 담긴다. 그런데 이 생수병이 여름철 강한 직사광선에 노출되면 환경호르몬, 포름알데히드, 아세트알데히드 등 발암물질이 검출될 수 있다.

정답 및 해설 21쪽

[1] 더운 여름철 무더위에 노출된 생수를 마시면 위험한 원인을 모두 고르시오.

① 세균
② 먼지
③ 더위
④ 불순물
⑤ 발암물질

[2] 무더위에 노출된 생수는 "수온이 높은 여름철 하천의 물을 마시는 것과 같다."고 한다. 한여름 자칫 위험해질 수 있는 생수를 안전하게 마시기 위한 방법([1]의 원인을 제거할 수 있는 방법)을 쓰시오.

[3] 식약품안전처는 페트병을 재사용한다고 해서 유해물질이 녹아 나오지는 않지만, 세균에 오염되기 쉬우므로 재사용을 피해야 한다고 강조했다. 생수병의 경우 물을 담았던 병이므로 세제로 깨끗하게 씻으면 될 것 같은데, 왜 재사용하지 말라고 하는 것인지 그 이유를 추리하여 서술하시오.

핵심 이론

페트병에 담긴 생수 : 실온에서 오래 보관하거나 더운 여름철 무더위에 노출된 생수는 더 이상 마실 수 있는 물이 아니다. 입이나 손에 의해 들어간 세균이 엄청난 속도로 증식하여 세균이 득실댈 뿐만 아니라 합성수지로 만든 페트병에서 녹아 나온 발암물질이 포함되어 있기 때문이다.

촛불이 타오르고 나면 초는 어디로 가는 걸까?

양초는 보통 파라핀으로 만드는데 파라핀은 석유의 구성 성분인 탄화 수소의 혼합물이다. 탄화 수소에는 도시가스의 성분인 메테인, 가스레인지나 가스토치 등에 쓰이는 프로페인, 라이터나 휴대용 가스레인지 등에 쓰이는 뷰테인 등이 있다.

탄화 수소에는 탄소와 수소만이 들어 있어, 이들이 탈 때 대기 중의 산소와 반응하여 탄소는 산소와 만나 이산화 탄소가 되고 수소는 산소와 만나 물(수증기)이 된다. 불꽃 온도가 높아 이산화 탄소와 물은 기체 상태로 대기 중으로 날아간다. 눈에 보이지 않게 되므로 마치 사라지는 것처럼 느껴지는 것이다.

만약 불꽃에서 물이 만들어져 나온다는 것이 믿기지 않는다면 일회용 알루미늄 그릇에 얼음 몇 조각을 넣어 차갑게 만든 다음 양초의 불꽃 위로 가져가 보자. 잠시 후 그릇 바닥에 불꽃에서 만들어져 나온 수증기가 물방울로 맺혀 있는 것을 관찰할 수 있을 것이다.

양초를 태울 때 탄소와 수소가 100% 모두 산소와 반응하지는 않는다. 불꽃에는 아직 타지 않은 탄소 알갱이가 있다. 우리가 숟가락을 양초의 불꽃 속에 몇 초 동안 넣어 보면 숟가락이 검게 코팅되어지는 것을 관찰할 수 있다. 이 검은색의 물질이 바로 아직 타지 못한 탄소 알갱이이다. 우리는 보통 이것을 그을음이라고 말한다.

정답 및 해설 22쪽

[1] 양초에 대한 설명으로 옳지 않은 것은?

① 양초는 파라핀으로 만든다.
② 양초가 타는 것은 대기 중의 산소와 반응하는 것이다.
③ 양초의 성분 중 수소는 산소와 만나 물을 만든다.
④ 양초의 성분 중 탄소는 산소와 만나 일산화 탄소를 만든다.
⑤ 양초의 불꽃 속에는 아직 타지 않은 탄소 알갱이가 있다.

[2] 가스레인지의 불꽃은 파란색인데 촛불, 모닥불, 산불, 불난 집 등에서의 불꽃은 모두 노란색이다. 이것은 연료를 태울 때 이 물질이 충분하게 공급되지 않아 100% 모두 이산화 탄소와 물로 바뀌지 않기 때문이다. 이 물질의 이름을 쓰시오.

[3] 양초는 파라핀으로 만든 몸통과 몸통 가운데 실을 꼬아서 만든 심지로 이루어져 있다. 양초에 심지가 없다면 양초의 몸통뿐만 아니라 녹은 파라핀(촛농)도 그 자체로는 타지 못한다. 과연 심지가 하는 일은 무엇일지 양초의 타는 모습을 바탕으로 추리하여 서술하시오.

핵심 이론

양초의 불완전 연소 : 양초가 탈 때 양초의 불꽃은 바로 가까이에 있는 공기만으로는 필요한 산소를 모두 공급받을 수 없으므로 파라핀을 100% 모두 이산화 탄소와 물(수증기)로 바꾸지 못해 불꽃에 남아 있는 탄소 알갱이에 의해 불꽃은 노란색을 띠고 검은색의 그을음이 생긴다.

11 자석으로 시금치를 끌어올릴 수 있을까?

철은 금속 상태에 있을 때 자성을 띠므로 자석에 끌린다. 그러나 철이 다른 원소와 화학적으로 결합하여 화합물이 되면 더 이상 자석에 끌리지 않는다. 만약 철이 녹슬어 있다면 철의 녹은 화합물이기 때문에 자성을 띠지 않으므로 자석에 끌리지 않는다.

옛날 만화의 주인공 중 뽀빠이는 나쁜 사람들을 혼내줄 때 시금치를 먹으면 두 팔의 근육이 불룩해지며 엄청난 힘을 갖게 된다. 그것은 바로 시금치 속의 철분 때문이다. 우리 몸의 혈액 속에 철분이 부족하면 빈혈이 생겨 얼굴색이 창백해져 약해 보이고 머리가 자주 어지러워 픽픽 쓰러지기도 한다. 그래서 빈혈이 있을 경우 철분이 풍부한 식품을 먹어서 부족한 철분을 보충해 주어야 한다. 그렇다고 빈혈이 없는 사람이 철분을 많이 먹는다고 해서 뽀빠이처럼 강해진다는 것은 아니니 오해하지 말 것.

시금치 안에도 철이 들어 있어서 시금치도 자성을 띠고 있을 테니 자석으로 시금치를 끌어올릴 수 있지 않을까?

그러나 시금치 안의 철분은 다행히도 금속 조각이 아니다. 시금치 안의 철분은 여러 가지 다른 원소와 복잡한 화합물을 이루고 있기 때문에 자성을 띠지 않는다. 그러니 아무리 강한 자석을 갖다 대더라도 시금치를 끌어 올릴 수는 없는 것이다.

정답 및 해설 22쪽

[1] 자석에 붙는 금속으로 옳은 것은?

① 금 ② 은
③ 철 ④ 구리
⑤ 알루미늄

[2] 이름을 모르는 어떤 금속 주변에 자석을 두었더니 이 금속이 자석에 끌려 달라붙었다. 이와 같이 금속이 자석에 끌리는 이유는 어떠한 성질 때문인지 쓰시오.

[3] 우리는 철분이 부족하면 시금치, 달걀노른자, 김 등과 같은 식품을 통해 철분을 섭취한다. 그런데 이런 식품 외에 우리가 흔히 알고 있는 철사를 먹어도 되지 않을까? 철사는 철이니까 부족한 철분을 보충해 줄 수 있을 것 같은데... 이에 대한 자신의 생각을 서술하시오.

핵심 이론

철 : 철은 금속 상태에 있을 때 자석에 끌리는데, 식품 속의 철분은 금속 상태가 아닌 여러 가지 다른 원소와 복잡한 화합물 형태로 존재하므로 자성을 띠지 않는다.

12 물을 뿌리면 왜 불이 꺼질까?

불이 붙으려면 연료(탈 물질), 산소, 온도, 이 세 가지 조건이 모두 갖춰져야 한다. 이 중 온도는 연료에 불이 붙어 탈 수 있도록 충분히 높아야 한다. 일단 불이 붙어 타기 시작하면 그 열로 인해 연료는 계속 가열되므로 불은 꺼지지 않고 계속 타게 된다.

불을 끄는 가장 좋은 방법은 연료 자체를 없애 버리는 것이다. 그러나 물은 연료를 없애지는 못한다. 따라서 물은 연소의 조건 중 연료를 제외한 산소와 온도를 공격해서 연료가 타는 걸 방해하는 것이다.

큰 양동이나 호스에서 쏟아져 나오는 많은 양의 물은 마치 불에 담요를 덮어씌우듯 공기를 차단해서 불을 끈다. 바로 공기 중의 산소를 차단하는 것이다. 또한, 물은 연료의 온도도 낮추어 준다. 모든 탈 수 있는 물질에 불이 붙어서 타기 위한 최소한의 온도를 발화점이라고 하는데, 물이 타는 물질의 온도를 발화점 이하로 낮추면 불이 꺼진다. 찬물뿐만 아니라 뜨거운 물 역시 대부분의 경우 이 온도보다 차가우므로 불을 끄는 효과가 있다. 물은 조금만 뿌려도 열을 많이 흡수할 수 있는 뛰어난 능력을 갖고 있다.

[1] 연소에 대한 설명으로 옳지 않은 것을 모두 고르시오.

① 연소가 일어나려면 산소, 연료, 온도가 필요하다.
② 물로 불을 끌 수 있는 이유는 연료를 없애기 때문이다.
③ 뜨거운 물은 불과 같이 뜨거우므로 불을 끄지 못한다.
④ 젖은 물건은 불꽃을 갖다 대도 타지 않는다.
⑤ 연료가 탈 수 있는 최소한 온도를 발화점이라고 한다.

[2] 호스에서 쏟아져 나온 물이 불길을 한순간에 덮는 것과 달리 건물 안에는 불이 나면 그 온도를 감지하여 물을 비처럼 흩뿌리는 스프링클러가 천장에 달려 있다. 이 역시 물로 불을 끄는 방법이다. 스프링클러는 연소의 세 가지 조건 중 어떤 것을 제거하여 불을 끄는 것일까?

[3] 전기나 기름으로 발생한 불을 끌 때는 결코 물을 써서는 안 된다. 혹 급하다고 물을 썼다가는 더 큰 화재가 발생할 수 있다. 같은 불인데 왜 전기나 기름으로 발생한 불은 물로 꺼서는 안 되는 것일까? 전기와 기름의 특징을 바탕으로 그 이유를 각각 서술하시오.

핵심 이론

연소 : 물질이 산소와 반응하여 빛과 열을 내며 타는 현상으로, 연료, 산소, 발화점 이상의 온도 이 세 가지 조건이 모두 갖춰져야 한다. 세 가지 조건 중 한 가지라도 없으면 연소는 일어나지 않는다. 특히 물로 불을 끌 수 있는 이유는 산소를 차단하고 온도를 연료가 탈 수 없을 정도로 낮춰주기 때문이다.

13 집에서 가스가 새었다면 어떻게 해야 할까?

혜인이는 드디어 새로 지은 집으로 이사를 했다. 부모님을 도와 이삿짐을 정리하던 중 가스회사가 가스통을 연결하기 위해 혜인이네 새 집을 방문했다. 가스통을 연결한 직원은 급한 일이 있는지 가스통의 가스가 프로페인 가스임을 말한 뒤 후다닥 가버렸다.

어지러운 집 안을 마저 정리한 혜인이네 가족은 이사 기념으로 자장면을 시켜 맛있게 먹은 뒤 집 주변을 둘러보러 나갔다. 몇 시간 뒤 혜인이네 가족이 집으로 돌아와 보니 집 안에서 가스 냄새가 많이 나고 있었다. 낮에 가스회사 직원이 너무 급하게 가스통을 설치하는 바람에 가스 밸브의 안전장치를 설치하지 않아 가스가 샌 것이었다. 아빠는 환기를 위해 집 안의 모든 유리창을 열었다. 가스가 다 빠져나갈 때까지 혜인이네 가족은 마트에서 필요한 물건을 사오기로 했다.

몇 시간 후 혜인이네 가족은 집으로 돌아와 유리창을 모두 닫았다. 그리고 드디어 혜인이의 생일을 축하하기 위해 케이크 위에 촛불을 붙였다. 그 순간 펑 소리가 났다. 다행히 혜인이네 가족은 급히 밖으로 빠져나올 수 있었지만, 그동안 신경 써서 예쁘게 지은 집이 타버렸다.

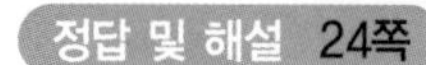

정답 및 해설 24쪽

[1] 환기를 시켰는데도 집이 폭발한 것은 가스가 집 안에 그대로 남아 있었기 때문이다. 이와 관계된 프로페인 가스의 성질은?

① 기체 상태이다.
② 냄새가 지독하다.
③ 공기보다 가볍다.
④ 공기보다 무겁다.
⑤ 공기와 무게가 비슷하다.

[2] 혜인이네 아빠는 가스가 샌 것을 아시고, 예전 집에서 했던 것처럼 집 안의 모든 유리창을 열어 환기를 시켰다. 하지만 환기가 되지 않았다. 그렇다면 프로페인 가스가 샜을 때는 어떻게 환기를 시켜야 할까? [1]의 프로페인 가스의 성질을 바탕으로 그 방법을 쓰시오.

[3] 혜인이는 목욕을 하기 위해 욕조에 물을 틀어 놨다. 잠시 후 욕조에 발을 넣는 순간에는 뜨거웠지만 용기 내어 몸을 담갔더니 아래쪽은 아직 차가운 부분도 있고 따뜻했다. 순간 혜인이는 빙그레 웃으면서 "에어컨과 난로 위치는 내가 잡아야지" 하고 생각했다. 욕조에서의 경험을 참고하여 에어컨과 난로를 어디에 설치하는 게 좋은지 그 이유와 함께 서술하시오.

핵심 이론

• LNG 가스 : 주성분은 메테인 가스로 공기보다 가볍다. 주로 가정용으로 사용된다.
• LPG 가스 : 주성분은 프로페인 가스로 공기보다 무겁다.

물질 실력다지기

14 잼에 넣은 설탕이 과일을 상하지 않게 보존하는 이유는?

딸기잼에 설탕 대신 소금을 넣어도 똑같이 오래 보존할 수 있다. 설탕과 소금은 미생물을 죽이거나 힘을 약하게 만들어서 음식을 상하지 않게 하는 역할을 하는데, 그러기 위해서는 농도가 아주 진해야 한다. 설탕이나 소금의 충분한 양이 음식 속의 물에 녹아 농도가 20~25%가 넘어야 대부분의 박테리아, 효모, 곰팡이 등이 살아남지 못한다.

설탕과 소금은 박테리아의 몸으로부터 물을 모두 빼내서 말려 죽이거나 힘을 약하게 만든다. 물이 없으면 어떤 것도 살 수 없기 때문이다. 그렇다면 어떻게 설탕물이나 소금물이 박테리아로부터 물을 빼내는 걸까? 바로 삼투 현상에 의해 가능한 것이다. 그러면 딸기잼 속에 숨어 있는 나쁜 박테리아의 몸에서 어떻게 삼투 현상이 일어나는지 알아보자.

박테리아는 반투막으로 된 세포막으로 둘러싸여 있는데, 주로 물로 되어 있고 단백질을 포함하고 있으며 박테리아에게 엄청나게 중요한 많은 화학물질이 녹아 있다. 이처럼 반투막으로 둘러싸인 박테리아가 진한 설탕물에 들어 있다고 생각해 보면, 갑자기 박테리아 바깥쪽의 설탕물 농도가 박테리아 몸 안의 농도보다 높아져 박테리아 안쪽에 있는 물이 바깥쪽으로 이동하는 현상이 일어나는 것이다. 즉 박테리아의 물을 설탕물이 모두 빼앗아 죽이거나 아주 약하게 만들어서 더는 번식할 수 없도록 만드는 것이다. 이 때문에 꿀 같은 경우도 미생물에 의해 상하지 않아 오래 보관할 수 있다.

정답 및 해설 24쪽

[1] 설탕과 소금의 역할로 옳지 않은 것은?

① 음식을 상하지 않게 만든다.
② 소금은 오랜 기간 생선과 고기를 보관하는 데 쓰여 왔다.
③ 미생물의 몸에 있는 물을 모두 빼낸다.
④ 음식 속에 설탕과 소금을 충분히 넣어야 오래 보관할 수 있다.
⑤ 음식 속의 미생물을 죽이진 못하지만, 힘을 약하게 만든다.

[2] 잼이나 꿀 속에는 설탕이 충분히 들어 있어 박테리아 안쪽의 물을 빼내어 박테리아가 더는 살 수 없게 되므로 오래 보관할 수 있다. 이와 같이 물만 통과할 수 있는 반투막을 경계로 농도가 낮은 쪽에서 높은 쪽으로 물이 이동하는 현상을 무엇이라고 하는지 쓰시오.

[3] 한 여객선이 항해 중에 폭풍우를 만나 그 안에 타고 있던 사람들이 구명보트를 타고 바다 위를 떠돌게 되었다. 그런데 아무리 목이 말라도 사방에 널려 있는 바닷물을 마실 수는 없었다. 바닷물도 물인데 왜 마시면 안 되는 건지 삼투 현상을 이용하여 서술하시오.

핵심 이론

삼투 현상 : 입자의 크기에 따라 선택적으로 물질을 통과시키는 막(반투과성 막)을 경계로 용액의 농도가 낮은 쪽에서 높은 쪽으로 물이 이동하는 현상이다.

15 매운맛 빨리 없애기!

경은이는 옆 테이블의 아줌마가 시킨 매콤한 고추장으로 비벼 먹음직스럽게 보이는 비빔냉면을 보자 갑자기 입안에 군침이 돌아 매운 비빔냉면을 주문했다. 비빔냉면은 정말 매웠지만, 어찌나 맛있던지 금세 한 그릇을 먹어 치웠다. 비빔냉면은 맛있었지만, 너무 매워 경은이는 물을 마시고 또 마시고 했는데도 매운맛은 쉽게 가시지 않았다.

우리의 몸 안으로 들어온 매운 음식은 몸 안의 장기에서 정말 바쁜 화학 반응을 일으키며 열을 내뿜는데 그로 인해 땀이 비 오듯 흐르고 입안은 불이 날 듯 얼얼해진다.

이러한 겉으로 보이는 반응의 모습은 개인마다 차이가 있을 수 있지만, 매운맛으로 인한 입안의 얼얼함은 미각과 촉각의 신경이 죽지 않는 한 그 누구라도 어쩔 수 없다. 그래서 매운맛을 조금이라도 없애기 위해 물을 벌컥벌컥 마시거나 컵에 물을 따라 입안을 헹궈 보지만 아무리 해도 매운맛은 쉽게 사라지지 않는다.

매운맛의 원인은 고추 속에 캡사이신이라고 하는 화학 물질이 들어 있기 때문이다. 캡사이신은 물과는 반응성이 약하지만 기름과는 강하다. 즉 캡사이신은 물에는 잘 녹지 않지만 기름(지방)에는 잘 녹는 특성이 있다.

정답 및 해설 25쪽

[1] 매운 것을 먹었을 때에 대한 설명으로 옳지 <u>않은</u> 것은?

① 입안이 얼얼해진다.
② 땀이 비 오듯 흐르기도 한다.
③ 입맛을 돋우어 준다.
④ 몸 안에서 반응을 일으켜 열을 흡수한다.
⑤ 매운맛은 맛이라기보다는 통증에 가깝다.

[2] 여러 가지 매운 음식들에 들어가는 양념은 바로 고추장이다. 고추장은 고추로 만드는데, 바로 고추에 매운맛을 내는 원인인 화학 물질이 들어 있다. 이 화학 물질은 무엇인지 쓰시오.

[3] 매운 음식을 먹을 때나 먹고 난 뒤 매운맛을 조금이라도 없애기 위해 아무리 물을 마셔도 매운맛은 쉽게 가시지 않는다. 어떻게 하면 매운맛을 빨리 없앨 수 있을까? 매운맛의 원인이 되는 물질의 특성을 참고하여 매운맛을 빨리 없애는 방법을 세 가지 쓰시오.

핵심 이론

매운맛 : 고추 속에 들어 있는 캡사이신이라는 화학 물질이 원인이다. 캡사이신은 물에는 잘 녹지 않지만 기름(지방)에는 잘 녹는 특성이 있으므로 매운 음식을 먹은 뒤 매운맛을 빨리 없애기 위해서는 기름(지방)이 충분히 들어 있는 음식을 먹으면 된다.

16 악어야, 배고파서 돌까지 먹은 거니?

악어를 좋아하는 대현이는 악어에 대한 책을 읽기 시작했는데 악어의 위 속에서 4~5kg이나 되는 돌덩이를 발견할 수 있다고 한다. 악어는 왜 돌덩이를 먹을까요?

물체가 물 위에 뜨느냐 가라앉느냐는 밀도와 관계가 있다. 쇠를 물속에 집어넣으면 가라앉는다. 그것은 쇠의 밀도가 물보다 훨씬 크기 때문이다. 그러나 물보다 밀도가 작은 스타이로폼은 거뜬히 물 위에 뜬다. 즉 물체의 밀도가 물보다 크면 가라앉고, 물보다 작으면 뜨고, 물체와 물의 밀도가 비슷하면 가라앉지도 뜨지도 않는다. 여기서 알 수 있듯이 물 위로 뜨기 위해서는 밀도를 줄여야 하고 물 아래로 가라앉기 위해서는 밀도를 늘려야 한다.

밀도는 질량(무게)과 부피와 관계된 값으로, 밀도를 조절하려면 무게나 부피를 변화시키면 된다. 즉 밀도를 낮추기 위해서는 무게를 줄이고 부피를 늘리면 되고, 밀도를 높이기 위해서는 무게를 늘리고 부피를 줄이면 되는 것이다.

악어는 먹이를 잡을 때 수면 바로 밑까지 잠수하여 눈 부위만 살짝 드러낸 상태로 먹이에게 다가간다. 이때 정상적인 상태에서는 몸이 둥둥 떠오르니까 먹이에게 들키지 않고 다가가기 위해서는 당연히 밀도를 높여 몸을 물속으로 가라앉혀야 한다.

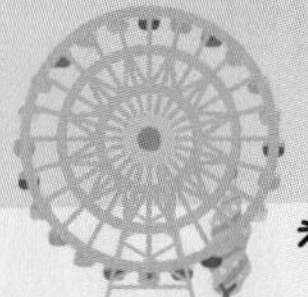

정답 및 해설 26쪽

[1] 밀도에 대한 설명으로 옳은 것은?

① 질량, 부피와 관계된 값이다.
② 질량은 작아지고 부피가 커지면 밀도는 커진다.
③ 질량은 커지고 부피가 작아지면 밀도는 작아진다.
④ 물보다 밀도가 큰 물체는 물에 뜬다.
⑤ 물과 밀도가 같은 물체는 움직이지 않는다.

[2] 정상적인 상태에서는 악어의 몸이 둥둥 떠오르니까 먹이에게 들키지 않고 다가가기 위해서는 밀도를 높여 몸을 물속으로 가라앉혀야 한다. 악어는 자신의 몸 크기를 마음대로 줄이거나 늘릴 수 없다. 그렇다면 악어는 과연 어떤 방법으로 밀도를 높인 걸까?

[3] 다음과 같이 땅속 구멍으로 다이아몬드가 빠졌다. 아무리 꺼내려 해도 팔이 닿지 않아 손으로는 꺼낼 수가 없다. 어떻게 하면 다이아몬드를 꺼낼 수 있을까? 밀도를 이용하여 다이아몬드를 꺼내는 방법을 추리하여 서술하시오.

핵심 이론

밀도 : 일정한 면적이나 공간 속에 포함된 물질이나 대상의 빽빽한 정도로, 밀도가 크면 무겁고 작으면 가볍다. 만약 물의 밀도가 1이라면, 1보다 밀도가 작은 물질은 물에 뜨고 큰 물질은 물에 가라앉는다. 질량(무게)과 부피와 관계된 값으로, 질량과 부피를 변화시키면 밀도를 조절할 수 있다.

17 갈증 해소엔 물보다 이온음료!

요즘 들어 이온음료의 수요가 대폭 늘고 있다. 물보다 흡수율이 높아서 운동 후에 지친 몸을 빠르게 회복시켜 주기 때문이다. 정말 물보다 이온음료가 갈증 해소에 더 좋은 걸까? 과연 이온음료 속에는 어떤 비밀이 숨겨져 있는 걸까?

사람에 따라서 차이가 있기는 하지만 사람의 몸속에는 대체로 물이 70% 이상 들어 있다. 그중 1~2%만 부족해도 갈증을 느끼게 되고, 5%가 부족하면 혼수상태에 빠지며, 12%가 부족하면 생명을 잃게 된다. 이처럼 사람이 살아가는 데 물이 중요한 이유는 무엇일까?

사람은 엄마 뱃속에서 잉태되기 시작한 순간부터 양수라는 물속에서 삶을 시작한다. 엄마의 양수는 바닷물과 비슷한 성분으로 이루어져 있다. 즉 나트륨, 칼슘, 염소, 칼륨, 마그네슘 등이 물속에 바닷물과 비슷한 비율로 포함되어 있는 것이다. 따라서 물에는 아무 성분이 들어 있지 않지만 이온음료에는 우리 몸속 물의 성분과 비슷한 나트륨, 칼슘, 마그네슘 등의 미네랄이 들어 있기 때문에 땀으로 빠져나간 수분과 부족한 미네랄을 더 빠르게 충분히 흡수해 갈증을 해소할 수 있다.

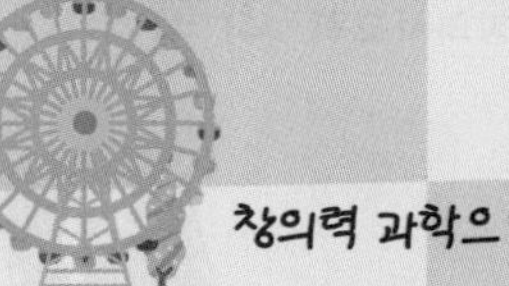

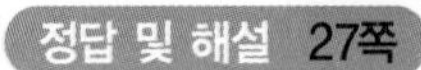

[1] 사람의 몸속에 들어 있는 영양물질인 미네랄이 아닌 것은?

① 물 ② 나트륨
③ 철 ④ 칼륨
⑤ 마그네슘

[2] 우리 몸은 땀을 너무 많이 흘리게 되면 몸속의 물이 부족해져서 탈진 증상이 일어난다. 따라서 몸에서 빠져나간 만큼의 물을 보충해 주어야 한다. 이때 물보다 흡수율이 높아서 지친 몸을 빠르게 회복시켜 주어 사람들이 즐겨 마시는 음료는 무엇인지 쓰시오.

[3] 이온음료는 운동을 많이 하는 사람들에게는 좋지만, 운동을 하지도 않는 사람이 무작정 많이 마시게 되면 오히려 몸에 해롭다고 한다. 도대체 무엇 때문에 해로운 건지 이온음료의 성분과 관련하여 서술하시오.

핵심 이론

이온음료 : 체액 속의 성분과 비슷한 성분인 나트륨, 칼슘, 염소, 칼륨, 마그네슘 등을 포함하고 있으므로 땀으로 빠져나간 수분과 부족한 미네랄을 더 빠르게 충분히 공급해 준다.

물질

18 놀이공원에서 산 풍선이 하늘로 날아간 이유는?

가지고 있던 물건을 놓치면 바닥으로 떨어지는데 왜 놀이공원에서 산 멋진 풍선은 하늘 높이 날아가 버리는 걸까?

공기는 여러 가지 기체가 혼합된 것으로, 주성분은 질소와 산소이다. 이 밖에도 수증기, 아황산가스, 일산화 탄소, 이산화 탄소, 먼지, 미생물 등 여러 가지 물질이 때와 장소에 따라 다양한 비율로 포함되어 있다.

공기 중에는 이처럼 다양한 기체와 많은 티끌과 먼지가 들어 있는데, 놀이공원에서 파는 풍선 속에는 단 한 종류의 기체만 들어 있다. 즉 수소나 헬륨처럼 가벼운 기체를 집어넣어 풍선을 부풀리는 것이다. 기체도 질량을 갖고 있어서 어떤 것은 무겁고 또 어떤 것은 가볍다. 헬륨은 기체 중에서도 가볍기 때문에 놀이공원에서 파는 풍선은 공기의 평균 무게보다 가벼울 수밖에 없는 것이다. 그래서 하늘 높이 저 멀리 날아가 버린다.

그런데 입으로 내뱉는 공기에는 질소에서부터 이산화 탄소에 이르기까지 여러 종류의 기체가 다양한 비율로 섞여 있어서 입으로 분 풍선은 공기 중으로 떠오르지 않고 바닥으로 떨어진다.

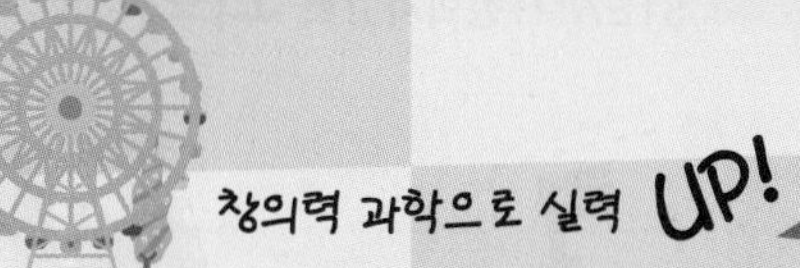

정답 및 해설 28쪽

[1] 놀이공원에서 산 풍선 속에 들어 있는 기체는?

① 질소
② 산소
③ 헬륨
④ 이산화 탄소
⑤ 수증기

[2] 놀이공원에서 산 풍선이 하늘 높이 날아간 이유는 무엇일지 쓰시오.

[3] 놀이공원에서 산 풍선은 손에서 놓치면 저 높이 멀리 날아가 버리지만, 우리가 직접 입으로 분 풍선은 손에서 놓치면 곧 바닥으로 떨어진다. 그 이유는 무엇인지 풍선 속 기체와 관련하여 서술하시오.

핵심 이론

공기 : 질소, 산소, 이산화 탄소, 수증기 등 여러 종류의 기체 혼합물로, 헬륨과 같이 공기보다 가벼운 기체가 들어 있는 풍선은 하늘 높이 솟아오르지만, 입으로 내뱉은 공기가 들어 있는 풍선은 곧 바닥으로 떨어진다.

한여름에 콜라병 폭발?

더운 여름, 톡 쏘는 맛을 좋아하는 정준이를 위해 제일 큰 콜라를 준비했다. “정준이가 좋아하겠지?” 혜민이와 성주는 기대하며 식탁에 콜라를 꺼내 준비해 놓았다.

그런데 기다리고 기다려도 정준이는 오지 않고, 날씨도 너무 더워 움직이지 않아도 땀이 저절로 흐른다. 드디어 기다리던 정준이가 왔고, 혜민이와 성주는 정준이와 함께 콜라를 마시기 위해 컵을 들었다. 그런데 콜라의 뚜껑을 열기도 전에 콜라병이 펑 하고 폭발하는 것이 아닌가. 혜민이와 친구들은 너무 놀란 나머지 한동안 서로의 얼굴만 쳐다보았다.

콜라 같은 탄산음료의 톡 쏘는 맛은 무엇 때문일까? 그것은 탄산음료에 녹아 있는 탄산가스가 톡 쏘는 느낌을 주기 때문이다. 우리는 탄산음료의 톡 쏘는 맛을 잘 유지하기 위해서 냉장고에 넣어 시원하게 보관한다. 즉 탄산가스는 음료수가 차가울수록 많이 녹아 톡 쏘는 맛을 더 많이 느끼게 해 준다. 그리고 탄산가스가 밖으로 빠져나가지 않도록 뚜껑을 잘 닫아놔야 톡 쏘는 맛을 잘 느낄 수 있다.

정답 및 해설 28쪽

[1] 탄산음료의 톡 쏘는 맛을 유지하기 위한 방법을 모두 고르시오.

① 따뜻한 곳에 둔다.
② 냉장고에 넣는다.
③ 흔들어 준다.
④ 얼려 둔다.
⑤ 뚜껑을 잘 닫는다.

[2] 우리는 햄버거, 치킨 등을 먹을 때 콜라, 사이다와 같은 탄산음료를 같이 먹는다. 탄산음료는 톡 쏘는 맛이 나기 때문에 느끼한 음식을 먹을 때 더 좋다. 이 톡 쏘는 맛은 무엇 때문일까?

[3] 정준이가 콜라의 뚜껑을 열기도 전에 콜라병이 폭발한 이유는 무엇일까? 탄산음료 속 탄산가스와 관련하여 그 이유를 추리하여 서술하시오.

핵심 이론

탄산음료 속 탄산가스 : 탄산음료의 톡 쏘는 맛을 나게 하는 기체로, 탄산음료의 톡 쏘는 맛을 유지하기 위해서는 탄산가스가 음료 속에 잘 녹아 있도록 시원하게 하고 뚜껑을 잘 닫아 탄산가스가 빠져나가지 않도록 해야 한다.

20 영화 속에 과학이?

〈배트맨과 로빈〉이라는 영화에서는 아이스맨을 추격하다가 얼어버린 로빈을 수영장 속에 넣고 물속에 레이저를 쏘자 물이 붉게 변하는 장면이 나온다. 과연 물을 계속 가열하면 붉게 만들 수 있을까?

물이 붉게 되었다는 것은 물의 온도가 높아졌다는 것을 뜻하는데, 아무리 물의 온도가 높다고 해도 액체 상태의 물은 100℃를 넘지 못한다. 끓는 물을 계속 가열하면 물은 수증기로 변할 뿐 온도는 100℃에서 더 이상 올라가지 않는다. 어쨌든 레이저로 가열할 경우 일단 물은 끓어야 하고, 끓기 시작하면 물의 온도는 더 이상 올라가지 않는다. 그러니 물이 붉게 변한다는 것은 말이 안 된다.

고체 물질을 가열하면 물질의 온도가 높아지다가 더 이상 높아지지 않고 일정하게 유지된다. 이때 온도를 물질의 녹는점 또는 어는점이라고 한다. 액체 상태의 물질을 더 가열하면 물질의 온도는 다시 높아지다가 끓기 시작하면 더 이상 높아지지 않고 일정하게 유지된다. 이때 온도를 물질의 끓는점이라고 한다. 물질의 녹는점(어는점)과 끓는점은 물질의 고유한 특성이기 때문에 이것으로도 물질을 구별할 수 있다. 물의 녹는점(어는점)은 0℃, 끓는점은 100℃로 일정하다. 따라서 '어떤 물질이 100℃에서 끓고 0℃에서 언다.' 라고 한다면 그 물질이 물임을 알 수 있는 것이다.

정답 및 해설 29쪽

[1] 물에 대한 설명으로 옳지 않은 것은?

① 물을 가열하면 수증기가 된다.
② 물의 어는점은 0℃이다.
③ 물의 끓는점은 100℃이다.
④ 얼음의 녹는점은 0℃이다.
⑤ 물은 계속 가열하면 붉게 변한다.

[2] 왼쪽 글에서 물질의 고유한 성질로, 물질을 구별할 수 있는 특성에 해당하는 것을 모두 찾아 쓰시오.

[3] 아이스맨을 추격하다가 물질을 얼게 하는 광선총에 맞아 완전히 꽁꽁 얼어버린 로빈을 따뜻한 물로 다시 되살려낼 수 있을까? 다시 녹인다고 해도 로빈은 살아날 수 없다. 물을 얼렸을 때의 특징을 생각하여 그 이유를 서술하시오.

핵심 이론

물질의 특성 : 고체를 가열하면 액체가 되는데, 이때 일정하게 유지되는 온도를 녹는점(어는점)이라고 한다. 액체를 다시 가열하여 기체가 될 때 일정하게 유지되는 온도를 끓는점이라고 한다. 물질의 녹는점(어는점)과 끓는점은 물질의 고유한 특성이므로 이것으로 물질을 구별할 수 있다.

01 석유가 없다면 무엇으로 불을 켜지?

석유가 사라진 뒤 인류가 사용할 '신 에너지원'에는 어떤 것이 있을까? 다음은 월스트리트 저널이 소개한 차세대 에너지 신기술 5가지를 그림으로 나타낸 것이다.

이 신문은 "아직 갈 길이 멀지만, 이 기술들을 개발하는 데 성공한다면 전 세계 에너지 기상도를 혁신적으로 바꾸게 될 것"이라고 전했다.

우리나라는 석유 수입량이 세계 4위이고 석유 소비량 또한 세계 7위로, 많은 양의 석유를 소비하고 있다. 특히 우리나라는 석유가 생산되지 않아 대부분 수입에 의존하고 있다는 점에서 석유를 대신할 '신 에너지원' 개발이 무엇보다 시급하다.

[1] 다음을 에너지 사용의 역사에 따라 순서대로 나열하시오.

화석에너지

가축에너지

불에너지

전기에너지

정답 및 해설 30쪽

[2] 차세대 에너지 신기술을 알맞게 연결하시오.

약 3만 5천 km 상공에 거대 태양 전지판을 설치하여 우주에서 24시간 햇빛을 모은다. •	• 풍력저장 지하발전소
공기 중 산소로 배터리를 충전한다. •	• 바이오 연료
석탄을 태울 때 나오는 이산화 탄소를 고체 상태인 금속산화물로 폐기한다. •	• 친환경 화력발전소
물속에 사는 식물인 '조류'로 에너지를 많이 만들어낸다. •	• 우주 태양열발전
바람을 지하 저장소에 압축시켜 놓았다 필요할 때 사용한다. •	• 리튬에어 배터리

[3] 위의 차세대 에너지 신기술 5가지 중 가장 고난도의 기술이 필요한 것은 무엇인지 그렇게 생각한 이유와 함께 서술하시오.

핵심 이론

에너지 : 물체가 가지고 있으며, 일을 할 수 있는 능력

핵무기 없는 세상 만들기 – 핵 안보정상회의

핵 안보라는 개념은 1960년대에 등장했다. 핵 안보는 핵물질 · 핵 관련 시설 · 방사성 물질과 관련된 위협을 사전에 방지하고, 위협이 발생한 경우엔 확실한 대응을 통해 사고로 인한 피해를 최소화하기 위한 조치를 말한다.

핵 안보가 본격적으로 국제 사회의 이슈로 떠오르게 된 것은 2001년 미국에서 발생한 '9 · 11 테러(미국 뉴욕의 세계무역센터 빌딩과 워싱턴 국방부 건물에 대한 항공기 동시 다발 자살테러 사건)' 가 계기가 되었다.

이 테러사건이 발생한 후 2002년부터 미국 · 러시아 양자 간의 논의에서 주요 8개국(G8)으로 확대되어 핵 안보 논의가 이뤄졌다. 특히 다수의 국가 정상들이 모여 핵 안보를 논의하게 된 계기는 2009년 4월 체코 프라하에서 가진 버락 오바마 미국 대통령의 연설을 통해서였다. 오바마 대통령은 연설에서 "국제안보의 최대 위협은 핵 테러리즘이다. 핵무기 없는 세상(nuclear-free world)을 만들자"고 말했다. 이러한 연설을 계기로 '1차 핵 안보정상회의' 가 2010년 4월 12~13일 미국 워싱턴에서 열렸다. 전 세계 47개국과 유럽연합(EU) · 유엔(UN) · 국제원자력기구(IAEA) 등이 참가했고, 기존 미국과 러시아, G8 중심으로 이뤄졌던 핵 안보 논의는 제1차 핵 안보정상회의를 통해 50개 국가 및 국제기구로 확대되었다.

정답 및 해설 30쪽

[1] 다음 중 핵 안보에 대한 설명으로 알맞지 않은 것은?

① 1960년대 처음 핵 안보의 개념이 등장했다.
② 제1차 핵 안보정상회의는 2010년 미국에서 열렸다.
③ 2001년 9 · 11 테러 이후 본격적인 국제 사회의 이슈로 떠올랐다.
④ 2010년 제1차 핵 안보정상회의에는 8개 국가의 정상이 참여하였다.
⑤ 핵물질 등으로 인한 사고로 인한 피해를 최소화하기 위한 조치를 말한다.

[2] 아래 그림을 보고, 원자력 에너지란 무엇인지 간단하게 설명하시오.

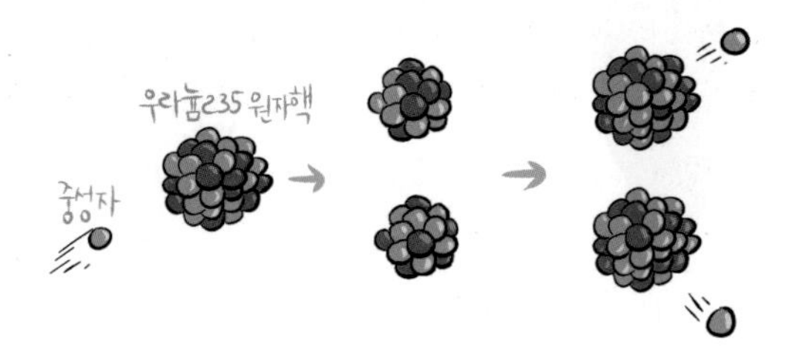

[3] 원자력 에너지의 긍정적인 면과 부정적인 면을 각각 서술하시오.

핵심 이론

- 핵(원자력) : 원자핵의 변환에 따라서 방출되는 에너지
- 원자력 에너지의 특징
  원자력발전은 경제적인 에너지원이다. 우라늄 1g이 완전히 핵 분열했을 때 나오는 에너지는 석탄 3톤, 석유 9드럼이 탈 때 나오는 에너지와 같다. 100만 kW급 발전소를 1년간 운전하려면 석유 150만 톤이 필요하지만, 우라늄은 20톤이면 가능하다. 그리고 원자력발전은 우라늄을 한 번 장전하면 12~18개월간 연료를 교체할 필요가 없으므로 그만큼 연료 비축 효과가 있다.

03 아바타 프로젝트

미국 국방부 산하 고등연구계획국(DARPA)이 추진하는 아바타 프로젝트는 영화 '아바타'에 나오는 주인공을 모델로 진행되고 있다. 3D 기술로 만든 영화 속 아바타는 유전자와 신경을 접한 기술을 이용해 인간의 의식을 넣어 원격 조정하는 생명체를 뜻한다. 물론 미국 국방부의 아바타 프로젝트는 생명체 대신 로봇을, 유전자 접합 기술이 아닌 인터페이스와 알고리즘 기술을 이용한다는 점에서 영화 속 아바타와는 조금은 차이가 있다. 그러나 두 발로 걷는 반자동기계인 로봇 아바타는 병사와 소통하고 병사의 대리인 역할을 한다는 점에서 영화와 유사하다.

시기를 속단하기는 이르지만 미국 국방부의 기술 수준으로 미루어 볼 때 로봇 아바타의 개발이 먼 미래의 일은 아니다. 미국 국방성의 첨단 기술을 개발해 온 DARPA는 알파벳 시스템을 탄생시켜 인터넷의 첫 문을 연 적이 있으며 SF 영화를 현실 속으로 끌어내는 다양한 프로젝트도 진행해왔기 때문이다. 아바타 개발에 응용할 로봇만 해도 병사의 심리상태를 흉내 낼 수 있는 로봇인 페트맨(Petman)과 4개의 다리로 전장에서 장비를 옮기는 로봇인 알파도그(AlphaDog) 등은 이미 개발된 상태라고 알려졌다. 그리고 어느 정도 마음으로 통제할 수 있는 로봇을 개발해 원숭이를 상대로 시험하는 단계에는 이미 접어들었다고 한다. 이 같은 기술과 로봇의 시각 및 촉각을 조작자가 실감할 수 있도록 해주는 원격현실과 원격통제 기법을 접목한다면 로봇 아바타가 현실이 될 날이 아주 멀지만은 않다고 볼 수 있다.

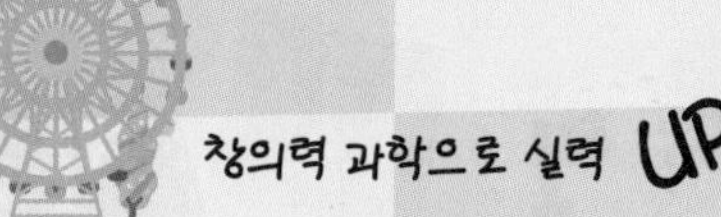

[1] 다음 중 우리 주변에서 볼 수 있는 로봇이 아닌 것은?

① 로봇 청소기 로보킹
② 휴머노이드 휴보
③ 로봇 팔
④ 애완동물(개, 고양이 등)
⑤ 알파도그

[2] 미국 국방성의 첨단기술을 개발해 온 고등연구계획국(DARPA)이 실제로 이미 이루어낸 업적을 찾아 두 가지 이상 쓰시오.

[3] 과학 기술의 발달로 머지않은 미래에 로봇과 함께 살아가는 세상이 올 것이다. 로봇과 함께하는 세상의 장점과 단점은 무엇인지 각각 쓰시오.

장 점	단 점

핵심 이론

로봇 : 스스로 작동하거나 보유한 능력으로 주어진 일을 자동으로 처리하는 기계

04 LED(발광다이오드) - 장식에서 조명으로

장식용으로 쓰던 LED(발광다이오드)가 조명용 전구로 자리를 잡아가고 있다. 이미 전국의 신호등은 대부분 LED로 바뀌었다. 무엇보다 LED 전구의 가장 큰 매력은 전력 소비를 20% 이하로 줄일 수 있다는 점이다. LED 전구의 수명이 일반 전구보다 20배 이상 길다는 것도 빼놓을 수 없는 매력이다.

백열전구는 전기 저항이 큰 필라멘트를 통해 전류가 흐르는 과정에서 필라멘트가 뜨겁게 가열되면서 밝은 빛을 내는 현상을 이용한 것이다. 전기를 이용해서 어둠을 밝히는 백열전구는 우리의 삶을 완전히 바꿔놓았다. 캄캄한 밤에도 책을 읽고, 일할 수 있게 된 것이다. 그러나 백열전구에도 문제가 있었다. 에디슨이 처음 만든 백열전구의 수명은 고작 40시간 정도로 매우 짧았다. 밝은 빛을 낼 정도로 뜨겁게 달아오른 필라멘트가 시간이 지나면서 자꾸 얇아지기 때문이다. 백열전구의 조명 효율은 5% 수준에 지나지 않는다는 것도 문제였다. 결국, 우리나라를 포함한 미국, 유럽연합, 중국, 일본은 2014년 이후에 효율이 낮은 백열전구를 사용하지 않기로 했다.

LED는 백열전구와 달리 열의 형태로 낭비되는 전기에너지를 최소화한 것이다. 서로 다른 특성을 가진 두 종류의 반도체를 적당한 방법으로 연결한 후에 전류를 흘려주면 전자가 두 반도체의 접합 부분을 지나가면서 밝은 빛을 내게 되는 것이 LED의 원리이다. 두 반도체의 에너지 상태의 차이가 빛의 형태로 변환되기 때문이다.

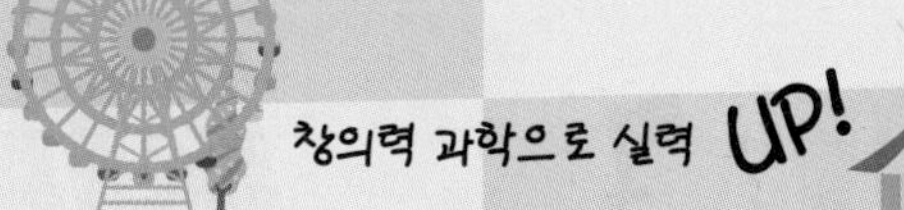

정답 및 해설 32쪽

[1] 백열전구와 LED가 빛을 내는 원리를 바르게 연결하시오.

- 서로 다른 특성을 가진 두 종류의 반도체를 연결한 후에 전류를 흘려주면 두 반도체의 접합 부위에서 빛이 나는 현상을 이용
- 전기 저항이 큰 필라멘트에 전류가 흐르면 필라멘트가 뜨겁게 가열되면서 밝은 빛을 내는 현상을 이용

[2] 왼쪽 기사와 다음 그래프를 보고, 백열전구의 생산과 판매를 금지하는 이유를 쓰시오.

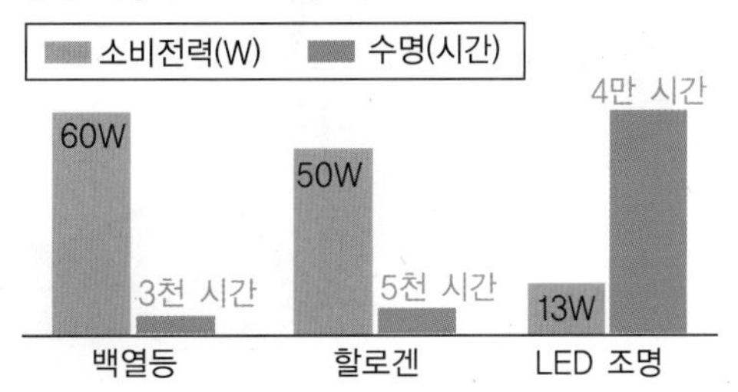

[3] 우리 생활 속에서 LED를 이용한 경우 세 가지를 찾아 쓰시오.

핵심 이론

- LED(발광다이오드) : 전류를 흘려주면 빛을 내는 반도체 소자
- 반도체 : 도체와 부도체의 중간에 속하는 물질

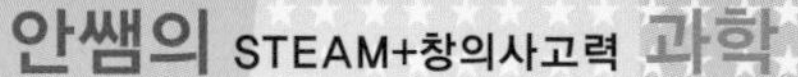

에너지

05 눈폭탄과 마찰력

근래 들어 겨울에 보기 드물 정도로 많은 눈이 내리고 기온마저 영하권에 머문 탓에 전국 대부분의 도로가 빙판길로 변하며 거대한 '주차장'이 되곤 한다. 이 때문에 눈 온 다음 날 나선 시민들은 큰 어려움을 겪는다.

이처럼 눈이 오면 도로는 거대한 '주차장'이 된다. 눈이 쌓이면 마찰력이 줄어들어 자동차가 달리기 힘들기 때문이다. 마찰력이 줄어 제동거리가 길어지므로 눈길에서의 사고를 막기 위해서 앞차와의 간격을 평소보다 멀게 해야 하고, 눈길에 미끄러지는 것을 방지하기 위해 타이어에 체인을 감는 것이 좋다. 또, 눈이 녹아 생긴 물이 타이어와 도로에 막을 형성하여 쉽게 미끄러질 수 있으므로 물이 쉽게 빠져나가도록 타이어의 홈을 크게 만든 겨울철 타이어를 사용하는 것이 좋다.

평소에 사용하는 타이어

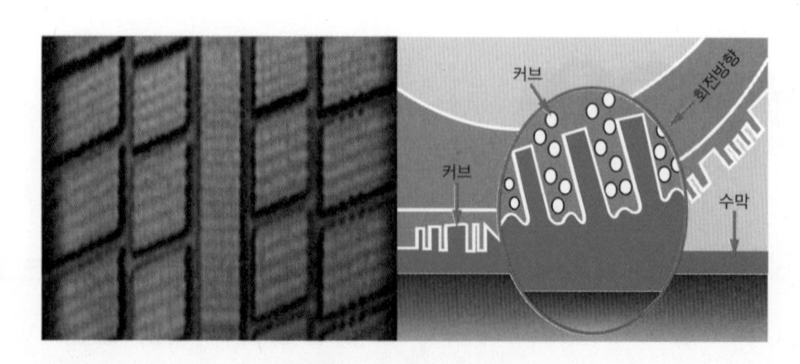

겨울철에 사용하는 타이어

정답 및 해설 32쪽

[1] 다음은 우리 생활 속에서 마찰력의 크기를 조절한 경우이다. 나머지 넷과 원리가 다른 하나는?

① 

젓가락에 홈을 판다.

② 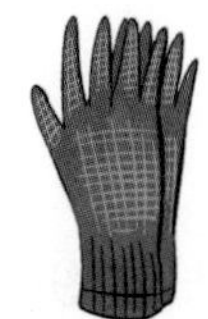

고무장갑 표면을 거칠게 만든다.

③ 

수영장 미끄럼틀에 물을 뿌린다.

눈이 오면 도로에 모래를 뿌린다.

눈이 오면 자동차 바퀴에 체인을 감는다.

[2] 겨울철 눈길에서의 사고를 막기 위한 방법을 찾아 쓰시오.

문제점	해결 방법
마찰력이 줄어 제동거리가 길다.	
눈길에서 타이어가 쉽게 미끄러진다.	
눈이 녹아 생긴 물이 도로와 타이어 사이에 막을 형성한다.	

[3] 자동차 경주인 포뮬러원(F1)에 쓰이는 타이어는 일반적인 타이어와 다르게 표면에 어떤 홈이나 무늬도 없는 매끈한 타이어를 쓴다. 매끈한 타이어를 사용하는 이유를 마찰력과 연관 지어 서술하시오.

핵심 이론

마찰력 : 물체가 다른 물체와 접촉해서 운동을 할 때 반대 방향으로 작용해서 운동을 방해하는 힘

에너지 실력다지기

06 10곳 중 9곳 "오늘도 잠 못드네"

전국 주요 도시의 일반 전용주거지역 10곳 중 9곳에서 환경 기준을 초과한 야간소음이 측정됐다. 낮 시간대에도 10곳 중 7곳이 넘는 곳에서 환경 기준을 웃도는 소음이 발생한 것으로 조사되었다. 일반 전용주거지역이란 주거시설을 위주로 병원 · 학교 · 녹지 등이 들어선 곳을 말하는데 발표에 따르면 조사 기간 중 일반 전용주거지역의 낮 · 밤 평균 소음도는 각각 53dB(데시벨)과 47dB이었다. 이는 모두 환경기준(낮 50dB, 밤 40dB)을 웃도는 수치이다. 낮과 밤의 소음이 환경 기준에 적합한 곳은 각각 전체의 27%, 14%에 불과해 지난해 같은 기간(낮 31%, 밤 18%)보다도 4%p(포인트) 낮아졌다.

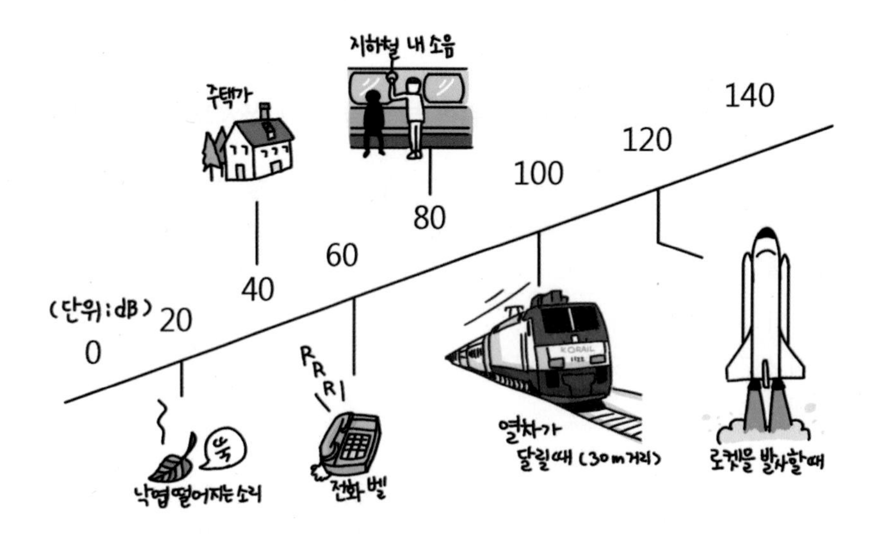

환경부 발표에 의하면 신도시나 대도시 주변주거지역의 소음도가 특히 높은 것으로 나타났으며 신도시의 소음도가 높은 이유는 아직 개발 중인 곳이 많아 방음시설 등이 제대로 마련되지 않았기 때문이라고 설명하였다.

이에 따라 소음도가 환경 기준치를 초과하는 지역은 방음벽이나 저소음 포장도로 등을 설치하여 소음 진동을 적극적으로 관리할 계획이며 주택가 근처에서 운전할 때 자발적으로 속도를 줄이는 노력을 하도록 시민들에게 당부하였다.

정답 및 해설 33쪽

[1] 환경부가 지정한 일반 전용주거지역의 낮 · 밤 평균 소음도는 각각 얼마인지 쓰시오.

- 낮 : (   )dB
- 밤 : (   )dB

[2] 다음 빈칸에 알맞은 낱말을 기사에서 찾아 쓰시오.

> 소리의 세기를 나타내는 단위인 (   )은 측정하려는 음의 세기를 특정 표준음과의 차로 구할 수 있으며, 기호는 dB로 나타낸다.

[3] 다음 그림과 같이 주택가 도로 옆에 벽을 세워 놓은 이유는 무엇인지 서술하시오.

핵심 이론

데시벨(dB) : 소리의 상대적인 크기를 나타내는 단위

07 우주강국의 꿈, 나로호와 과학위성

달은 지구 주변을 도는 위성으로, 지구가 끌어당기는 중력과 원운동으로 발생하는 원심력 사이에서 균형을 맞추며 지구 둘레를 돈다. 달처럼 지구 주위를 도는 인공적으로 만든 물체를 인공위성이라고 한다.

인공위성은 크게 정지궤도 위성과 극궤도 위성으로 분류할 수 있다. 정지궤도 위성은 지구의 적도 3만 6천 km 상공에 위치하여 지구의 자전 속도와 같게 공전한다. 따라서 지구에서는 한 점에 정지해 있는 것처럼 보이며 방송위성으로 사용된다. 극궤도 위성은 보통 600km 이하의 고도에서 지구의 북극과 남극을 통과하며 아래위로 돈다. 지구의 자전에 따라 인공위성의 위치가 바뀌어 세계 전역에서 통신할 수 있으며 고도가 낮으므로 지구 사진 촬영에 유리하다.
나로호에 탑재되어 있던 나로과학위성은 100kg급 저궤도 과학위성으로 순수 국내 기술로 개발되어, 하루에 지구를 약 14바퀴씩 타원궤도(300km×1,500km)로 돌며 발사 이후 1년간 우주환경 관측 임무를 수행하고 있다.
2013년 나로호 발사 성공으로 우리나라는 11번째 우주클럽 회원으로 이름을 올렸으며, 우주 강국 진입에 한발 더 다가섰다. 나로호는 우리나라의 첫 우주발사체였지만 하단 엔진부는 러시아 기술의 힘을 빌렸기 때문에 이제 목표는 완전한 한국형 발사체를 개발하는 것이다.

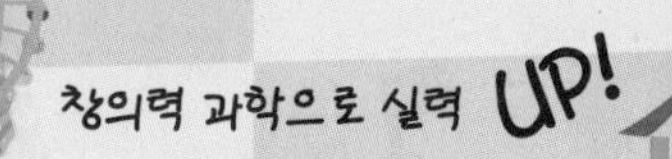

정답 및 해설 34쪽

[1] 다음 중 이 글을 읽고 알 수 있는 것에 대한 설명으로 틀린 것은?

① 나로호는 우리나라의 첫 우주발사체이다.
② 극궤도 위성은 북극과 남극을 통과하여 위아래로 돈다.
③ 우리나라가 이번에 쏘아 올린 인공위성의 이름은 나로호이다.
④ 정지궤도 위성은 지구에서 한 점에 정지해 있는 것처럼 보인다.
⑤ 지구 주위를 도는 인공적으로 만든 물체를 인공위성이라고 한다.

[2] 다음 빈칸에 알맞은 낱말을 기사에서 찾아 쓰시오.

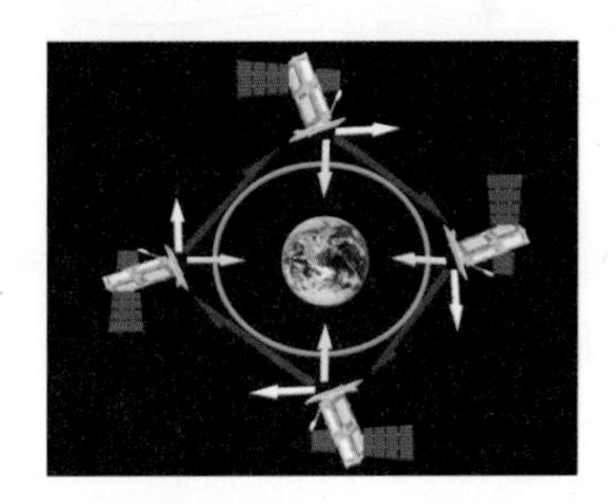

인공위성이 지구로 떨어지지 않고 지구 주위를 돌 수 있는 까닭은 지구가 잡아당기는 힘인 (㉠)과 물체가 원을 그리며 운동할 때에 중심에서 멀어지려는 힘인 (㉡)이 균형을 이루기 때문입니다.

[3] 우리나라에서 나로호 발사에 성공한 의의가 무엇인지 서술하시오.

핵심 이론

우주발사체 : 탑재물을 싣고 지구를 벗어나 우주궤도의 정해진 곳까지 실어 올리는 로켓

08 환경 지키고 혜택 받는 탄소포인트제

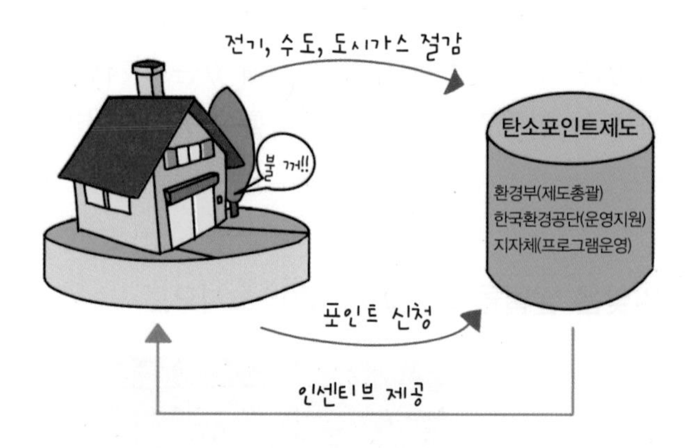

2009년 8월부터 시행된 '탄소포인트제'가 해를 거듭할수록 시민들의 높은 관심 속에서 빠르게 정착되고 있다. 탄소포인트제는 가입 후 전기와 상수도 사용량을 기준 사용량 대비 5% 이상 감축할 때 포인트가 발생하며 발생한 포인트를 1년에 2회 현금(최대 5만 원)과 그린카드 포인트로 지급하는 제도이다.

이 제도는 불필요한 전력 소모를 막고 세금을 줄여 가계에 보탬이 되고자 하는 주부들의 마음을 움직여 에너지 절약의식을 향상 시키고 있다. 또 생활 속 에너지 절약이 지구온난화 예방에 얼마나 큰 역할을 하는지 보여주는 좋은 사례가 되고 있다.

탄소포인트제 참여를 위해선 인터넷 탄소포인트제 홈페이지(http://cpoint.or.kr)에서 직접 회원 가입해 신청하면 된다. 또한, 오프라인으로도 신청할 수 있는데 해당 읍 · 면 · 동 주민 센터에 비치된 소정양식의 신청서를 작성해 제출하면 손쉽게 참여할 수 있다.

[1] 송이는 어머니와 함께 전기밥솥을 사러 갔다. 다음 중 에너지를 가장 많이 절약할 수 있는 전기밥솥은?

① 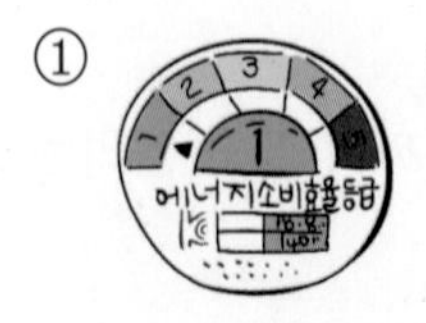

② 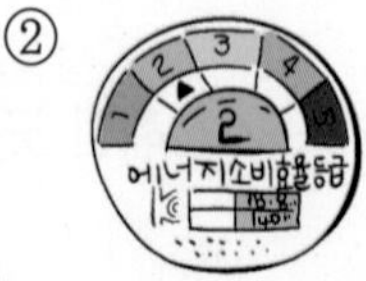

③ 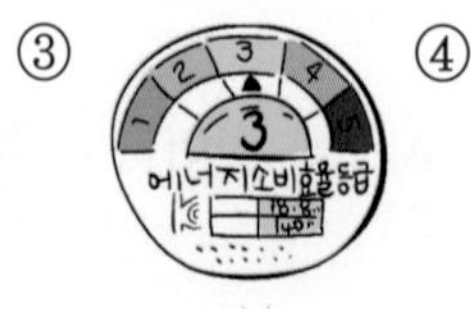

④ 

⑤ 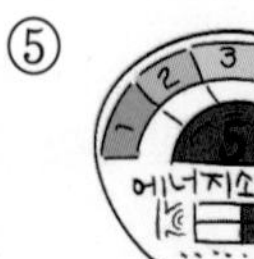 

정답 및 해설 34쪽

[2] 우리나라가 점차 늘어나는 에너지 소비량을 줄이기 위해 실시하는 제도가 무엇인지 찾아 쓰시오.

[3] 다음은 에너지를 절약할 때 지원되는 보상액 사례이다. 제시된 제품 중 에너지 사용량이 가장 많은 제품은 무엇인지 고르고, 에너지 절감을 위한 실천 방법을 함께 쓰시오.

에너지 절약 때 지원되는 보상액 사례

자료 : 에너지관리공단

제 품	실천 방법	에너지 절감 (kWh/월)	월 보상액(원)
냉장고	60%까지만 채워 넣기	7.2	929
	문 여는 횟수 4회 줄이기	0.8	103
	설정 온도 '강'에서 '중'으로	5.1	658
에어컨	하루 1시간 사용시간 줄이기	51.8	6682
	실내 온도 24도에서 26도로	22.4	2890
TV	하루 1시간 시청 줄이기	4.1	529
	사용 시간 외 플러그 뽑기	0.7	90
컴퓨터	사용 시간 1시간 줄이기	5.0	645
	사용 시간 외 플러그 뽑기	2.0	258
세탁기	세탁 횟수 20% 줄이기	1.8	232

*월별 보상액 = 1kWh에 환경부가 제시한 129원을 곱해 계산

핵심 이론

에너지소비효율 등급 : 제품의 에너지소비효율에 따라 1등급에서부터 5등급까지 크게 다섯 단계의 등급으로 나누어지며, 효율이 높은 1등급이 가장 에너지 절약 효과가 높다.

에너지

09 우리나라 원자력 발전, 과연 안전한가?

2011년 3월 일본 동북부지방을 강타한 대지진으로 인해 후쿠시마 원자력발전소가 폭발하였다. 이 때문에 일본뿐만 아니라 전 세계에서 원자력발전소에 대해 우려하는 목소리가 높아지고 있다. 원자력 발전과 관련 있는 방사선, 방사능은 어떻게 다른지 살펴보자.

방사선은 방사능을 가진 원자가 분열하면서 발생하는 강한 에너지 전파이다. 사람 몸에 닿으면 세포와 DNA 등을 변형시켜 건강한 세포도 병들게 한다. 심하면 암이나 백혈병 등 질병을 일으킨다. 일단 방사선을 쬐면 오랜 시간이 흐른 후 병이 들거나 후유증이 나타날 수도 있어 더욱 무섭다. 게다가 방사선은 맛이나, 소리, 냄새가 없어 쉽게 알아차리기도 어렵다. 방사능은 방사선을 내보낼 수 있는 능력이라고 이해하면 된다. 방사능을 가진 물질을 방사성 물질이라고 부르는데, 우리 몸에 달라붙어 건강에 나쁜 방사선을 계속 뿜어내기 때문에 방사선을 쬐는 것보다 훨씬 해롭다고 한다. 원전의 연료로 쓰이는 우라늄이 가장 대표적인 방사성 물질이다.

정답 및 해설 35쪽

[1] 다음 낱말에 해당하는 설명을 바르게 연결하시오.

방사선 •	• 방사능을 가진 물질
방사능 •	• 방사능을 가진 원자가 분열하면서 발생하는 강한 에너지 전파
방사성 물질 •	• 방사선을 보낼 수 있는 능력

[2] 다음 중 방사선, 방사능, 방사성 물질에 대한 설명으로 옳지 않은 것은?

① 우라늄은 가장 대표적인 방사성 물질이다.
② 시간이 흐른 후 후유증이 나타날 수 있다.
③ 심하면 암이나 백혈병 같은 질병을 일으킨다.
④ 방사선은 특유의 냄새가 있어 쉽게 알 수 있다.
⑤ 방사선은 세포와 DNA를 변형시켜 건강한 세포를 병들게 한다.

[3] 방사선을 쬐는 것보다 방사성 물질이 인체에 더욱 해로운 이유는 무엇인지 서술하시오.

핵심 이론

우라늄 : 천연에 존재하는 방사성 원소의 하나

10 과학으로 풀어보는 축구

축구화의 상징은 바닥에 박힌 스터드(징)이다. 스터드의 효용성은 1954년 스위스 월드컵을 통해 입증됐다. 당시 서독 대표팀의 용품을 담당했던 아디다스 창업주 아디 다슬러가 세계 최초로 떼었다 붙였다 할 수 있는 착탈식 스터드를 고안했고, 이는 서독의 우승으로 이어졌다. 이제는 그라운드 조건과 날씨, 포지션 등에 따라 축구화 스터드를 고르는 일은 상식이 됐다. 또한, 포지션에 따라 축구화의 선택이 달라지기도 한다. 보통 스피드가 실린 직선 운동이 중시되는 공격수는 스터드의 높이가 낮고 개수가 많은 축구화를 선호한다. 반면 공격수를 막기 위해 순간적인 방향 전환이 잦은 수비수들은 긴 스터드가 박힌 축구화로 지면과의 마찰력을 높인다.

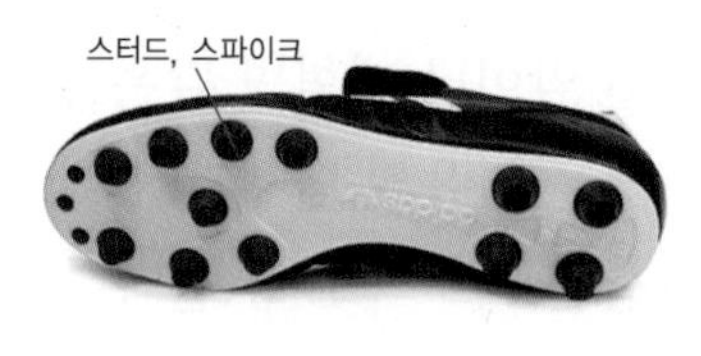

'자블라니' 는 2010 남아공 월드컵에 사용된 공식 축구공, 즉 공인구이다. 하얀 바탕에 검정색 삼각형 모양이 새겨진 것이 특징인 자블라니는 디자인뿐만 아니라 기능도 더욱 향상됐다. 자블라니는 평면이 아닌 입체 형태의 가죽 조각 8개가 표면을 감싸 지금까지 나온 공인구 가운데 가장 원형에 가까운 모양을 가지고 있다는 평가를 받고 있다.

정답 및 해설 36쪽

[1] 다음은 축구화에 대해 설명한 글이다. 알맞은 낱말에 ○표 하시오.

> 축구화의 스터드(징)는 지면과 발바닥이 닿는 면적을 줄여 압력을 (증가, 감소)시킴으로써, 방향 전환 시 미끄러지거나 넘어지지 않도록 만들었다.

[2] 각 선수에게 알맞은 축구화를 골라 선으로 연결하시오.

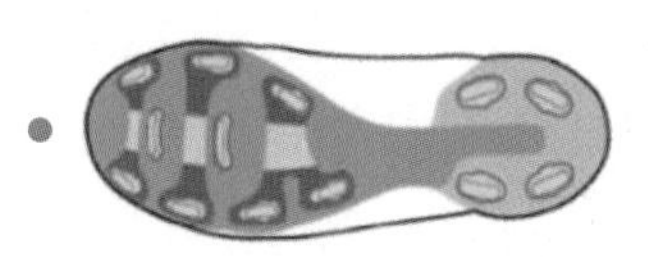

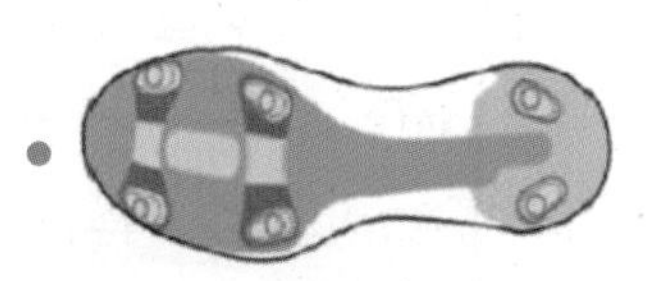

[3] 2010년 월드컵 공인구 자블라니의 기능적 특징을 찾아 쓰시오.

핵심 이론

압력 : 물체와 물체 접촉면 사이에 서로 수직으로 미는 힘

안심Touch

11 시화호 조력 발전소, 정말 안전할까?

지난 1994년 인근 농경지에 농업용수를 공급할 목적으로 시화호가 완공되었다. 하지만 완공 직후부터 주변 공장의 폐수와 생활하수가 흘러들면서 '죽음의 호수'로 변해버렸다. 이렇게 심각한 오염으로 몸살을 앓아 왔던 시화호가 2011년부터 세계 최대의 조력발전소로 바뀌었다.

조력발전은 달의 중력에 의해 하루 두 차례씩 드나드는 밀물과 썰물을 이용한 발전 방식으로 많은 장점을 가지고 있다. 화석연료처럼 온실가스를 배출하지 않을 뿐 아니라 원자력발전처럼 위험한 폐기물이 생길 염려도 없어 안전성이 높으며 친환경적이고 지속 가능한 청정에너지라는 평가를 받고 있다.

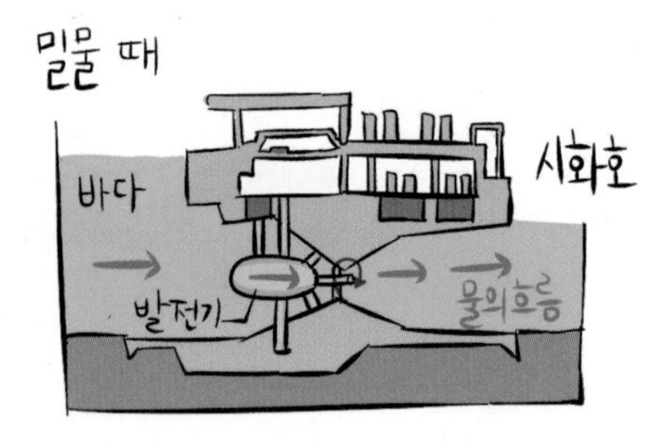

시화호처럼 대부분의 조력발전소는 인구가 밀집된 대도시에서 멀리 떨어진 곳에 짓기 때문에 환경오염에 대한 부담도 적다. 그렇다고 모든 조력발전소가 무조건 환경친화적이라고 하긴 어렵다. 조력 발전에 필요한 대형 물막이가 해안의 경관과 생태계를 심각하게 파괴할 수도 있기 때문이다. 특히 우리나라 서해안에 발달한 갯벌은 세계 5대 갯벌로 알려질 만큼 뛰어난 경관과 풍부한 생태계를 자랑한다. 조력발전을 위한 인공 물막이는 이런 갯벌을 완전히 못 쓰게 만들어버릴 가능성이 매우 크며 연안 어족 자원의 변화와 철새 서식지의 파괴를 불러올 수 있다. 또한, 조력발전소를 가동할 수 있는 시간이 제한적이어서 정작 전력 수요가 많을 때는 발전을 하지 못하는 단점이 있다.

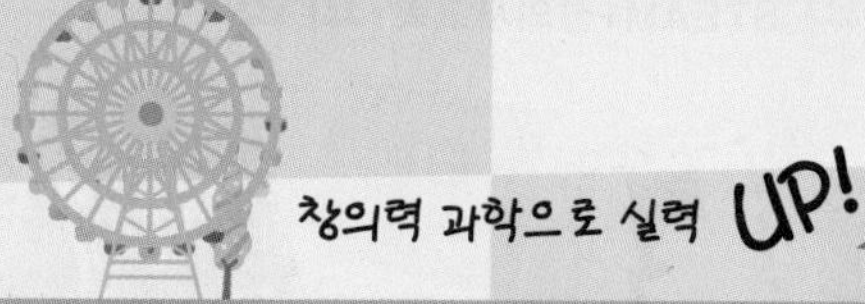

정답 및 해설 36쪽

[1] 한때 시화호가 '죽음의 호수'로 불렸던 이유로 옳은 것을 모두 고르시오.

① 생활하수가 흘러들었기 때문에
② 공장의 폐수가 흘러들었기 때문에
③ 해마다 물놀이 사고가 자주 일어나기 때문
④ 조력발전소 건설로 물막이를 만들었기 때문에
⑤ 조력발전소 건설 공사로 갯벌이 사라졌기 때문에

[2] 조력발전의 좋은 점을 찾아 쓰시오.

[3] 조력발전은 청정에너지 발전으로 알려져 있다. 청정에너지를 생산하는 장점 외에 시화호 조력발전으로 인해 생겨날 환경적 문제점을 서술하시오.

핵심 이론

- 밀물 : 바닷물이 해안가로 들어오는 것
- 썰물 : 해안가에서 바닷물이 빠지는 것

12 휴대폰 전자파, 밀폐 공간 7배, 이동 중 5배 증가

환경부 국립환경과학원은 국내에 시판되는 휴대전화 7종의 사용 환경에 따른 전자파 발생현황 조사 결과를 발표했다.

조사 결과, 휴대전화에서 발생하는 전자파는 '대기' 중 0.03~0.14V/m, '통화 연결' 중 0.11~0.27V/m, '통화' 중 0.08~0.24V/m로 나타나 '통화 연결' 중에 전자파 강도가 크게 증가하는 것으로 확인됐다. 또 지하철과 같이 빠른 속도로 이동 중인 상태(0.10~1.06V/m)에서 통화할 경우, 정지 상태(0.05~0.16V/m)보다 평균 5배가량 전자파 강도가 증가하는 것으로 나타났다. 엘리베이터 등과 같은 밀폐된 장소(0.15~5.01V/m)에서 통화할 경우에도 개방된 공간(0.08~0.86V/m)보다 평균 7배가량 전자파 강도가 증가하는 것으로 확인됐다.

과학원 관계자는 "휴대전화 등과 같은 무선통신기기에서 방출되는 전자파가 낮은 수준이라도 그 전자파에 지속적으로 노출되면 인체에 영향을 미쳐 해로울 수 있다"고 밝혔다.

실제 세계보건기구(WHO) 산하 국제암연구소(IARC)는 매일 30분 이상 장기간(10년 이상) 휴대전화를 사용한 사람의 뇌종양(Glioma) 및 청신경증(Acoustic Neuroma) 발생 가능성이 일반인에 비해 40%가량 증가할 수 있다고 발표했다.

특히, 어린이는 일반 성인보다 인체 면역체계가 약하기 때문에 전자파 노출에 특별히 주의하라고 권고했다.

정답 및 해설 37쪽

[1] 다음 중 휴대전화의 전자파의 강도가 가장 강한 것은?

① 대기 중
② 통화 중
③ 통화 연결 중
④ 엘리베이터에서 통화 중
⑤ 휴대전화 전자파의 강도는 항상 같다.

[2] 어린이들이 전자파 노출에 특별히 주의해야 하는 이유가 무엇인지 왼쪽 기사에서 찾아 쓰시오.

[3] 일상생활에서 휴대폰 전자파의 영향을 덜 받기 위한 생활 습관을 세 가지 쓰시오.

핵심 이론

- 전자파 : 전기장과 자기장이 반복하면서 파도처럼 퍼져 나가는 일종의 전자기 에너지
- V/m(볼트/미터) : 전자파의 세기를 나타내는 단위

13 '우주 쓰레기' 청소 어떻게 하나?

2011년 6월 28일 오후 8시 50분(한국 시각)쯤 고도 약 350km의 우주정거장(ISS)에 머물던 우주인들에게 긴급 대피 명령이 떨어졌다. 정체를 알 수 없는 우주파편(우주 쓰레기)이 우주정거장(ISS)을 향해 초속 10km로 날아오고 있었기 때문이다. 다행히 우주 쓰레기는 우주정거장(ISS)을 350m 정도 비켜 갔다고 한다.

우주 쓰레기는 수명이 다한 인공위성이나 발사 로켓의 잔해 등을 말한다. 1957년 인류 최초의 인공위성인 소련(현재 러시아)의 스푸트니크 1호를 시작으로 우주 공간으로 수많은 인공위성과 우주선이 발사되었다. 하지만 이들 대부분은 우주공간을 떠도는 쓰레기 신세로 전락하였다.

현재 우주엔 길이 10cm 이상의 우주 쓰레기가 1만 6천 개가량 있다고 한다. 1~10cm 크기는 50만 개, 1cm 미만 크기는 약 천만 개에 이르는데, 우주 쓰레기는 크기에 상관없이 매우 위험하다. 공기가 없는 우주에선 아주 작은 알갱이도 엄청난 속력을 발휘하기 때문이다. 1mm짜리 알루미늄 조각이 우주에서 초속 10km로 돌진한다고 했을 때, 그 파괴력은 야구공을 시속 450km로 던질 때와 같다고 한다. 실제로 지난 1983년 미국 우주왕복선 챌린저호를 향해 0.3mm짜리 페인트 조각이 초속 4km로 돌진한 적이 있는데, 당시 우주선 앞 유리창이 산산조각이 났다고 한다.

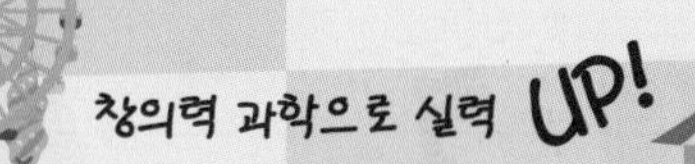

정답 및 해설 38쪽

[1] 다음에서 설명하는 것은 무엇인지 기사에서 찾아 쓰시오.

오른쪽 그림과 같이 수명이 다한 인공위성이나 발사 로켓의 잔해들이 지구 주위를 떠다니고 있다. 최근에 사람의 통제가 불가능할 정도로 그 수가 크게 늘고 있으며, 그만큼 이것과 인공위성과의 충돌도 잦아지고 있다.

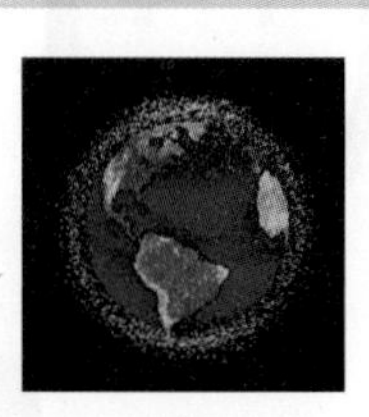

[2] 지금까지 약 6,500개의 인공위성을 사람이 하늘에 쏘았으며 이 중 3,300여 개는 임무 종료 후에 대기권에 진입하면서 소멸됐고 2,400여 개는 아직까지 하늘에서 돌고 있다. 이 때문에 발생할 수 있는 문제를 두 가지 이상 쓰시오.

[3] 크기가 작은 우주 쓰레기라도 부딪치면 피해가 크다. 부딪쳤을 때 피해를 주는 정도에 영향을 주는 요인 두 가지를 예를 들어 서술하시오.

핵심 이론

인공위성 : 지구와 같은 행성의 둘레를 돌 수 있도록 로켓을 이용해 쏘아 올린 인공장치

14 이산화 탄소 줄이기

찌는 듯한 여름~ 여름 기온이 올라갈수록 에어컨의 세기는 점점 강해진다. 에어컨의 시원한 바람으로 우리는 더위를 물리칠 수 있으나 에어컨 바람이 세질수록 지구 온난화의 주범인 이산화 탄소 발생량도 늘어난다. 반면 에어컨 세기를 낮추면 이산화 탄소 배출량이 감소한다. 분석 결과 km당 200g가량의 이산화 탄소를 내뿜는 중형차의 에어컨을 한 단계 낮춰 사용하면, 한 달 평균 이산화 탄소 배출량이 약 15kg이나 줄어들었다. 이는 운전자 1명당 5그루의 소나무를 심거나 살리는 것과 같은 셈이다. 이산화 탄소를 줄이기 위해 소나무를 심는 것은 어렵지만, 생활 속에서 이산화 탄소를 줄이는 생활 습관을 실천하는 것은 어렵지 않다.

온실가스 줄이기 실천가들의 모임 '그린리더'에 따르면 TV 시청을 매일 한 시간만 줄이면 한 달에 3.6kg, 사용하지 않는 플러그를 뽑아두면 한 달에 13kg, 컴퓨터 사용을 30분 줄이면 한 달에 2.1kg의 이산화 탄소를 줄일 수 있다. 수돗물 사용량을 줄이는 것도 큰 도움이 된다. 세탁기를 한 번 덜 사용하면 88kg, 샤워 시간을 1분 줄이면 7kg의 이산화 탄소를 줄일 수 있다.

정답 및 해설 38쪽

[1] 지구온난화의 주범인 기체는?

① 수소 ② 산소 ③ 질소
④ 염소 ⑤ 이산화 탄소

[2] 수현이가 다음과 같이 생활할 경우 일 년간 이산화 탄소 배출량을 얼마나 줄일 수 있는지 계산하시오.

[3] 에너지 절약을 통해 이산화 탄소 배출량을 줄이는 방법을 세 가지 이상 쓰시오.

핵심 이론

지구온난화 : 지구 표면의 평균온도가 상승하는 현상

자전거, 알고 보면 과학적 원리가 가득!

자전거는 바퀴를 사용하여 적은 힘으로 먼 거리를 이동할 수 있고 무거운 물체도 손쉽게 운반할 수 있다. 그러나 움직이기 시작할 때나 언덕을 오를 때는 매우 큰 힘이 필요하다. 그래서 적은 힘으로 큰 힘을 낼 수 있어야 하는데 여기서 지레의 원리가 사용된다. 지레에는 받침점, 작용점, 힘점 등 3요소가 있는데 받침점과 힘점이 거리가 멀수록, 받침점과 작용점의 거리가 짧을수록 더 큰 힘을 낼 수가 있다.

페달 부분을 잘 살펴보면 페달은 큰 원을 그리면서 돌게 되는데 페달 축의 톱니바퀴는 그에 비해 작은 원을 그리긴 하지만 똑같이 한 바퀴를 돌게 된다. 힘을 주는 쪽은 움직임이 크고 힘이 작용하는 쪽은 움직임이 작은 지레의 원리와 같은 것이다. 그런데 왜 자전거가 처음 움직이기 시작할 때는 힘이 많이 들고, 달리는 중에는 힘이 적게 드는 걸까? 그것은 현재의 운동 상태를 유지하려고 하는 특성인 관성 때문이다.

얇은 종이를 그냥 던져 보고 다음엔 회전시키며 던져보면 회전을 시켰을 때 훨씬 멀리 날아가는 것을 볼 수 있다. 이처럼 자전거도 계속 회전을 유지하려는 회전 관성을 갖게 된다. 동전을 굴리면 속도가 느려지기 전까지 한 방향으로 계속 굴러가는 것처럼 자전거도 바퀴가 빨리 구르게 되면 잘 넘어지지 않게 되는 것이다.

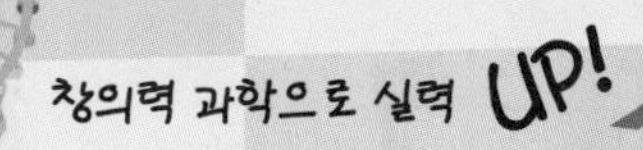

정답 및 해설 39쪽

[1] 다음은 자전거의 원리를 설명한 글이다. 알맞은 말에 ○표 하시오.

자전거에 달린 기어는 크기가 다르다. 페달에 달린 것이 ㉠ (크다, 작다). 그리고 둘 사이는 체인으로 연결되어 '기어 1'의 힘을 '기어 2'에 전달한다.
'기어 1'이 크기 때문에 '기어 1'은 톱니의 수도 훨씬 ㉡ (많다, 적다).
'기어 1'의 톱니가 30개이고, '기어 2'의 톱니 수가 10개라면 페달을 한 번 돌릴 때 뒷바퀴는 ㉢ (1번, 3번) 도는 것이다. 이렇게 사람이 한 번 굴러 페달을 한 번 돌리면 뒷바퀴는 ㉣ (1배, 3배)거리만큼 굴러가게 된다. 그러므로 사람이 뛰는 것보다 훨씬 빠른 속도로 달릴 수 있다.

[2] 다음 그림을 보고, 자전거가 넘어지지 않는 과학적 원리는 무엇인지 쓰시오.

[3] 세발자전거는 두발자전거와 달리 사람이 굴린 거리만큼 움직이기 때문에 드는 힘에 비해 느리다. 그 까닭이 무엇인지 세발자전거와 두발자전거를 비교하여 서술하시오.

핵심 이론

- 지레 : 막대의 한 점을 받치고 그 받침점을 중심으로 물체를 움직이는 장치
- 관성 : 정지한 물체는 정지해 있으려고 하고, 움직이는 물체는 계속 움직이려고 하는 성질

16 밤이 너무 밝다.

빛은 우리네 일상에 매우 유용하지만 잘못 사용하면 큰 피해를 준다.

인류의 과도하고 무분별한 조명 생활이 밤하늘의 별빛을 사라지게 하고, 철새들을 길 잃고 헤매게 하고, 낮과 밤을 구분하지 못한 매미는 온종일 울어대고 지나친 빛과 열로 가로수는 죽어가고 있다. 언제부터인가 낮보다 밝은 밤이 되었고, 빌딩 불빛이 운전자의 안전을 위협하고, 무분별한 레이저 빛이 실명을 유발하며, 너무 밝은 가로등, 이웃집의 지나친 조명이 숙면 방해, 두통을 일으키고 에너지 낭비와 생태계 파괴로 이어지고 있다.

이에 조명박물관과 서울시가 '빛 공해 사진공모전'을 공동주최하여 42점의 수상작을 선정했다. 수상작들은 작가 실명으로 조명박물관과 서울시의 홍보물 및 온-오프라인 빛 공해 관련 자료로 활용되며, 이 외 국내외에서 빛 공해를 널리 알리는 공익 목적을 위한 각종 친환경 관련 디자인 자료와 빛 공해 캠페인 자료 등으로 사용될 것이다.

정답 및 해설 39쪽

[1] 다음에서 설명하는 것은 무엇인지 세 글자로 쓰시오.

> 이탈리아의 한 천문학자는 인공 조명량이 늘어 대도시의 밤이 불빛에 오염됐다고 했다. 건물 조명과 가로등, 상업 광고 불빛, 자동차 불빛 탓이다.

[2] 다음 중 빛 공해의 문제점이 아닌 것은?

① 밤하늘의 별빛이 사라졌다.
② 철새들이 길을 잃고 헤맨다.
③ 지나친 빛과 열로 가로수가 죽어간다.
④ 어두운 밤거리를 밝혀 길을 쉽게 찾을 수 있다.
⑤ 낮과 밤을 구분하지 못한 매미가 온종일 운다.

[3] 빛은 잘못 사용하면 큰 피해를 주지만, 잘 사용하면 매우 유용하다. 빛이 우리 생활에서 유용하게 이용되는 예를 세 가지 찾아 쓰시오.

핵심 이론

빛 : 우리 눈을 자극하여 물체를 볼 수 있게 하는 것

17 링 두 개가 접착제 없이 붙는 마술?!?!

어떤 접착제도 바르지 않았는데 마술사가 링 밑에 다른 링을 갖다 댔더니 찰싹 달라붙는다. 아래쪽 링을 돌려보아도 떨어지지 않는다. 위쪽 링과 붙은 채 빙글빙글 돈다. 링은 왜 떨어지지 않을까? 이러한 원리는 바로 자석 때문이다. 자석은 철을 끌어당기는 성질을 갖고 있을 뿐 아니라 자신의 성질을 다른 물건에 옮긴다. 이렇게 자석의 성질이 자석이 아닌 물건에 옮겨가는 현상을 '자화'라고 한다.

마술사가 손에 자석을 쥔 채로 링을 들고 있으므로 링이 자석의 성질을 띠게 되어 링끼리 붙게 되는 것이다. 이러한 원리는 클립을 자석에 문질렀다가 다른 클립에 갖다 대면 주렁주렁 붙는 것과 같은 원리다.

정답 및 해설 40쪽

[1] 다음 중 접착제 없이 링을 붙이는 마술에 대한 설명으로 옳지 않은 것은?

① 링은 철로 만들어졌다.
② 링은 자석에 잘 달라붙는다.
③ 링을 자석으로 만들었기 때문이다.
④ 자석의 성질이 링에 옮겨갔기 때문이다.
⑤ 마술사가 손에 자석을 잡고 있기 때문이다.

[2] 자석의 성질이 자석이 아닌 물건에 옮겨가는 현상을 무엇이라고 하는지 찾아 쓰시오.

[3] 다음 그림에서 자석에 붙는 것을 모두 골라 ○표 하시오.

핵심 이론

자석 : 철을 끌어당기는 성질을 지닌 물체

18 '방방이' 탈 때 조심하세요.

어린이들이 좋아하는 놀이기구인 '트램펄린(용수철이 달린 매트 위에서 뛸 수 있는 놀이기구, 일명 '방방이')'에 대한 안전사고가 매년 늘어 주의가 필요하다.

얼마 전 한 야외에 설치된 트램펄린에서 만 11세 남자아이가 놀던 중 떨어져 발목뼈가 돌출되는 큰 사고가 발생했다. 당시 아이는 용수철이 설치된 고무매트에 올라가던 중 덩치가 큰 아이들이 뛰는 충격을 못 이겨 공중에 붕 떴다가 떨어지면서 발목이 꺾였다.

한국소비자원은 트램펄린 사고 건수를 조사한 결과, 2010년 37건, 2011년 84건, 2012년 111건이 발생했다고 밝혔다. 사고 건수를 분석한 결과, 영유아(만 6세 미만) 90건(32.5%), 초등 1~3학년 72건(26%), 초등 4~6학년 62건(22.4%) 순으로 조사됐다. 다친 곳은 팔, 다리가 191건(69.0%)으로 가장 많았다.

한국소비자원 관계자는 "트램펄린은 시설 안전 기준이 없고, 안전 점검도 전혀 이루어지지 않아 이용에 주의가 필요하며 안전 관리 기준이 마련되어야 한다"고 밝혔다.

정답 및 해설 40쪽

[1] 다음 중 용수철에 대한 설명으로 옳지 않은 것은?

① 나선 모양의 쇠줄이다.
② 힘을 주면 모양이 변한다.
③ 주었던 힘을 빼면 원래 모양으로 되돌아간다.
④ 용수철에 힘을 많이 가할수록 모양이 조금 변한다.
⑤ 너무 센 힘을 주어 모양이 변형되면 원래 모양으로 되돌아가지 않는다.

[2] 트램펄린 위에서 뛰면 몸이 방방 뜨는 것은 용수철의 어떤 성질을 이용한 것인지 쓰시오.

[3] 우리 주변에서 트램펄린처럼 용수철을 이용한 물건을 세 가지 이상 찾아 쓰시오.

핵심 이론

탄성 : 외부의 힘에 의해 변형된 물체가 원래의 모양으로 되돌아가려는 성질

19 몸으로 표현한 감동의 그림자 쇼

사람의 몸으로 만든 그림자를 이용한 환상적인 무대가 펼쳐진다. 우리에게 친숙한 그림자로 한마디 말없이 멋진 이야기를 만들어낸다. 오로지 사람의 몸과 빛, 그림자만으로 꾸며지는 그림자 댄스. 가장 아름다운 예술인 인간의 몸짓을 그림자와 결합해 상상력을 자극하는 아주 독특한 작품이다.

스크린 앞은 아름답고 신비한 동화 같지만, 스크린 뒤 상황은 어떨까?

춤과 서커스, 콘서트가 어우러진 무대를 위해 무용수들은 서로 끌어안고 들어 올리고 지탱하며 환상적인 드라마를 모두 그림자로 표현한다.

그림자 댄스는 어떻게 태어났을까? 1970년대 초반 미국의 한 대학 현대 무용 시간에 춤을 배운 적이 없는 학생들이 기발한 상상력을 바탕으로 자유롭게 만든 것이라고 한다. 어떤 정해진 틀이나 철학적인 의미를 찾기보다는 즐거운 생각을 독창적으로 표현해보자는 열정에서 시작되었다고 한다.

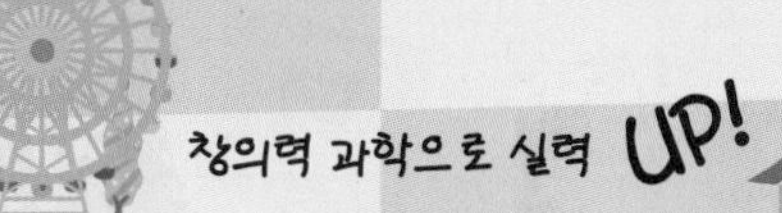

정답 및 해설 41쪽

[1] 다음 물체의 그림자 모양을 바르게 연결하시오.

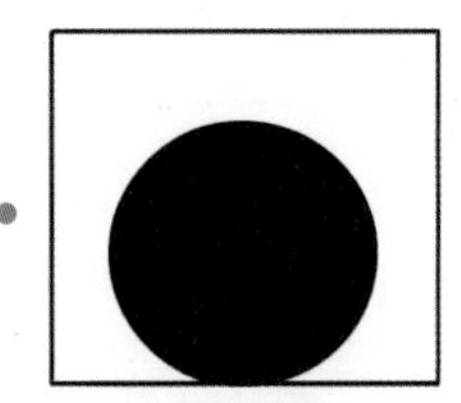

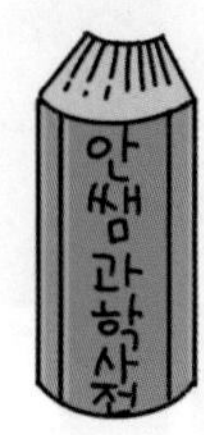

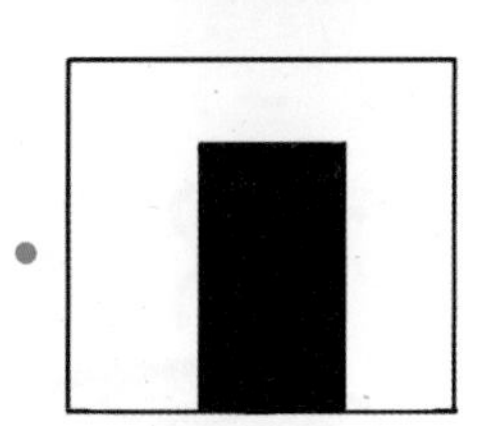

[2] 그림자를 만들기 위해 꼭 필요한 것은 무엇인지 세 가지 쓰시오.

[3] 다음 그림과 같이 실제로는 크기가 비슷한 사람이지만 한 사람의 그림자는 크고, 다른 사람의 그림자는 작게 보일 수 있다. 이처럼 크기가 비슷한 물체의 그림자의 크기가 왜 다르게 나타나는지 쓰시오.

그림자 : 물체가 빛을 가려서 그 물체의 뒷면에 드리워지는 검은 그늘

20 조선 시대 보온밥솥 밥멍덕

위 그림에 나타난 물건의 이름은 '밥멍덕'이다. 밥멍덕? 무엇에 쓰는 물건인지 이름만 들으면 쉽게 정체를 파악하기 어렵다. 밥멍덕은 옛날 보온밥솥이 없던 시절 밥의 온도를 유지하기 위해 만든 물건으로 솜을 넣어 만들어 따뜻한 밥이 들어 있는 그릇을 덮어 놓는 것이다.

열은 온도가 높은 물체에서 낮은 물체로 전달되는데 따뜻한 밥을 공기 중에 놓아두면 밥에 있던 열이 공기 중으로 전달되어 밥이 식는다. 그러나 따듯한 밥을 그릇에 담아 밥멍덕을 씌운 뒤, 뜨끈뜨끈한 아랫목에 놓아두면 따뜻한 온기가 유지되어 밥이 차가워지는 것을 막는다. 이 밥멍덕 덕분에 추운 겨울날 바깥에서 한참을 뛰어놀다 집에 들어온 아이들도 따뜻한 밥을 먹을 수 있었다.

정답 및 해설 41쪽

[1] 다음 중 열에 대한 설명으로 옳지 않은 것은?

① 열을 얻으면 따뜻해진다.
② 열을 잃으면 온도가 낮아진다.
③ 열은 물체의 온도를 높일 수 있는 에너지이다.
④ 열은 온도가 낮은 곳에서 높은 곳으로 전달된다.
⑤ 물체가 차갑고 따뜻한 정도를 수량으로 나타낸 것을 온도라고 한다.

[2] 다음 빈칸에 공통으로 들어갈 알맞은 말을 글에서 찾아 쓰시오.

열의 이동을 느리게 하여 물체의 온도를 따뜻하게 유지하는 것을 (　　　　)이라고 한다. 밥의 온도를 유지하기 위해 오늘날에는 (　　　　)밥솥을 사용한다.

[3] 밥멍덕은 밥의 열이 외부로 빠져나가는 것을 막는 역할을 한다. 이처럼 우리 생활 속에서 열의 전달을 막는 원리를 사용한 경우를 세 가지 쓰시오.

핵심 이론

단열 : 열의 전달을 막는 것

인공 비 로켓으로 더위를 피하는 중국

중국은 2008년 베이징 올림픽 개막 당일 베이징을 비가 오지 않는 맑은 날씨로 바꾸고 오염이 심한 대기상태를 개선하기 위해 약 1주일가량 인공강우를 내리게 했다. 그 결과 올림픽 개회식과 폐막식 당일 베이징의 하늘은 맑았다.

중국 사람들은 인공강우가 내리면 대부분 느낌으로 안다. 갑자기 번개를 동반한 폭우가 30분에서 1시간가량 나타나다가 언제 그랬냐는 듯이 맑게 개어버리기 때문이다.

인공강우는 구름층이 형성되어있는 대기 중에 항공기나 지상 장비를 이용하여 '구름씨(Cloud Seed)'를 뿌려 특정지역에 비가 내리게 하는 기술로 현재 40여 개 나라에서 사용하고 있다. 항공기나 로켓을 동원해 상공에 촉매제인 구름씨를 뿌리면 수증기나 미세얼음 결정체들이 서로 들러붙어 크기가 커져 빗방울로 떨어지는 원리이다.

중국은 인공강우 연구개발에 매년 4만여 명의 연구 인력과 800억 원 이상의 예산을 투자하고 있다. 이에 비해 우리나라는 투자규모나 기술 수준이 아직 걸음마 단계이다.

정답 및 해설 42쪽

[1] 인공강우에 대한 설명으로 옳지 않은 것은?

① 구름층이 형성되어 있는 대기 중에 구름씨를 뿌린다.
② 구름씨를 뿌릴 때는 항공기나 지상 장비를 이용한다.
③ 인공강우는 필요할 때 언제든지 내리게 할 수 있다.
④ 인공강우는 번개를 동반한 폭우가 쏟아지다가 금방 갠다.
⑤ 수증기나 작은 얼음이 구름씨에 달라붙어 크기가 커지면 떨어지면서 비가 된다.

[2] 인공강우는 구름층이 형성되어있는 대기 중에 항공기나 로켓을 이용하여 촉매제를 뿌려 특정 지역에 비가 내리게 하는 기술이다. 촉매제를 뿌려 수증기나 미세얼음 결정체가 서로 들러붙으면 충분한 크기가 되어 빗방울로 떨어지는 원리이다. 여기서 촉매제를 무엇이라고 하는지 쓰시오.

[3] 무분별하게 인공강우를 사용했을 때 일어날 수 있는 문제점을 지역적인 관점에서 생각하여 서술하시오.

핵심 이론

구름씨 : 구름 속에 작은 얼음 알갱이의 역할을 하는 드라이아이스 가루나 요오드화 은을 뿌려 인공적으로 비가 내리게 하는 것을 말한다.

지구과학

02 '역사상 가장 강력한 태풍' 하이옌, 필리핀 강타

최대 풍속 314km/h, 순간 최대 풍속 379km/h, 중심 기압 965hPa에 이르는 지구 사상 가장 강력한 태풍 하이옌이 2013년 11월 8일 필리핀 중부 지역을 강타했다.

엄청난 강풍과 폭우를 동반한 태풍 하이옌이 상륙한 필리핀은 그야말로 '공포의 도가니' 로 변했다. CNN, BBC, 로이터 등 외신에 따르면 태풍 하이옌은 최대 풍속을 기준으로 하면 기상 관측 이후 가장 강력한 태풍으로 기록된 태풍 팁을 능가하는 '괴물 태풍' 이다. 태평양 적도 부근에서 발생하면 태풍, 대서양에서 발생하면 허리케인인데, 하이옌보다 강력한 허리케인은 지금껏 없었다.

1979년 10월 발생한 최대 풍속이 306km/h였던 태풍 팁은 중심 기압이 870hPa(헥토파스칼)로 태풍 관측 사상 가장 낮았다. 기압을 나타내는 단위인 'hPa' 은 낮을수록 위력이 크기 때문에 950hPa이하면 강한 태풍으로 분류한다. 하이옌의 중심 기압은 팁보다 높지만, 풍속을 기준으로 하면 하이옌이 역대 최강의 태풍이 된다.

정답 및 해설 42쪽

[1] 태풍에 대한 설명으로 옳지 않은 것은?

① 태풍은 강풍과 폭우를 동반한다.
② 중심기압이 낮을수록 위력이 크다.
③ 우리나라를 덮친 가장 강력한 태풍은 팁이다.
④ 중심 기압이 950hPa이하면 강한 태풍으로 분류한다.
⑤ 태평양 적도 부근에서 발생하면 태풍, 대서양에서 발생하면 허리케인이라고 한다.

[2] 태풍은 저위도 지역에서는 북서쪽으로 움직이다가 점차 북동쪽으로 방향을 바꾼다. 이렇게 우리나라가 위치한 중위도 지방에서 태풍을 북동쪽으로 움직이게 하는 바람의 이름은 무엇인가?

[3] 태풍은 극지방과 열대 지방의 에너지 불균형을 해소하는 역할을 해주며 바다의 적조 현상을 없애주기도 한다. 하지만 태풍의 영향권에서는 강한 비바람으로 건물이 무너지거나 많은 비로 홍수가 나기도 한다. 태풍의 영향권에 들었을 때 피해를 줄이기 위해 내가 할 수 있는 방법을 세 가지 쓰시오.

핵심 이론

태풍 : 북태평양에서 발생하며 중심 최대 풍속이 17m/s 이상인 열대 저기압이다. 지구에서 열대 저기압은 1년에 약 80개 정도가 발생하고 있으며, 발생하는 장소에 따라 그 이름을 다르게 부르고 있다.

지구과학

03 서기 79년 폼페이, 최후의 날

전 세계에 있는 수많은 문화유적 중 폼페이만큼 극적인 곳도 드물다. 폼페이가 전 세계의 관광객은 물론 역사학자, 고고학자 등 전문가들까지 모여들게 하는 것은 폼페이만이 가진 독특함 때문이다. 폼페이는 하루아침에 불덩이 같은 화산재에 묻혀 버린 고대 도시이다.

화산재가 순식간에 사람과 도시를 덮쳐 모든 게 멈춰버린 폼페이는 찾는 이들에게 문화유산 이외에도 갖가지 풍성한 영감을 안긴다. 아이를 안은 채 숨을 거둔 어머니, 뜨거운 고통으로 일그러진 얼굴의 남자, 빵을 구우려던 빵 가게 아저씨 등이 당시의 상황을 보여준다.

도시 폼페이는 서기 79년 8월 24일 한순간에 묻혀버렸다. 인근 베수비오 화산이 폭발하면서 화산재 등이 최고 6m까지 높게 쌓여 도시를 통째로 뒤덮었고, 피난을 가지 못한 주민들과 동물들은 그대로 그 자리에 영원히 멈췄다. 폼페이는 묻힌 지 1,600년이 지난 1748년 본격적으로 발굴되기 시작했고, 지금도 발굴 작업은 계속되고 있다.

정답 및 해설 43쪽

[1] 폼페이에 대한 설명으로 옳지 않은 것은?

① 폼페이는 용암에 묻힌 고대 도시이다.
② 서기 79년 8월 24일에 일어난 일이다.
③ 1748년부터 본격적으로 발굴되기 시작하였다.
④ 로마제국의 일상생활을 엿볼 수 있는 유적이다.
⑤ 인근 베수비오 화산이 폭발하면서 화산재가 도시를 뒤덮었다.

[2] 지하 깊숙한 곳에서 생겨난 뜨거운 마그마가 지각의 약한 틈을 뚫고 지표 위로 분출하여 만들어진 것은 무엇인가?

[3] 화산 활동이 일어나면 화산에서 나온 화산 분출물이 사람의 재산을 파괴하고 생명을 앗아가기도 한다. 또한, 화산재가 햇빛을 가려 동식물에 피해를 주기도 한다. 하지만 화산 활동이 꼭 나쁜 영향만 주는 것은 아니다. 화산의 좋은 점을 서술하시오.

핵심 이론

화산 쇄설물 : 화산이 폭발할 때 나오는 고체 물질을 화산 쇄설물이라고 하며, 크기에 따라 돌덩이와 같이 큰 것은 화산암괴, 화산력이라 하고, 좀 작은 가루 같은 것은 화산재라고 한다.

지구과학

"한반도, 더 이상 지진 안전 지역 아냐"

우리나라도 더는 지진 안전지대가 아니라는 분석이 나왔다. 소방재청 자료에 따르면 2013년 한 해 동안 우리나라에서 발생한 지진 건수는 93건으로 1978년 관측을 시작한 이후 가장 많은 수치다.

지역별로는 서해에서 52회, 동해에서 15회, 북한지역에서 7회 등이 발생했는데, 특히 백령도 해역, 보령 해역, 흑산도 해에서 잇달아 발생한 지진은 국민의 불안을 가중시켰다. 이처럼 지진 건수가 크게 증가한 것은 과거와 달리 동일 지역에서 연속 지진이 빈번하게 발생했기 때문이다.

우리나라에서 발생한 대부분의 지진은 규모 3 이하이지만, 지진 발생 횟수가 예년에 비해 크게 늘었다는 점과 동일 지역에서 연속적으로 지진이 발생하고 있다는 점, 중앙재난안전대책본부 1단계 가동 상황에 해당하는 4.9 규모의 지진이 발생한 점을 고려해 볼 때, 우리나라도 대규모 지진 발생 가능성에 대비해야 한다.

정답 및 해설 43쪽

[1] 우리나라에 일어나는 지진에 대한 설명으로 옳지 않은 것은?

① 우리나라에서 발생하는 지진의 횟수가 점점 늘어나고 있다.
② 올해 군산 어청도 인근 해역에서 지진이 가장 자주 발생하였다.
③ 지진 횟수가 증가한 것은 같은 지역에서 계속 지진이 일어났기 때문이다.
④ 작은 규모의 지진만 발생하므로 대규모 지진이 발생할 가능성은 없다.
⑤ 우리나라에 발생하는 지진 대부분은 장소가 정해져 있다.

[2] 지진의 크기를 나타내는 값으로 지진이 발생한 곳에서 나오는 에너지의 양을 나타내는 것은 무엇인가?

[3] 지구 내부에서 생긴 떨림이나 충격이 지표로 나와 땅이 갈라지고 흔들리는 것을 지진이라고 한다. 지진이 발생하는 원인을 세 가지 이상 쓰시오.

핵심 이론

진도 : 지진이 일어났을 때 사람의 느낌이나 주변의 물체 또는 구조물이 흔들리는 것을 수치로 표현하여 지진의 피해 정도를 나타낸 것이다. 규모가 큰 지진이라도 지진이 발생한 곳이 멀면 지진이 약해져서 피해가 크지 않을 수 있다.

지구과학

05 분쟁광물, 쓰는 것이 옳은가?

탄탈럼(Tantalum)이라는 광물은 전자제품에 필수적인 재료로 사용되며, 합금을 만드는 데 사용된다. 이들 합금은 강하고 녹는점이 높아 항공 산업에서 발전기 터빈 등에 사용되고, 내부식성이 탁월하여 화학 공업용 장치와 실험 도구에 사용되며, 생체 적합성이 우수하여 수술 도구, 인공 뼈와 치아 임플란트용 나사 등을 만드는 데 사용된다.

아프리카에 있는 콩고민주공화국에서는 탄탈럼과 같은 광물이 무장 단체 운영을 위한 자금으로 사용되거나, 채굴 과정에서 사람들에게 강제 노동을 강요함으로써 심각한 인권 침해를 유발하고 있다. 따라서 콩고민주공화국 또는 인근 국가에서 무장 단체들에 의해서 채굴되고 밀거래되는 탄탈럼, 주석, 텅스텐, 금은 분쟁광물로 간주된다.

탄탈럼이 휴대폰의 주요 부품 원료로 쓰이면서 값이 20배나 뛰자, 일확천금을 꿈꾸는 사람들이 탄탈럼 광산으로 몰려들었다. 광산이 위치한 콩고의 '카후지-비에가 국립공원'은 크게 훼손되었고, 국립공원 안에 있는 고릴라 서식지가 파괴되었다.

이렇듯 분쟁광물에 대한 관심이 높아지고 있지만 아직까지 분쟁광물에 대해 모르는 사람들이 많고, 여전히 분쟁광물을 사용한 전자제품이 출시되고 있다.

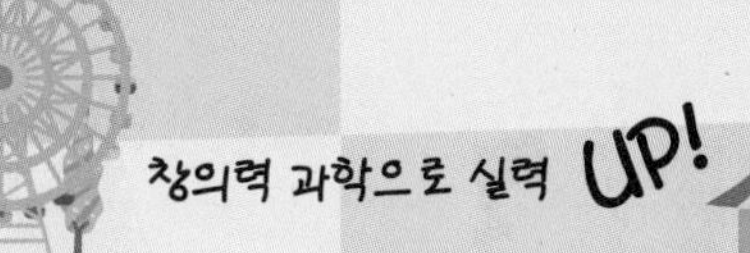

정답 및 해설 44쪽

[1] 분쟁광물에 대한 설명으로 옳지 않은 것은?

① 텅스텐, 금, 주석, 탄탈럼 등은 분쟁 광물이다.
② 분쟁광물로 인해 고릴라의 서식지가 파괴되었다.
③ 탄탈럼은 수술 도구, 인공 뼈 등을 만드는 데 사용된다.
④ 분쟁광물을 팔아 생긴 수익금으로 경제가 활성화되는 장점도 있다.
⑤ 분쟁광물을 채굴하는 과정에서 인권 침해가 일어나기도 한다.

[2] 이 금속은 휴대전화에서 전기의 흐름을 제어하는 역할을 맡는 금속으로, 최근 전자기기에 거의 다 들어간다. '산업 비타민', '희토류'로 불리면서 더욱 가치를 인정받고 있는 이 금속의 이름은?

[3] 분쟁광물은 생산량이 매우 적고, 몇몇 지역에서만 생산되기 때문에 생산 과정에서 여러 문제가 발생하고, 무장 단체들의 자금원이 되기도 한다. 이러한 분쟁 광물의 사용에 대한 자신의 의견과 그 이유를 서술하시오.

핵심 이론

광물 : 암석을 구성하는 작은 알갱이이다. 광물은 독특한 성질을 가지고 있어서 쪼개짐, 단단한 정도, 색깔 등으로 구별할 수 있다. 지금까지 알려진 광물은 약 3,000종 정도이다.

06 100년 후, 한국에 겨울이 사라진다.

지구온난화가 계속 진행되면 2100년에는 이산화 탄소의 농도가 2000년의 2배가 된다. 따라서 한반도 기온은 4℃ 정도 올라가고, 강수량은 17% 정도 증가하게 되며, 남부 지방뿐 아니라 중부 내륙을 제외한 지역도 '아열대 기후' 로 바뀌게 된다.

기온이 지금보다 4℃ 정도 올라가게 되면 남부 지방에서는 우리가 생각하는 겨울을 볼 수 없다. 부산의 기후는 지금의 홍콩과 비슷해져 비가 잘 오지 않고 맑고 쾌청한 하늘을 볼 수 있게 된다. 당연히 겨울에 난방 에너지 수요는 줄고 여름에 냉방 에너지 수요는 늘어난다.

상점에서 파는 과일이나 야채의 종류도 나오는 시기가 달라진다. 사과는 북한에서 수입해 온 것을 판매하고, 남부지방에서는 망고와 파파야 같은 아열대 과일 종류를 재배하게 될 것이다. 또 부산의 동백섬에는 동백이 종려나무와 같은 아열대 수종으로 바뀌고, 지금 우리에게 익숙한 곤충이나 새들 대신 아열대에서 사는 생물종이 서식하게 된다. 스키나 보드가 겨울철 스포츠라고 하던 지금의 모습을 찾을 수 없을지도 모른다.

[1] 100년 후 아열대 기후로 변한 한국의 모습으로 옳은 것은?

① 겨울에 난방 에너지를 지금보다 더 많이 사용한다.
② 우리나라에서 망고와 파파야를 재배하게 될 것이다.
③ 우리나라 고유 생물종은 남쪽으로 서식지가 이동할 것이다.
④ 겨울에 눈이 많이 내릴 수 있어서 이에 대비하여야 한다.
⑤ 스키나 보드를 지금보다 더 쉽게 탈 수 있을 것이다.

[2] 석유, 석탄을 많이 사용하면서 공기 중의 이산화 탄소량이 늘어남에 따라 지구의 평균 기온이 올라가고 있다. 이렇게 지구의 평균 기온이 점점 높아지는 것을 무엇이라고 하는가?

[3] 지난 100년 동안 전 세계 기온은 0.7℃ 상승했지만, 한반도는 1.7℃가 오르는 등 한국의 평균 기온 변화는 전 세계의 변동 폭보다 컸다. 특히 앞으로 20~30년 동안은 지금까지 올라갔던 속도보다 훨씬 더 빨라질 것으로 보인다. 지구 온도가 높아지는 속도를 줄이기 위해서는 어떤 일을 해야 하는지 서술하시오.

핵심 이론

지구온난화 : 지구는 평균 기온을 일정하게 유지하는데 이산화 탄소, 메테인, 프레온 가스 등의 기체로 인해 지구의 평균 기온이 높아지는 것을 말한다. 이산화 탄소, 메테인 등의 기체는 석유, 석탄을 많이 사용하면서 양이 늘어난 것이기 때문에 석유, 석탄의 사용을 줄여야 한다.

07 황사의 습격, 중금속 모래바람이 몰려온다.

황사는 수천 년 전부터 계속되어 온 자연 현상이지만, 최근 들어 더욱 심각한 문제로 다뤄지는 것은 중국의 공업화 때문이다. 황사는 상해, 천진 등 중국 동부 연안 공업지대를 지나면서 이곳에서 발생하는 실리콘(SiO_2)이나, 카드뮴(Cd), 납(Pd), 알루미늄(Al), 구리(Cu) 등과 같은 미세 중금속 가루를 잔뜩 포함해 우리나라로 날아오기 때문에 단순한 '모래가루'가 아닌 생명을 위협하는 '죽음의 분진'이 되어 버렸다.

또한, 황사는 봄철 우리나라의 대기 특성 때문에 더욱 위협적이다. 봄철에는 일교차가 커 지표면의 공기는 차고 지상 위의 공기는 따뜻해 공기의 대류가 활발하게 일어나지 않는다. 이 때문에 황사도 다른 곳으로 이동하지 못하고 자욱하게 깔려 더 큰 피해를 준다.

보통, 황사 입자의 크기는 평균 20㎛(1㎛은 100만분의 1m) 이상이어서 기관지와 같은 호흡 기관에서 대부분 걸러지므로 인체에는 큰 영향을 끼치지 않는다. 하지만 일부 미세황사와 섞여 함께 날아온 유해 중금속은 크기가 작아 호흡 기관에서 걸러지지 않고 우리 몸에 들어와 쌓이게 된다. 이들은 콧물, 코막힘, 두통을 동반한 알레르기성 비염에서부터 기도 염증, 천식과 같은 호흡기 질환, 그리고 알레르기성 결막염, 안구건조증 등의 안과 질환까지 유발한다.

그러나 황사에 대한 특별한 대책은 아직은 별로 없는 형편이다. 따라서 황사가 심할 때는 되도록 외부 활동을 피하는 것이 가장 좋으며 일반 마스크가 아닌 분진 마스크를 착용하는 것이 효과적이다. 그리고 외출 후에는 꼭 목욕을 통해 몸에 달라붙은 먼지를 제거하는 것이 좋다.

정답 및 해설 45쪽

[1] 황사에 대한 설명으로 옳은 것은?

① 최근 중국의 공업화 때문에 황사가 나타나기 시작하였다.
② 보통 황사 입자는 호흡 기관에서 걸러지지 않으므로 몸에 쌓인다.
③ 우리나라 봄철에 나타나는 황사는 더 큰 피해를 줄 수 있다.
④ 황사는 카드뮴, 알루미늄, 납, 구리 등과 같은 미세 중금속 가루이다.
⑤ 황사가 발생하면 분진 마스크보다 일반 마스크를 착용하는 것이 더 효과적이다.

[2] 고비사막, 타클라마칸사막 등 아시아 내륙의 사막 지대와 황하 상류 황토 지대의 작은 모래나 황토가 강한 상승 기류를 타고 3,000~5,000m 상공으로 올라가 초속 30m 정도의 편서풍에 실려 우리나라로 날아오는 것의 이름은?

[3] 우리나라와 일본에 피해를 주는 황사는 비가 적게 내리는 사막 지역에서 발생한다. 황사를 막기 위한 대책은 무엇이 있을지 서술하시오.

핵심 이론

황사의 발생 지역 : 황사가 발생하는 곳은 중국과 몽골의 사막 지대와 황하 중류의 황토 지대이다. 이곳은 비가 적게 내리고 사막이 대부분이어서 모래 먼지가 많이 발생한다. 이곳에서 겨울에 얼어있던 건조한 토양이 녹으면서 작은 모래 먼지가 발생하고 이 먼지가 상승 기류를 타고 올라가 편서풍에 실려 우리나라로 이동해 온다.

08 우주 쓰레기 처리하는 자살위성 등장

우주탄생 비밀의 실마리를 제공해 줄 것으로 여기는 페르미 감마레이 우주 망원경이 최근 우주 쓰레기로 분류되어 있는 구소련의 정찰 위성인 '코스모스(Cosmos) 1805'와 충돌할 뻔 했다는 소식이 미항공우주국(NASA)의 보도를 통해 전해져, 우주 쓰레기 문제의 심각성을 알려주고 있다.

과거 세계 각국이 경쟁하듯 개발하여 쏘아 올렸던 인공위성들은 그동안 인류에게 다양한 문명의 혜택을 제공했지만, 이제는 그 수가 너무 많아지면서 위성끼리의 충돌을 우려하는 상황까지 이르게 되었다. 위성 간, 또는 우주 쓰레기 간의 충돌은 앞으로 더욱 빈번해질 것으로 전망되고 있다.

사이언스 데일리는 영국의 서리대학교(University of Surrey) 연구진이 지구의 궤도를 따라 돌고 있는 해로운 우주 폐기물들을 제거하는 데 이바지할 수 있는 위성인 '큐브세일(CubeSail)'을 개발하고 있다고 보도했다. 큐브세일 위성은 우주 쓰레기에 다가가 바싹 달라붙은 후 마치 배가 돛을 펴듯 위성에 부착된 날개를 활짝 펼친 채 지구로 낙하하면서 자연스럽게 대기권에서 우주 쓰레기와 함께 불타 없어진다. 이런 처리방식 때문에 자살위성이라고도 불린다.

정답 및 해설 45쪽

[1] 우주 쓰레기가 생긴 원인으로 옳지 않은 것은?

① 인공위성을 발사할 때 사용된 로켓이나 연료통
② 수명이 끝나 작동하지 않는 인공위성
③ 인공위성끼리 부딪쳐 생긴 파편
④ 우주정거장을 수리하다가 놓친 공구
⑤ 지구에서 인공위성과 수신하기 위해 쏘아 올린 전파

[2] 달처럼 지구 주위를 도는 인공적으로 만들어진 천체로, 통신, 기상, 첩보, GPS 등에 이용되는 것은?

[3] 지구 주변에 있는 우주 쓰레기를 없애는 방법을 상상하여 서술하시오.

핵심 이론

우주 쓰레기 : 우주 쓰레기는 우주 공간을 떠돌아다니는 사람이 만든 다양한 크기의 모든 물체를 말한다. 수명이 끝나서 더는 쓸 수 없는 인공위성부터 우주 비행사가 떨어트린 공구와 장갑까지 우주 쓰레기가 될 수 있다. 우주 쓰레기는 손바닥보다 큰 것이 약 2만 개 정도 있고 그보다 작은 쓰레기는 수천만 개로 셀 수 없이 많다.

목성 로봇탐사선 주노 발사… 5년 대장정 시작

미항공우주국(NASA)이 2011년 8월 5일 태양계의 기원을 밝힐 실마리를 찾기 위해 태양계의 숨겨진 심장인 목성에 탐사로봇 주노(Juno)호를 발사했다. 이번 주노 로봇탐사선의 임무는 오는 2016년 7월 4일에 목성 위 5천 km 상공에 도착해 목성의 정체를 알아내는 것이다. 주노가 수행할 임무는 목성의 대기에 물이 있는지, 자기장과 중력장의 크기가 얼마인지, 목성의 구성 성분이 무엇인지, 목성의 남극과 북극에서 발생하는 오로라는 얼마나 강력한지 등을 알아내는 것이다.
스콧 볼턴 수석조사관은 "이번 프로젝트는 어떻게 목성이 만들어졌고, 무엇이 특이한지, 내부구조는 어떠한지, 어떻게 만들어졌는지, 그리고 행성 형성 초기시점에 어떤 일이 일어났는지를 알려주게 될 것"이라고 덧붙였다.
수석조사관은 "우리는 목성의 극지방뿐만 아니라 목성 궤도에도 지금까지 목성에 갔던 어떤 탐사선보다도 더욱더 가까이 접근할 것"이라고 밝혔다.

[1] 주노 로봇탐사선이 하는 조사로 옳지 않은 것은?

① 목성 대기에 물이 얼마나 있는지 조사한다.
② 목성의 자기장과 중력의 세기를 밝혀낸다.
③ 목성의 강력한 오로라에 대해 조사한다.
④ 목성이 어떻게 이루어져 있는지 성분을 조사한다.
⑤ 목성에 착륙하여 직접 구멍을 뚫어 내부를 조사한다.

[2] 태양계에 있는 8개의 행성을 태양에서 가까운 순서대로 나열하시오.

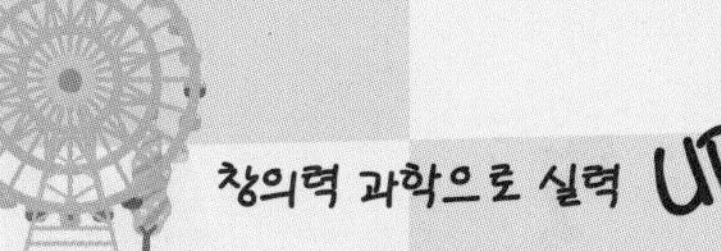

정답 및 해설 46쪽

[3] 주노 탐사선에는 레고 인형인 주피터, 주노, 갈릴레오가 타고 있다. 각각의 인형은 다음과 같은 의미가 있다.

주노 : 로마 신화의 여신(헤라)인 주노가 남편 주피터(제우스)를 찾을 때 진실을 보는 유리를 사용하였는데, 이를 빗대어 우주탐사선이 목성을 자세히 알아낼 것으로 생각해서 붙인 이름

주피터 : 올림포스 최고의 신 주피터의 이름을 써서 목성이 태양계에서 가장 중요한 행성이라는 뜻을 나타냄

갈릴레이 : 갈릴레이가 망원경으로 목성과 목성의 위성을 처음 발견하였으므로 목성에서 또 새로운 걸 발견하고자 붙인 이름

여러분이 태양계의 행성을 탐사하기 위해 탐사선을 보낸다면 탐사할 행성과 그 행성으로 보낼 2개 이상의 인형 이름, 그렇게 이름을 붙인 이유를 함께 서술하시오.

핵심 이론

목성 : 목성은 태양계에서 가장 큰 행성이다. 목성은 자전주기가 약 10시간으로 속도가 빨라 표면에 가로 줄무늬가 나타난다. 또한, 대기의 거대한 소용돌이로 인하여 지구가 2개 들어갈 정도로 큰 붉은 점(대적점)을 가지고 있다.

지구과학

10 중국, 세계 세 번째 달 착륙 성공

중국중앙TV(CCTV)를 비롯한 언론 매체들은 2013년 12월 14일 저녁 달 탐사선 '창어 3호'가 세계 세 번째로 달 착륙에 성공하는 모습을 일제히 생중계했다. 창어 3호는 중국 최초의 달 탐사 로봇인 옥토끼(중국명 위투)호를 싣고 달 표면에 안착했다. 이로써 중국은 미국과 러시아(옛 소련)에 이어 세 번째 달 착륙 국가가 되었다.

중국 언론들은 "중국이 마침내 월면 탐사기기에 대한 원거리 조종 능력을 확보했고 다른 선진국이 누려온 달 자원을 함께 누릴 수 있는 권리를 획득했다"며 달 착륙이 갖는 의미를 대대적으로 부각했다.

창어 3호가 착륙한 곳은 달이 운석과 충돌하면서 생긴 지역인 홍완 구역이다. 옥토끼호는 이곳에서 태양 전지판으로 에너지를 얻어 3개월 동안 $5km^2$의 구역을 탐사하고, 달 지형과 지질구조 탐사 결과와 각종 사진을 지구로 전송한다.

세계 2위의 경제 대국으로 부상한 중국은 달 탐사프로젝트 외에도 달에 유인 우주선을 보내고, 지구 위에 우주인이 상주하는 독자적 우주정거장을 건설하고 화성과 소행성, 목성 등에 탐사선을 보낸다는 계획도 세워놓고 있다.

[1] 위 기사 내용에 대한 설명으로 옳지 않은 것은?

① 중국은 세 번째 달 착륙 국가가 되었다.
② 창어 3호는 달 탐사로봇인 옥토끼호를 싣고 달 표면에 안착했다.
③ 옥토끼호는 태양 전지판으로 에너지를 얻어 3개월 동안 탐사하게 된다.
④ 중국은 월면 탐사기기에 대한 원거리 조종 능력을 확보했다.
⑤ 중국은 달착륙 성공으로 달에 대한 독점권을 얻게 되었다.

[2] 아폴로 계획은 달에 사람을 보내기 위한 미국의 계획이다. 아폴로 11호에 타고 있던 우주인으로 최초로 달에 발을 디딘 사람은 누구인가?

[3] 달 탐사위성 창어 3호와 달 탐사로봇 위투는 항아 여신과 옥토끼를 말한다. 이 이름은 항아 여신이 달로 날아가 옥토끼를 내려놓고 그 토끼가 달 표면을 탐사한다는 의미를 가지고 있다. 항아 여신이 달로 날아가는 것은 중국의 신화에 전해져 내려오는 이야기이다. 이렇게 전 세계에서 달의 무늬에 대한 다양한 전설이 만들어졌다. 달의 무늬를 보고 상상되는 모습을 쓰고 그에 맞는 이야기를 지어보시오.

핵심 이론

달의 특징 : 달은 지구에서 가장 가까운 천체로 지구에서 볼 때 가장 밝고 크게 보인다. 달에는 대기가 없고 중력이 지구의 1/6 정도로 약하다. 달에서 지구까지의 거리는 약 38만 km이며 서울에서 제주도까지의 거리의 약 830배 정도 된다. 달의 반지름은 지구 반지름(약 6,400km)의 약 1/4이다.

지구과학

11 우리 은하-안드로메다, 37억 5천만 년 후 충돌

미국 우주망원경과학연구소(STScI) 과학자들은 허블 우주망원경을 이용해 안드로메다를 관측한 결과 약 37억 5천만 년 후 두 은하가 충돌할 것임을 밝혀냈다.

학자들 사이에 M31으로 불리는 안드로메다는 현재 우리은하로부터 약 250만 광년 떨어져 있지만, 두 은하간의 상호 인력과 암흑물질의 인력에 의해 시속 40만 km의 속도로 가까워지고 있다. 이는 지구로부터 달까지 한 시간 안에 가는 속도이다.

지금까지 학자들은 이 충돌이 정면충돌이 될지, 빗나간 펀치가 될지, 아니면 살짝 비켜가게 될지 알 수 없었다. 그러나 허블 망원경의 놀라운 능력 덕분에 두 은하가 정면충돌을 하게 될 것이라는 것을 알게 되었다. 충돌 후에도 두 은하가 하나의 타원은하로 완전히 합쳐지기까지는 이후 20억 년이 더 소요될 것으로 예상된다.

시뮬레이션에 따르면 두 은하가 충돌하여 하나가 된다 해도 우리 태양계와 지구는 파괴되지 않고 은하 중심부에서 지금보다 더 먼 외곽으로 밀려나게 되고, 삼각형자리(M33)가 우리은하와 안드로메다로 이루어진 새 은하에 들어오게 된다. 그러나 M33이 안드로메다보다 먼저 우리 은하와 충돌할 가능성은 매우 낮은 것으로 밝혀졌다.

정답 및 해설 47쪽

[1] 우리 은하와 안드로메다 은하의 충돌에 대한 설명으로 옳지 않은 것은?

① 약 37억 5천만 년 후 두 은하가 충돌할 것임을 밝혀냈다.
② 정면충돌이 될지, 빗나갈지, 아니면 살짝 비켜가게 될지 알 수 없다.
③ 두 은하가 합쳐지면 타원 은하가 된다.
④ 충돌하고 나면 지구는 은하 중심에서 더 멀어진다.
⑤ 삼각형자리(M33)가 우리 은하와 충돌할 가능성은 매우 낮다.

[2] 우리 은하와 안드로메다 은하가 충돌할 것이라는 사실을 밝혀낸 망원경은?

[3] 지구의 대기권 밖에 있는 허블 망원경은 지구에 있는 어떤 망원경보다 정밀하게 측정할 수 있다. 하지만 망원경의 성능이나 크기는 지구에 있는 망원경보다는 작다. 우주에 있는 망원경이 지구에 있는 망원경보다 성능과 크기는 작지만, 더 잘 관측할 수 있는 이유를 설명하시오.

핵심 이론

우리 은하 : 우리 은하는 별, 성운, 성단 등이 모여 일정한 모양을 이루고 있다. 우리 은하를 옆에서 보면 가운데가 볼록한 원반 모양이고 위에서 보면 속에 막대가 있는 나선형의 모습이다. 우리 은하에는 약 1,000억 개의 별이 있으며 우리 은하의 끝에서 끝으로 가려면 10만 광년(빛이 10만 년 동안 가는 거리)이 걸릴 정도로 크다. 태양계는 은하 가운데에서 약 3만 광년 떨어진 곳에 있다.

지구과학

12 화성 이주 계획에 10만 명 지원… 최종 4명 선발

마스원 프로젝트 상상도

CNN의 보도에 따르면 화성 식민지 프로젝트 '마스원(Mars One)' 계획에 전 세계에서 10만 명 이상이 지원했다고 한다. 이들 중 최종 선발되는 4명은 돌아올 기약 없이 화성으로 여행을 떠나게 된다.

네덜란드에 본부를 둔 '마스원' 프로젝트는 올해 40명의 민간 우주인을 선발하고 수많은 훈련을 거친 후 남녀 각 2명을 뽑아 2022년 9월에 출발하는 첫 화성 이민에 나서고, 화성 도착 예정은 2023년 4월이다. 지원 우주인들은 8년간 외딴곳에서 훈련을 받게 된다. 훈련은 거주지의 시설물을 수리하는 방법, 폐쇄 공간에서 농작물을 재배하는 방법, 근육 파열과 골절, 치과 치료법 등을 포함한다.

마스원이 보내는 착륙선은 화성 도착 후 주거지의 일부가 된다. 물은 화성의 토양에서 추출하고 여기서 수소와 산소도 만든다.

'마스원' 측은 계획의 실현 가능성을 확신하고 있지만, 위험성을 지적하는 여론도 많다. 방사선 노출이 그 하나이다. 화성 여행과 정착 이후 우주방사선 노출이 위험 수위를 넘길 가능성이 크다.

정답 및 해설 47쪽

[1] 위 기사 내용에 대한 설명으로 옳지 않은 것은?

① 화성에 가려면 지구에서 수많은 훈련을 거쳐야 한다.
② 착륙선은 화성 도착 후 주거지의 일부가 될 것이다.
③ 화성은 물이 흘러 식수를 구하기 어렵지 않다.
④ 화성에서는 방사선 노출에 의한 위험성이 크다.
⑤ 첫 팀의 화성 도착 예정은 2023년이다.

[2] 태양계에서 네 번째로 떨어져 있는 행성으로 크기가 지구보다 작으며 행성 표면이 붉은색을 띠는 사막으로 되어 있고 태양계에서 가장 큰 화산을 가진 행성은?

[3] 자신을 포함하여 총 4명의 사람이 있다. 자신이 화성 이주 계획의 책임자라면 각자 어떤 일을 맡게 할지 서술하시오.

책임자 나	우주인 1
우주인 2	우주인 3

핵심 이론

화성 : 화성은 태양에서 네 번째로 떨어져 있는 행성으로 붉은색 사막으로 되어 있다. 화성의 양극에 얼음과 드라이아이스로 되어 있는 흰색의 극관이 있는데 여름에는 크기가 작아지고 겨울에는 커진다. 화성에는 물이 흐른 자국이 있으며 태양계에서 가장 큰 올림포스 화산이 있다.

지구과학

13 북극에서 거대 낙타 화석 발견

오늘날의 낙타보다 몸집이 훨씬 큰 약 350만 년 전의 거대한 낙타 화석이 북극 지역에서 발견됐다. 영국과 캐나다 과학자들은 캐나다 북단의 엘스미어 섬에서 발견된 30개의 다리 뼛 조각들을 토대로 이 낙타의 몸 크기를 추정한 결과 발에서 어깨까지 높이가 2.7m로 오늘날의 낙타보다 몸집이 약 30% 큰 것으로 밝혀졌다.

낙타의 조상은 약 4천500만 년 전 북아메리카 지역에서 유래한 것으로 알려졌지만 이번에 발견된 화석은 지금까지 발견된 것 중 가장 북쪽의 것이다.

연구진은 고대 낙타가 이처럼 몸집은 컸지만, 생김새는 후손과 비슷했던 것으로 보이며 다만 추운 환경에서 견디기 위해 북실북실한 털을 갖고 있었을 것이라고 추측했다. 이들은 이 고대 낙타들이 살았던 플라이오세(약 530만~180만 년 전) 중기에 지구 기온은 오늘날보다 2~3℃ 높았고 엘스미어 섬은 지금보다 기온이 20℃나 높은 수림 지대였지만 낙타들은 겨울철 추위를 이기기 위해 큰 몸집을 갖게 된 것으로 보인다고 밝혔다.

고대 낙타들은 기온이 영하로 내려가고 어둠이 몇 달씩 계속되는 기나긴 겨울을 지내야 했을 것이며 어둠 속에서 눈 폭풍을 맞기도 했을 것이다. 낙타의 큰 몸집은 체온 조절과 장거리 이동에 유리했을 것이다. 또한, 지방을 저장하는 낙타의 혹이 6개월씩 지속되는 북극의 겨울철에 필요한 양분을 공급했을 것이며, 이들의 큰 눈은 희미한 불빛 속에서 사물을 쉽게 분간할 수 있게 했으며, 크고 넓적한 발바닥은 사막과 마찬가지로 눈 위에서 걷는 데도 유용했을 것이다.

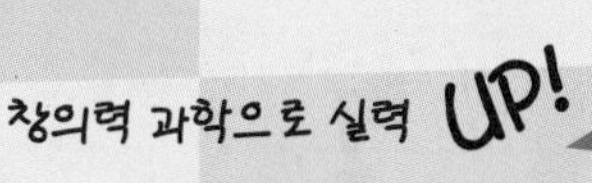

정답 및 해설 48쪽

[1] 북극에서 발견된 거대 낙타 화석에 대한 설명으로 옳지 않은 것은?

① 북극에서 발견된 낙타의 몸은 현재보다 약 30% 크다.
② 추위를 이기기 위해 점점 작은 몸집을 갖게 되었다.
③ 과거 북극은 현재 기온보다 더 높았다.
④ 낙타의 혹에서 겨울철에 필요한 양분을 공급받았다.
⑤ 넓적한 발바닥은 눈 위를 걷는 데 유용했다.

[2] 지질 시대에 살았던 생물의 사체나 흔적으로, 그 시대의 생물체 구조나 환경 등을 연구하는 데 사용되는 것은?

[3] 다음 그림은 과거에 살았던 물고기가 화석으로 남은 것이다. 모든 생명체가 화석이 되는 것은 아니고 어떤 조건을 갖추어야 화석이 된다. 화석이 되는 데 필요한 조건을 생각하여 두 가지 이상 서술하시오.

핵심 이론

화석 : 지질 시대에 살았던 생물의 사체나 배설물, 발자국 등의 흔적이 남아 있는 것으로 과거의 환경에 대해 알 수 있다. 화석은 삼엽충, 공룡, 암모나이트, 매머드와 같이 지층이 생긴 시기를 알려주는 화석과 산호, 고사리와 같이 지층이 생길 당시의 환경을 알려주는 화석으로 나뉜다.

14 지구 관측 최고와 최저 온도 차이는?

세계기상기구(WMO)에 따르면 지구에서 관측한 기준으로 가장 추운 곳은 남극 대륙 안쪽 고원 지대에 있는 러시아 보스토크 기지 인근이라고 한다. 이곳은 1983년 7월 영하 89.6℃를 기록했으며, 평균 온도는 영하 55.4℃였다. (가정용 냉장고의 냉동실 온도가 보통 영하 18℃ 정도이다.) 영하 90℃에 가까운 기온에선 사람의 눈과 코는 물론 폐까지 단 몇 분 만에 얼어붙는다. 또, 영하 60℃가 되면 일반 섬유 물질은 얼어붙어서 부스러진다.
세계에서 가장 추운 곳은 남극 지역 해발 3,779m의 산등성이로 영하 93.2℃를 기록했다. 지역별 최저 기온을 보면, 북미에서는 캐나다 유콘주 스내그가 1947년에 영하 63℃를, 남미에서는 아르헨티나 사르미엔토가 1907년에 영하 32.8℃를 기록했다. 유럽은 러시아 슈고르에서 영하 58.1℃(1978년), 아시아에선 러시아 베르호얀스에서 영하 67.8℃(1892년)가 관측됐다.
반대로 가장 더운 곳은 미국 데스벨리의 오아시스 퓨너스 크릭으로 1913년 7월에 56.7℃를 기록했다. 지역별로는 남미에선 아르헨티나 리바다비아에서 48.9℃(1905년)가, 유럽에선 그리스 아테네에서 48℃(1977년), 아시아에선 이스라엘 티라트 츠비에서 54℃(1942년)가 관측됐다. 아프리카는 튀니지 케빌리에서 1931년에 55℃가 기록됐다.

[1] 위 기사 내용에 대한 설명으로 옳은 것은?

① 영하 30℃ 되면 일반 섬유 물질은 얼어붙어서 부스러진다.
② 가장 추운 곳으로 인정된 곳은 남극 대륙에 있는 러시아 보스토크 기지 인근이다.
③ 지역별로 보면 유럽이 북미보다 온도가 낮다.
④ 가장 더운 곳은 아프리카의 튀니지 케빌리이다.
⑤ 최저 온도와 최고 온도 차이는 134.3℃이다.

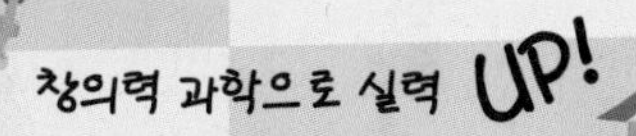

정답 및 해설 48쪽

[2] 다음 그림은 운동장에서 볼 수 있는 작은 집 모양의 백엽상과 이에 대한 설명이다. 빈칸 안에 알맞은 말을 쓰시오.

백엽상은 사방의 벽을 창살로 만들어 직사광선을 받지 않고 눈이나 비도 들어가지 않으며 바람도 잘 통하게 한다. 이것은 일부러 일정한 조건을 만들어 (　　　　)을 측정하기 위한 것이다.

[3] 지역마다 온도가 다르게 나타나는 이유는 무엇일까? 남극과 북극은 평균적으로 춥고 아프리카와 적도 지역은 따뜻한 이유를 서술하시오.

핵심 이론

기온 : 공기 온도를 기온이라고 하며 기온은 여러 조건에 따라 달라질 수 있기 때문에 장소와 함께 나타낸다. 일반적으로 기온은 땅에서 1.2~1.5m 높이에서의 온도를 나타낸다. 기온은 고도가 높아질수록 낮아지며 날씨에 따라서도 계속 변한다.

지구과학

15 풍선 타고 성층권으로… 우주여행 상품 잇달아

미지의 세계를 향한 인간의 호기심과 별난 재미를 자극하는 상품 가운데 대표적인 것이 우주여행이다. 우주에 관한 호기심도 있고 무중력 상태를 짜릿하게 경험하고 싶지만, 지구 밖 궤도로 나가거나 오랜 시간 무중력상태로 있는 것을 원하지 않는 소비자들을 위한 새로운 상품이 나왔다.

헬륨 가스를 채운 거대한 풍선을 타고 대류권 위인 성층권(지구 상공 약 10~50km)까지 올라가 '우주와 비슷한' 체험을 할 수 있는 상품으로, 지구 밖으로 나가지는 않되, 지구 상공에서 할 수 있는 '극한의 체험'을 할 수 있다.

대기권 안에서 진행되는 여행이라 다른 우주여행 상품과 같은 강도의 무중력 상태를 경험하지 않기 때문에 '우주비행사 훈련'도 건너뛸 수 있으며 비용이 저렴하다는 장점이 있다. 그러나 최종적으로 상품화되려면 안전성 문제 등이 완전히 해결돼야 한다.

승객들은 풍선에 매달린 비행선 안에서 거대한 창문을 통해 파노라마처럼 펼쳐지는 지구 외연의 풍경을 만끽할 수 있으며, 비행선 안을 돌아다니며 지구의 곡선과 푸른 대기권을 감상할 수 있다.

정답 및 해설 49쪽

[1] 성층권으로 가는 우주여행에 대한 설명으로 옳은 것은?

① 다른 우주여행 상품처럼 완벽한 무중력 상태를 경험할 수 있다.
② 여행하려면 우주비행사 훈련을 받아야 한다.
③ 성층권은 공기가 없는 진공 상태이다.
④ 오랜 시간 무중력 상태로 있는 것을 원하지 않는 사람들을 위한 상품이다.
⑤ 안전성이 완전히 해결된 우주여행 상품이다.

[2] 거대한 풍선을 타고 올라가 우주와 비슷한 체험을 할 수 있는 대기권으로, 구름 위에 있는 층이며 비행기의 항로로 이용되는 것은?

[3] 여러분이 우주여행 상품을 만든다면 만들고 싶은 상품의 이름과 체험할 수 있는 프로그램을 상상하여 서술하시오.

핵심 이론

대기권 : 지구를 둘러싸고 있는 공기의 층이며 그 두께는 약 1,000km 정도이다. 대기권은 높이에 따른 기온이 달라지는 정도에 따라 대류권, 성층권, 중간권, 열권으로 나뉜다. 성층권은 오존층이 태양의 자외선을 흡수하기 때문에 위로 올라갈수록 기온이 높아진다. 성층권은 기상 현상이 없고 대기가 안정되어 비행기가 다니는 길로 이용된다.

가장 이상적인 '슈퍼지구' 2개 발견

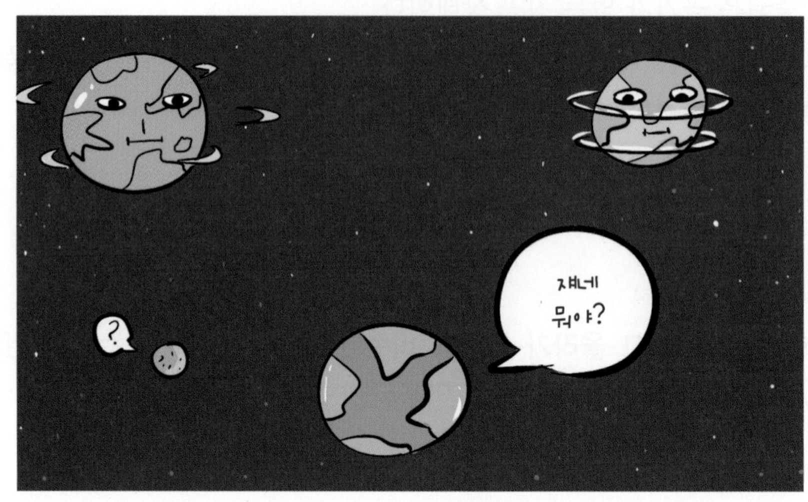

슈퍼지구 상상도

미국 항공우주국(NASA) 과학자들이 케플러 우주 망원경을 이용하여 지금까지 발견된 어떤 외부 행성보다도 생명체 서식에 적합한 '슈퍼지구' 2개를 발견했다.

케플러 망원경 자료 분석팀은 지구에서 약 1천200광년 떨어진 거문고자리의 별 케플러-62에 속한 행성들 가운데 케플러-62e와 케플러-62f가 액체 상태의 물이 존재할 수 있는, 이른바 '골디락스 영역(HZ : 차갑지도 뜨겁지도 않은 적당한 지역)' 에 있음을 확인했다.

케플러-62는 크기가 우리 태양의 3분의 2쯤 되는 별로 5개의 행성을 거느리고 있는데, 이 가운데 62e와 62f가 HZ에 속한 것으로 밝혀졌다. 만약 이들 행성에 지구와 같은 대기가 있다면 62e의 표면 온도는 30℃, 62f의 온도는 영하 28℃ 정도일 것이다.

행성에 생명체가 살 수 있는지를 판단하는 기본 조건은 중심별의 성질과 행성-중심별 간 거리인데, 케플러 망원경의 자료에 따르면 케플러-62e는 122.4일 주기로 공전하고 62f는 267.3일 주기로 공전한다.

연구진은 이들 행성이 암석으로 이루어졌을 가능성이 크며 물이 존재할 가능성도 있지만 단정할 수는 없다고 말했다.

정답 및 해설 49쪽

[1] 이 기사 내용에 대한 설명으로 옳지 않은 것은?

① 차갑지도 뜨겁지도 않은 적당한 지역을 골디락스 영역이라고 한다.
② 생명체가 살 수 있는지 판단하는 조건은 중심별의 성질과 행성-중심별 간 거리이다.
③ 슈퍼지구는 오래전에 쏘아 올린 탐사선이 직접 찾아낸 것이다.
④ 케플러-62는 태양의 2/3 정도 크기이며 5개의 행성을 가지고 있다.
⑤ 슈퍼지구는 지구와 같은 환경을 지닌 행성을 말한다.

[2] 다음 빈칸에 공통으로 들어갈 알맞은 말을 쓰시오.

(　　　　)는 지구와 비슷한 환경을 지녔을 것으로 생각되는 행성을 말한다. 나사에서는 지금도 케플러 망원경을 통해, 태양과 지구의 거리를 기준으로 별과 행성의 거리를 따져 (　　　　)를 찾아내고 있다.

[3] 외계 생명체의 존재 가능성을 알기 위해 지구의 남극 빙하의 깊은 곳이나 바다 깊은 곳의 화산에 의해 뜨거운 증기가 나오는 곳 등을 탐구한다. 이렇게 현재 생물이 살지 않을 것 같은 곳의 환경을 탐사하고 그곳에 사는 생물을 조사하는 것이 외계 생명체의 존재 가능성과 어떻게 관련이 있는지 서술하시오.

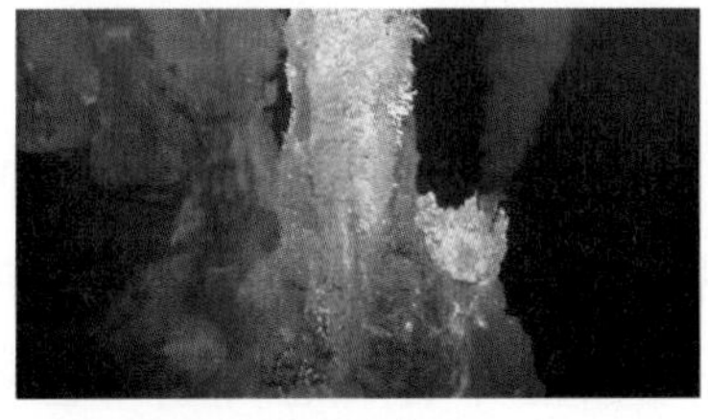

열수 분출공

핵심 이론

슈퍼지구 : 지구처럼 암석으로 이루어져 있고 지구보다 질량이 2~10배 큰 천체로 생명체가 살고 있을 가능성이 있는 행성을 말한다. 슈퍼지구는 지구보다 크기 때문에 중력이 강해 대기가 안정되어 있으며, 지구 내부 운동이 활발해 화산 폭발 등이 활발히 일어나므로 생명체가 탄생하기 좋은 조건을 가지고 있다.

지구과학

17 수억 년 전의 세계로 들어가는 석회 동굴 탐험

수억 년 전 시간을 거슬러 올라가 짜릿한 스릴을 즐길 수 있는 피서가 바로 동굴 탐험이다. 수억 년 동안 만들어진 석회암 동굴은 어떻게 생긴 것일까? 석회암을 형성시키는 것은 물이다. 물이 흘러내리면서 석회암을 녹여 여러 가지 모양을 만들어 낸다. 하지만 물 하나만으로는 석회암 동굴이 생겨날 수 없다.

물이 지표를 뚫고, 석회암으로 침투하는 과정에서 썩어가는 동식물로부터 발생한 이산화 탄소와 결합하여 탄산수를 만든다. 이 탄산수의 성분인 물과 이산화 탄소가 석회암을 녹여 거대한 동굴이 생겨나는데 이를 '용식'이라고 한다. 물은 바닥의 틈새를 따라 계속 흘러가고, 용식 작용에 의해 동굴이 열리게 된다.

석회동굴의 천장에는 물방울이 고여 길게 자라는 막대기처럼 생긴 종유관이 생성된다. 동굴 천장에 그 물방울이 계속 커지면 종유석으로 자란다. 종유석에서 떨어진 물방울에서 이산화 탄소가 빠져나가면 탄산염 광물이 자라게 되는데 이것이 바로 석순이다. 석순이 자라면 결국 종유석과 만나서 접합되어 석주가 된다. 이런 과정을 통해 석회동굴은 수억 년 동안 서서히 수많은 길과 계곡, 폭포, 절벽, 호수, 심지어 수중 동굴까지도 만들어 낸다.

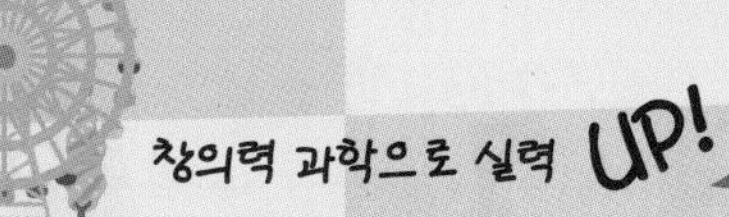

정답 및 해설 50쪽

[1] 위 기사 내용에 대한 설명으로 옳은 것은?

① 석회암 동굴은 물에 의해서만 만들어졌다.
② 석회동굴의 천장에는 물방울이 고여 길게 자라는 막대기처럼 생긴 석주가 생성된다.
③ 탄산수의 성분은 물과 산소로 이루어져 있다.
④ 석순이 자라면 결국 석주와 만나게 되면서 종유석이 만들어진다.
⑤ 석회동굴은 수억 년 동안 서서히 만들어진다.

[2] 석회동굴은 석회암을 녹이는 탄산수에 의해 만들어진다. 탄산수를 이루는 성분 두 가지를 쓰시오.

[3] 석회 동굴을 찾는 많은 관광객들이 동굴의 석주나 석순을 손으로 만져 색이 검게 변하고 있고, 쓰레기를 버려 동굴에 사는 생물에게 영향을 주고 있다. 또한, 동굴 내에 설치된 조명 빛으로 인해 미생물이나 식물이 자라고 있고, 사진기 플래시 때문에 동굴이 망가지고 있다. 이렇게 동굴을 소중하게 다루지 않고 있기 때문에 석회동굴이 처음 발견되었을 때와는 다르게 많이 훼손되고 있다. 여러분이 석회 동굴이 더 훼손되지 않게 간단한 푯말과 그림을 만드시오.

핵심 이론

석회동굴 : 석회암은 이산화 탄소를 포함하고 있는 지하수를 만나면 점점 녹게 된다. 이렇게 오랜 시간 석회암이 지하수에 녹게 되면 틈이 점점 넓어져 석회 동굴이 만들어진다. 석회 동굴 내부에는 녹았던 석회암 성분이 다시 쌓여, 천장에는 고드름 모양으로 매달린 종유석, 바닥에는 죽순처럼 쌓여 자라나는 석순, 종유석과 석순이 붙어 기둥 모양의 석주가 만들어지기도 한다.

지구과학

18 "그랜드 캐니언, 공룡 시대에 형성돼"

미국 남서부의 대협곡 '그랜드 캐니언'이 형성된 시기는 지금까지 알려진 것보다 6천만 년 이상 이른 약 7천만 년 전으로 보인다는 최신 연구가 발표됐다. 이는 육지 공룡이 멸종하기 5백만 년 전으로, 공룡들이 이 지역에서 돌아다니며 절벽 위에서 강을 내려다보기도 했을 가능성이 있다.

콜로라도 강의 침식작용으로 형성된 길이 446km, 깊이 1천600m의 수직 절벽과 광대한 주변 평원으로 유명한 그랜드 캐니언의 노출된 암석은 20억 년 전의 것이지만, 협곡 자체가 형성된 시기는 이보다 훨씬 오래전인 것으로 알려져 있다.

연구진은 협곡 밑바닥의 암석 표본을 가루로 만들어 인회석이라 불리는 희귀 금속 성분을 분석했는데 이 금속에 남아 있는 방사성 원소로 협곡이 침식되기 시작한 시간대를 계산할 수 있었다. 분석 결과 7천만 년 전으로 나왔고, 지금은 서쪽으로 흐르는 콜로라도 강이 당시엔 반대 방향으로 흐르면서 이런 지형을 형성한 것으로 나타났다.

7천만 년 전 이 지역의 기후는 열대에 가까워 그 시절 그랜드 캐니언이 존재했다면 그 모습은 지금과는 크게 다른 우거진 숲이었을 것으로 추정된다.

정답 및 해설 50쪽

[1] 그랜드 캐니언에 대한 설명으로 옳지 않은 것은?

① 그랜드 캐니언은 미국 남서부에 위치한 대협곡이다.
② 연구진은 협곡의 지질 표본 분석을 통해 형성된 시기가 7천만 년 전임을 주장했다.
③ 정장석에서 산소를 방출하는 방사능 원소의 흔적으로 생성 시기를 알아내었다.
④ 연구진은 공룡이 그랜드 캐니언을 보았을 것이라고 주장하고 있다.
⑤ 7천만 년 전 그랜드 캐니언은 우거진 숲이었을 것이라고 추정된다.

[2] 다음 빈칸에 알맞은 말을 쓰시오.

그랜드 캐니언과 같이 절벽이 만들어진 것은 흐르는 강물에 의한 것이다. 이것을 물에 의한 (　　　)작용이라고 한다.

[3] 오른쪽 그림은 유럽 지역에서 볼 수 있는 U자곡이다. 과거 이 지역은 모두 얼음으로 덮여 있던 지역으로 기온이 올라가면서 현재는 빙하가 없어지고 바닷물이 차 있다. 이와 같은 지형이 어떻게 만들어졌을지 상상해서 서술하시오.

U자곡

핵심 이론

방사성 원소 : 방사성 원소는 일정한 시간이 지나면 붕괴해 다른 원소로 바뀌는 성질을 가지고 있다. 방사성 원소의 절반이 다른 원소로 바뀌는 데 걸리는 시간을 반감기라고 하며 방사성 원소의 종류에 따라 일정하다. 우라늄 238은 절반이 플루토늄으로 바뀌는데 44억 년이 걸리기 때문에 암석에 들어 있는 우라늄 238이 플루토늄으로 바뀐 양을 알아내면 나이를 알아낼 수 있다.

안심Touch

지구 자전의 비밀 300년 만에 풀리다.

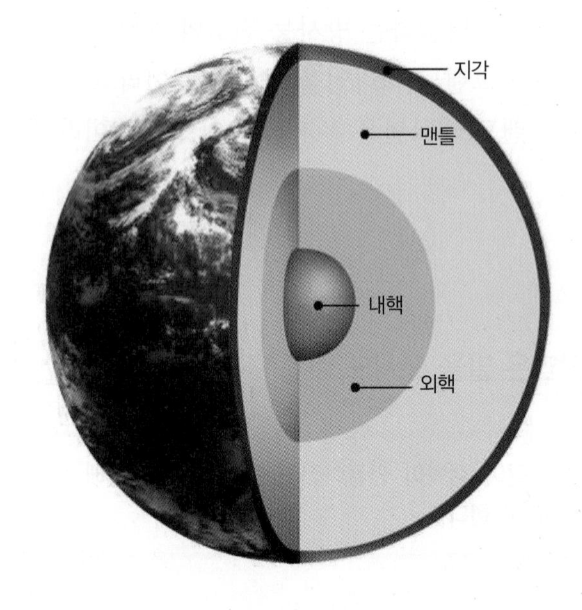

영국 리즈대 필립 리버모어 박사가 지구가 서쪽에서 동쪽으로 도는 이유를 밝혔다.

지구 내부 구조는 지진파의 속도 변화에 따라 지각, 맨틀, 외핵, 내핵으로 구분된다. 이중 지구 자전과 관련 있는 부분은 외핵과 내핵이다. 지진파 자료와 함께 온도와 압력 조건을 고려하면 외핵은 유체, 내핵은 고체 상태로 추정된다.

리버모어 연구팀은 슈퍼컴퓨터 '몬테로사'를 사용해 지구 핵의 움직임을 계산했다. 내핵의 움직임을 조절하는 자기장의 세기, 회전 속도와 외핵의 흐름 속도, 맨틀과의 관계 등을 이용해 지구 자전 방향을 설명했다.

내핵은 동쪽에서 서쪽으로 움직이고, 이에 대한 반작용으로 외핵이 서쪽에서 동쪽으로 움직인다. 이런 원리로 지구가 서쪽에서 동쪽으로 움직이는 것으로 나타났다. 노를 저을 때 배를 앞으로 나아가게 하기 위해서는 물을 뒤로 밀어야 하는 것과 같은 원리다. 리버모어 박사는 "외핵이 고정된 고체가 아닌 유체이기 때문에 자기장이 지구 내핵을 움직이는 만큼 외핵이 밀려나는 것"이라고 설명했다.

정답 및 해설 51쪽

[1] 위 기사 내용에 대한 설명으로 옳은 것은?

① 지구의 자전 방향과 지구 내핵의 자전 방향은 같다.
② 지구 내부 구조는 지각, 맨틀, 외핵, 내핵으로 구분된다.
③ 외핵은 딱딱한 고체로 되어 있다.
④ 지구 자전과 관련 있는 부분은 지각과 맨틀이다.
⑤ 지구 자전으로 계절의 변화가 나타난다.

[2] 다음 빈칸에 알맞은 말을 쓰시오.

> 하루 동안 태양과 달, 별이 동쪽에서 떠서 서쪽으로 지는 것처럼 보이는 것과 낮과 밤이 반복되는 것은 지구가 (　　　　　)하기 때문이다.

[3] 배를 앞으로 밀기 위해 노를 저을 때는 물을 뒤로 밀어야 한다. 지구가 도는 원리는 노를 젓는 원리와 같다. 우리 주변에서 이와 같은 원리를 찾아 쓰시오.

핵심 이론

지구 내부 구조 : 지구의 내부 구조는 깊이에 따른 지진파의 속도 변화에 따라 지각, 맨틀, 외핵, 내핵의 4개 층으로 분류한다. 지각은 두께가 5~35km 정도이고, 맨틀은 지구 내부 부피의 80% 이상을 차지한다. 외핵은 액체 상태, 내핵은 고체 상태이며, 철과 니켈로 구성되어 있다.

지구과학

20 '쓰나미 쓰레기' 해류 타고 2년 만에 미국 서부해안 근접

2011년 3월 11일, 일본 북동부에서 발생한 규모 9.0의 대지진은 또 하나의 쓰레기더미를 바다로 끌고 왔다. 최고높이 38m에 달하는 쓰나미가 일본 동부 해안가 마을을 덮치면서 수많은 물건과 목재, 건축 잔해, 각종 쓰레기를 바다로 쓸어간 것이다.

쓰나미 쓰레기더미의 경로 예측에는 '오스커스(OSCURS)'라는 시뮬레이션 프로그램을 사용했다. 오스커스에는 지난 100년 동안의 바닷물 움직임과 기상정보가 입력돼 있어 쓰레기가 버려진 위치만 입력하면 몇 년 후 어느 곳에 있을지를 향후 경로로 예측할 수 있다.

프로그램을 통해 예측한 쓰나미 쓰레기의 이동 경로는 대지진이 발생하고 2년이 지난 2013년에 태평양 횡단을 마치고 미국 서부 해안으로 향했다. 바닷물은 염분과 온도의 차이, 그리고 바람에 따라 움직이는데 이를 해류라고 한다. 해류가 흐르면서 이때 쓰레기도 함께 이동한다.

미국 하와이 북동쪽 태평양 바다는 바람이 거의 생기지 않아 무풍지대로 불린다. 이 지역은 해류의 흐름이 사라지거나 매우 느려져 바다로 떠밀려온 쓰레기들이 쌓이는 곳이다. 따라서 캘리포니아 해류를 따라 이동하던 쓰나미 쓰레기 중 일부는 북태평양 해류 소용돌이에 갇혀 정체하고, 일부는 다시 북적도 해류를 따라 이동했다. 결국, 북태평양 전역이 쓰나미 쓰레기의 피해를 입게 된 것이다.

정답 및 해설 51쪽

[1] 위 기사 내용에 대한 설명으로 옳지 않은 것은?

① 쓰나미 쓰레기더미의 경로를 예측하는 프로그램은 오스커스이다.
② 쓰레기더미는 미국 서부 해안에 계속 남아 있을 것이다.
③ 미국 하와이 북동쪽 태평양 바다는 바람이 거의 생기지 않는다.
④ 적도에서 데워진 공기는 위로 올라간다.
⑤ 북태평양 전역이 쓰나미 쓰레기의 피해를 입을 것이다.

[2] 쓰레기더미를 일본에서 미국 서부 연안까지 이동시킨 바닷물의 흐름을 무엇이라고 하는가?

[3] 쓰레기더미는 1년이 지나면 잘게 부서져 위치를 파악하기 어렵다. 이렇게 잘게 부서진 쓰레기들은 바다 생태계와 우리를 위협한다. 쓰레기들이 바다 생태계와 우리에게 미치는 영향을 생각하여 서술하시오.

핵심 이론

해류 : 일정한 방향으로 바닷물이 흐르는 것으로 지속해서 부는 바람에 의해 나타나는 현상이다. 해류의 방향은 바람의 방향과 비슷하게 나타나고, 온도와 밀도 차이와 염분농도의 차이에 의해서 나타난다.

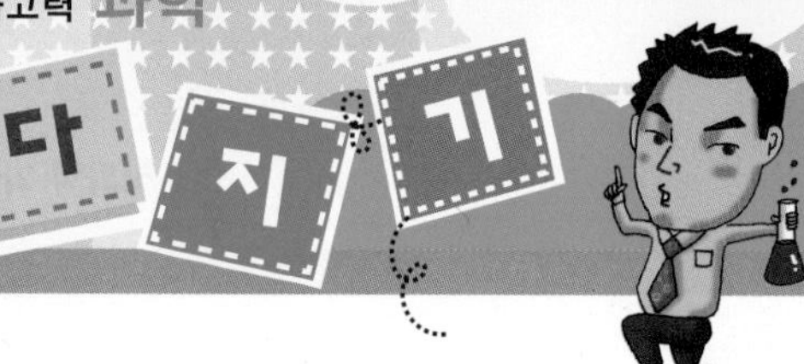

01 봄철 식중독, 식품 보관 주의

식약처가 최근 5년간 국내 식중독 환자 발생 현황을 분석한 결과에 따르면, 4~6월에 식중독 환자가 집중적으로 발생했다. 봄철에 식중독이 주로 발생하는 이유는 낮에는 따뜻하지만, 아침 · 저녁은 쌀쌀하므로 음식물 보관에 주의를 기울이지 않기 때문이다.

식중독을 예방하려면 도시락 준비부터 보관, 운반, 섭취까지 주의를 기울여야 한다. 도시락을 준비할 때는 조리 전후에 반드시 손을 씻고, 과일과 채소류는 흐르는 물로 깨끗하게 씻어야 한다. 또한, 음식을 조리할 때는 중심부까지 완전히 익히고, 1회 식사량만큼만 준비해 밥과 반찬을 충분히 식힌 후 별도 용기에 따로 담는 게 좋다.

도시락을 보관할 때는 아이스박스 등을 이용해 가능한 10℃ 이하에서 보관하고 자동차 트렁크 등 실온에 2시간 이상 방치하지 않아야 한다. 준비한 도시락은 가급적 빨리 먹고 안전성이 확인되지 않는 약수나 샘물 등은 함부로 마시지 않는 게 좋다.

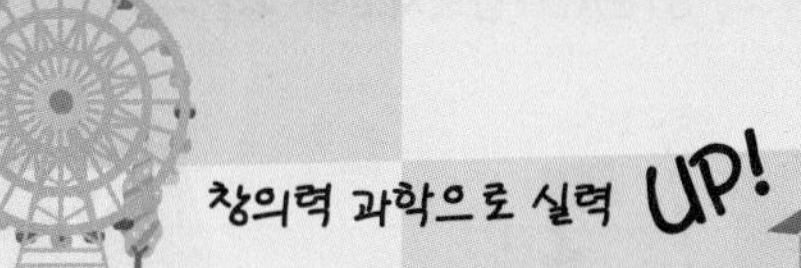

정답 및 해설 52쪽

[1] 다음 중 식중독을 예방하기 위한 방법이 아닌 것은?

① 과일과 채소는 흐르는 물로 깨끗하게 씻는다.
② 음식을 실온에 2시간 이상 방치하지 않는다.
③ 조리한 음식은 충분히 식힌 후 용기에 담는다.
④ 도시락을 준비할 때 손을 깨끗이 씻는다.
⑤ 아이스박스에 보관한 음식은 2~3일 지난 후에 먹어도 괜찮다.

[2] 봄철 식중독이 주로 발생하는 원인을 찾아 쓰시오.

[3] 봄철 날씨는 다른 계절과 어떻게 다른지 세 가지 이상 쓰시오.

핵심 이론

봄 : 겨울과 여름 사이의 계절로 1년을 사계절로 나눌 때 첫 번째 계절이다.

융합

02 겨울 캠핑 안전하고 즐겁게

요즘 눈 덮인 야외에서 밤을 지새우며 캠핑을 하는 사람들이 많다. 온 가족이 힘을 모아 멋진 휴식공간을 완성하고, 텐트 안에 옹기종기 모여 함께 먹는 밥은 어디서도 맛보기 힘든 꿀맛이다. 따뜻한 모닥불 주위에 둘러앉아 차 한 잔을 마시며 도시에선 맛볼 수 없는 겨울밤의 정취도 한껏 느낄 수 있다. 그러나 날씨가 추운 만큼 방한과 화재 대비 등 철저한 준비가 필요하다.

겨울철 캠핑 주의 사항

1. 강한 바람에 텐트가 뽑힐 수 있으므로 큰 나무 등 바람막이가 있는 곳에 자리를 잡아야 한다.
2. 언 땅에서 올라오는 냉기와 습기를 막기 위해 방수포나 시트를 깔고, 텐트 안에 얇은 담요나 이불을 깔아 온도를 유지해야 한다.
3. 갑작스러운 추위에 대비하기 위해서 보온 효과가 좋은 옷을 여러 벌 챙기고, 핫 팩 등으로 체온을 유지시켜야 한다.
4. 텐트 안에서 난방 기구를 사용할 경우 환기구를 사용하고 자기 전에는 끄는 것이 좋다.

정답 및 해설 52쪽

[1] 다음 중 겨울철 캠핑장에서 지켜야 할 안전 수칙으로 알맞지 않은 것은?

① 보온이 잘 되는 옷을 여러 벌 챙긴다.
② 큰 나무 등 바람막이가 있는 곳에 텐트를 친다.
③ 체온을 공유할 수 있도록 2인용 침낭을 사용하는 것이 좋다.
④ 텐트 바닥에 방수포를 깔고, 얇은 담요나 이불을 겹겹이 깐다.
⑤ 실내 온도가 낮아지지 않도록 텐트 안에서 난방 기구를 켜고 잔다.

[2] 텐트 안에서 난방 기구를 사용할 경우 환기구가 있어야 하는 이유가 무엇인지 쓰시오.

[3] 가족과 함께 겨울철 캠핑을 갈 때 꼭 필요한 준비물 다섯 가지를 생각한 후 각 준비물의 우선순위를 정하고, 그렇게 생각한 이유를 함께 쓰시오.

구 분	준비물	필요한 까닭
1		
2		
3		
4		
5		

핵심 이론

캠핑 : 텐트 또는 임시로 지은 천막 등에서 일시적인 야외 생활을 하는 여가 활동

융합 실력 다지기

03 마찰력을 줄여라! 바퀴 발명

바퀴는 여러 곳에서 사용되고 있다. 자동차, 자전거, 의자, 그리고 집에 있는 피아노 다리에도 바퀴가 있다. 바퀴가 없었다면 어땠을까?

바퀴가 등장하기 전에 짐을 운반하기 위한 도구로 나무 썰매가 쓰였다. 그러나 나무 썰매는 널빤지와 땅이 닿는 면적이 커서 비라도 내리는 날에는 이동시키기 힘들었다.

인간은 지혜를 이용하여 나무 썰매 밑에 굴림대를 받쳐 나무 썰매를 굴리기 시작했다. 이집트 문명의 상징이라 할 수 있는 피라미드는 굴림대를 이용해 무거운 대리석들을 옮겨서 만든 것이다.

굴림대를 이용하던 사람들은 여러 개의 굴림대보다 둥그렇고 커다란 바퀴 하나가 더 효율적이라는 생각을 하게 됐다. 바퀴는 땅과 닿는 면적을 최소화시켜 마찰력을 최대한 줄일 수 있었기 때문에 나무 썰매나 굴림대보다 물건을 나르기 훨씬 쉽다.

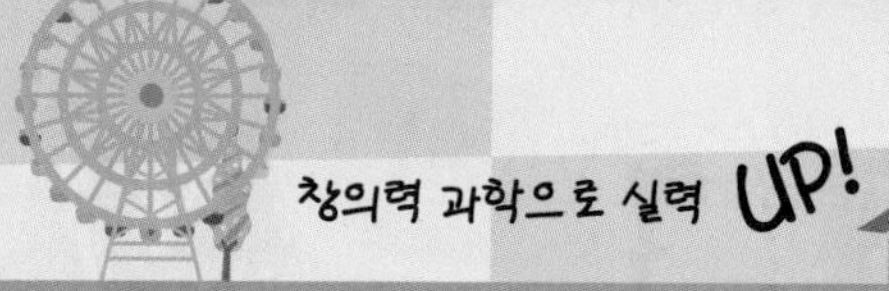

정답 및 해설 53쪽

[1] 다음 중 바퀴가 이용되는 경우가 아닌 것은?

① 자동차
② 자전거
③ 휠체어
④ 노트북
⑤ 손수레

[2] 면과 면이 접촉하는 곳에서 물체의 운동을 방해하는 힘을 무엇이라고 하는가?

[3] 무거운 물건을 실은 수레가 잘 움직이는 이유를 바퀴와 연관 지어 설명하시오.

핵심 이론

바퀴 : 회전을 목적으로 축에 장치한 둥근 테 모양의 물체

04 제7의 대륙? 북태평양 쓰레기 섬

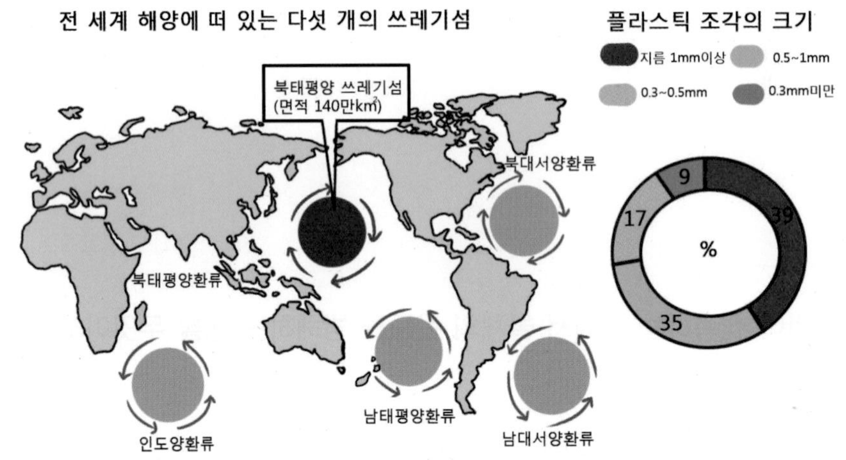

1997년 캘리포니아 출신의 '찰스 무어' 선장은 실수로 항로를 잘못 들어 무풍대에 진입하게 되었다. 이에 항로를 변경하려던 중 지도에 나와 있지 않은 섬을 발견하게 되고, 호기심이 발동하여 가까이 접근하게 되었다. 하지만 '찰스 무어' 선장이 발견한 것은 새로운 미개척지의 섬이 아닌, 어마어마한 양의 쓰레기 더미였다. 이곳은 현재 GPGP(Great Pacific Garbage Patch), 즉 "북태평양의 거대한 쓰레기 구역"이라고 불린다.

쓰레기 섬이 발견된 곳은 1년 내내 적도의 더운 공기가 서서히 소용돌이치며 바람을 빨아들이기만 하고 내보내지 않아 배들이 다니지 않는 곳이다. 환태평양 지대를 흐르는 바닷물의 절반은 해류를 따라 이곳으로 오게 되고, 속력이 느려진다. 이때 바닷물 위에 떠 있는 쓰레기(90% 이상은 플라스틱)들도 한곳으로 모이게 된다. 바다표범이나 고래 등 바다 생물들이 쓰레기 섬의 잔해를 먹이로 착각하여 잔해를 먹고 죽는 일이 종종 발생하고 있다.

정답 및 해설 54쪽

[1] 다음 중 북태평양 쓰레기 섬에 대한 설명으로 <u>틀린</u> 것은?

① 1997년 우연히 발견되었다.
② 쓰레기 섬에서는 사람이 살지 않는다.
③ 쓰레기 섬의 대부분은 플라스틱 쓰레기이다.
④ 쓰레기 섬이 발견된 곳의 바닷물의 흐름은 매우 빠르다.
⑤ 근처의 바다 생물이 쓰레기 섬의 잔해를 먹고 죽는 경우도 있다.

[2] 북태평양에 쓰레기 섬이 생긴 이유가 무엇인지 쓰시오.

[3] 쓰레기 섬의 대부분을 차지하는 플라스틱은 가볍고 모양을 변형하기 쉬워 우리 생활의 여러 곳에 사용된다. 그러나 플라스틱은 좋은 점뿐만 아니라 여러 가지 문제점이 있다고 하는데, 플라스틱을 계속 사용하였을 때 발생하는 문제점을 서술하시오.

핵심 이론

해류 : 일정한 방향과 속도로 움직이는 바닷물의 흐름

융합

05 몸에 해로운 줄 모르고 사용한 납

납은 사람들이 가장 먼저 사용한 금속 중 하나이다. 납은 무르고 가공하기가 쉬워서 그릇, 물감, 화장품 재료 등으로 다양하게 사용되었고 철과는 달리 물에 닿아도 녹슬지 않아 로마 시대에 정교한 수도관을 만드는 데 많이 사용되었다.

이렇게 쓸모 있는 금속으로 알려졌던 납은 고대인들을 죽음에 이르게 한 원인이었다. 고대 로마인의 시신을 조사해보면 납이 많이 검출된다. 로마 시대에 납으로 연결된 수도관을 통해 납이 아주 조금씩 몸 안에 쌓이게 된 것이다. 또한, 납 가루는 부드럽고 입자가 고와서 표면에 잘 달라붙으므로 피부색을 뽀얗게 만들어주는 분가루에 많이 사용되었고 페인트에도 사용되었다. 심지어 로마인들은 포도주가 시큼해졌을 때에 납을 넣고 끓여 신맛을 없애기도 했다고 한다.
납은 중금속이기 때문에 실제로 흡수되는 양은 소량이지만 몸 밖으로 배출되지 않아 시간이 흐르면서 몸속에서 점점 쌓여 신경과 근육을 마비시키며 서서히 죽게 만든다.

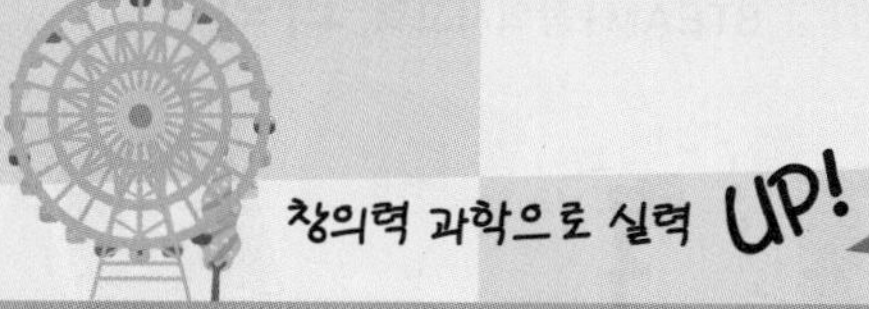

정답 및 해설 54쪽

[1] 다음 중 납에 대한 설명으로 알맞지 않은 것은?

① 물러서 가공하기 쉽다.
② 물에 닿아도 녹슬지 않는다.
③ 그릇, 물감, 화장품의 재료로 사용되었다.
④ 몸속에 쌓이면 몸 밖으로 잘 빠져나가지 않는다.
⑤ 몸속에 쌓이지만, 사람의 몸에 나쁜 영향을 미치지 않는다.

[2] 납이 한 번에 흡수되는 양은 소량인데, 납이 어떻게 몸에 좋지 않은 영향을 주는지 그 이유를 쓰시오.

[3] 납이 주로 화장품이나 페인트, 물감의 재료로 사용된 이유는 무엇인지 납의 성질과 연관 지어 서술하시오.

핵심 이론

중금속 : 납, 수은, 카드뮴, 주석, 아연, 니켈 등 무거운 금속 원소

융합 실력 다지기

06 강아지가 응가 할 땐 북쪽을 본다고?

최근 독일 뒤스부르크 연구진은 2년간 37종의 개 70마리가 대변을 보는 모습을 분석하여, 개는 평균적으로 머리를 북쪽으로 꼬리를 남쪽으로 향한 채로 대변을 본다는 것을 알아냈다. 연구진은 "개에게 지구의 자기장(자석의 힘이 미치는 공간)을 감지하는 능력이 있다는 것을 보여주는 연구 결과"라고 밝혔다. 개가 이렇게 행동하는 이유는 아직 밝혀지지 않았다.

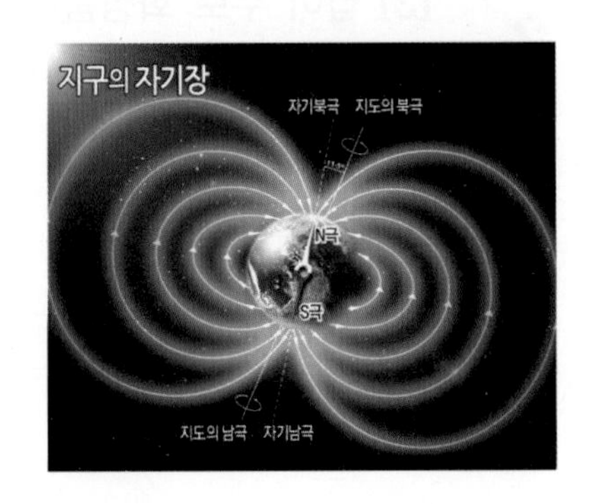

지구는 커다란 자석과 같다. 자석 주위에는 자석의 힘이 미치는 공간인 자기장이 생겨나며 지구에도 자기장이 있다. 지구의 자기장은 나침반으로 확인할 수 있다. 자석의 성질을 가진 나침반의 바늘은 지구의 자기장을 감지해 항상 일정한 방향을 가리킨다. 지구는 자석처럼 N극과 S극이 있으며, 지구의 자기 북극은 S극, 지구의 자기 남극은 N극을 나타낸다. 이 때문에 나침반 바늘의 N극은 항상 북쪽을 가리킨다. 자기 북극과 자기 남극은 지도에 있는 북극과 남극과는 다르며, 지구의 자기장은 매일 조금씩 변한다.

정답 및 해설 55쪽

[1] 지구를 커다란 자석이라고 할 때 자기 북극과 자기 남극은 N극과 S극 중 어떤 극인지 바르게 연결하시오.

자기 북극 •	• N극
자기 남극 •	• S극

[2] 자석 주위에서 자석의 힘이 미치는 공간을 무엇이라고 하는가?

[3] 지구에 자석의 힘이 미치는 공간인 자기장이 있는 것을 확인할 수 있는 도구와 그 방법을 글이나 그림으로 나타내시오.

핵심 이론

지구 자기 : 지구가 가진 자석의 성질로 지자기라고도 한다.

07 늦가을 산행, 도토리는 남겨두세요.

가을은 나들이하기 좋은 계절이다. 가을 산에 올라가면 울긋불긋하게 변한 단풍과 산길에 떨어진 낙엽을 밟는 산행의 즐거움을 느낄 수 있다. 또한, 산길에 떨어진 도토리를 찾아보는 것도 재미있다. 그런데 어떤 사람들은 등산을 기념하거나 도토리묵과 같은 음식을 만들기 위해 도토리를 무분별하게 주워 가기도 한다. 별생각 없이 주워가는 경우도 있을 것이다.

참나무 열매인 도토리. 우리는 도토리를 가루로 만들어 묵을 만들어 먹거나 작은 장난감이나 장식품을 만드는 데 사용한다. 그런데 이런 도토리는 다람쥐, 토끼, 노루, 멧돼지와 같은 야생동물의 겨울 양식이다. 도토리묵 한 접시에는 다람쥐의 한 달 치 식량이 사용된다.

최근 보고에 의하면, 산에 가는 사람들이 무분별하게 도토리를 채취하는 것 때문에 다람쥐의 수가 매년 줄어들고 있다고 한다. 매년 다람쥐의 수가 감소한다는 것은 생태계의 평형이 깨지는 것을 의미한다. 가을철 산에 가거든 야생동물에게 도토리를 양보해야 한다.

정답 및 해설 55쪽

[1] 다음 중 사람들이 도토리를 주워가는 이유가 <u>아닌</u> 것은?

① 별다른 생각이 없이
② 등산을 기념하기 위해서
③ 야생동물을 보호하기 위해서
④ 도토리묵을 만들어 먹기 위해서
⑤ 도토리로 장난감을 만들기 위해서

[2] 동물과 식물 등 여러 생물이 서로 영향을 주고받으며 살아가는 세계를 뜻하는 말을 무엇이라고 하는지 왼쪽 글에서 찾아 쓰시오.

[3] 사람들이 무분별하게 도토리를 주워가서 다람쥐의 수가 줄어드는 것과 같은 현상은 생태계의 평형이 깨지는 예라고 할 수 있다. 이처럼 생태계의 평형이 깨지면 어떤 문제점이 생길지 서술하시오.

핵심 이론

생태계 평형 : 생태계를 이루는 생물의 종류와 수가 안정된 상태를 유지하는 것

융합 실력 다지기

08 겨울 한파, 이렇게 이겨내자!

질병관리본부에 따르면 추운 겨울 실내에 머물 땐 틈틈이 가벼운 운동을 하는 게 좋다. 또 적절한 수분 섭취와 다양한 영양소가 골고루 포함된 식사를 해야 한다. 특히 체온 유지를 위해서는 따뜻한 물이나 단맛이 나는 음료를 마시는 게 도움이 된다.

갑작스럽게 날씨가 추워졌을 경우, 실내를 적정 온도인 18~20℃로 유지하는 데 신경 써야 한다. 창문이나 방문의 틈새를 막으면 실내 온기가 바깥으로 새어나가는 것을 막을 수 있다. 알맞은 습도를 유지하기 위해서는 대야에 물을 담아두거나 젖은 수건을 활용하는 게 효과적이다.

단, 적절한 환기는 필수이다. 하루에 2~3시간 간격으로 3번, 최소 10분에서 최대 30분가량 창문을 열어 환기하는 게 좋다. 오염된 공기가 바닥에 깔려 있는 시간대인 오전 10시 이후부터 오후 7시 사이에 환기하는 것을 권장한다.

정답 및 해설 56쪽

[1] 다음 중 겨울 한파를 이겨 내기 위한 방법이 아닌 것은?

① 창문이나 방문의 틈새를 막는다.
② 찬바람이 불 때는 환기를 하지 않는다.
③ 따뜻한 물이나 단맛이 나는 음료를 마신다.
④ 실내에 머물 때 틈틈이 가벼운 운동을 한다.
⑤ 다양한 영양소가 골고루 포함된 식사를 한다.

[2] 겨울철 실내 적정 온도는 몇 도인지 쓰시오.

[3] 겨울철 야외 활동을 할 때 체온을 유지하는 방법을 세 가지 쓰시오.

핵심 이론

한파 : 겨울철에 한랭한 공기가 유입되어 온도가 갑자기 내려가면서 추위가 찾아오는 것

달의 피부는 왜 못생겼지?

난 달이야! 지구에서 보는 내 모습은 아름답고, 신성하게 여겨지는 게 틀림없어. 왜냐하면, 지구촌 사람들은 밤하늘에 떠 있는 나의 아름다움에 감탄하는 시를 짓고, 소원을 빌기도 하니까 말이야. 매일 조금씩 변하는 내 모습을 보며 신기해하기도 하고 말이지.

그런데 말이야 사실 날 가까운 곳에서 본 사람들은 실망하는 표정을 감추지 못해. 내 얼굴은 여드름으로 가득 찬 사람처럼 울퉁불퉁하기 때문이야. 운석들이 시도 때도 없이 나를 마구 때려 생긴 상처로 인해 내 얼굴이 울퉁불퉁해졌어.

운석의 공격을 막지 못하는 것은 내 힘이 약하기 때문이야. 운석은 친구들이 살고 있는 지구도 공격하지만, 지구 상공을 뒤덮은 두꺼운 공기층에 부딪혀 한 줌의 재로 사라지지. 하지만 힘이 없는 나는 운석의 공격을 막아줄 공기를 잡아둘 수가 없어.

대기가 희박하다 보니 자연히 물도 거의 없고, 비바람도 없어. 너무 고요해서 심심해.

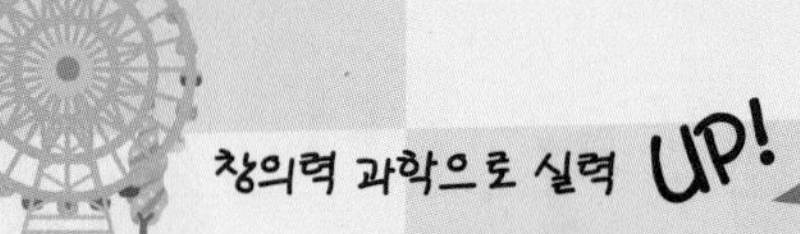

정답 및 해설 57쪽

[1] 다음 중 달에 대한 설명으로 알맞지 않은 것은?

① 달에는 물과 공기가 없다.
② 보통 달은 밤에 볼 수 있다.
③ 달의 모양은 항상 동그랗다.
④ 달 표면은 울퉁불퉁한 구덩이가 많다.
⑤ 운석이 충돌하여 달 표면에 운석 구덩이가 생긴다.

[2] 지구에 비해 달 표면이 울퉁불퉁한 이유는 무엇인지 빈칸에 공통으로 들어갈 알맞은 말을 쓰시오.

지구와 달에 운석이 충돌할 때 지구 표면에는 (   )가 있어 운석이 타 없어지거나 크기가 작아지지만, 달에는 (   )가 없어 바로 충돌하기 때문에 표면이 울퉁불퉁하다.

[3] 지구와 달의 공통점과 차이점을 각각 쓰시오.

공통점	차이점

핵심 이론

- 달 : 지구 주위를 돌고 있는 위성으로 지구에서 가장 가까운 천체
- 운석 : 우주 공간에서 지구나 달 등 다른 천체로 떨어지는 암석

10 어린이 충치, 반으로 줄었다.

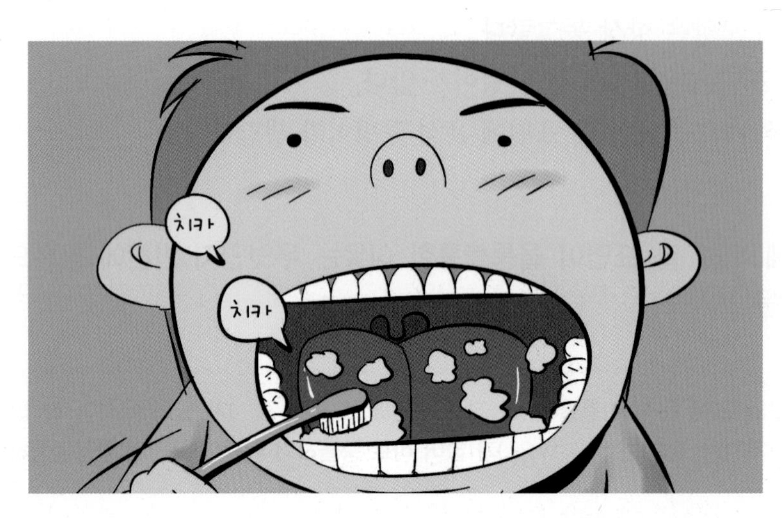

국내 12세 어린이의 경우 1.8개의 충치를 경험한다는 조사 결과가 나왔다. 10여 년 전 조사보다 1.5개 줄어든 수치다.

나이별로 보면 8세의 경우 우식경험영구치지수가 0.7개, 15세의 경우 3.3개로 조사됐다. 이번 조사 결과 영구치에 충치가 있거나 충치 치료를 받은 비율은 8세가 30.4%, 12세 57.3%, 15세 71.1%로 조사됐다. 영구치 중 치료하지 않은 충치가 있는 경우는 8세 3.4%, 12세 12.2%, 15세 19.2%였다.

우식경험영구치지수는 WHO(세계보건기구)에서 세계 구강건강 수준을 비교하는 지표로 사용된다. 또 국내 아동 · 청소년의 경우 하루 평균 2.6번 양치질을 했으며 11.1%가 치실을, 11.8%가 치간 칫솔을, 17.3%가 구강세정액을, 8.8%가 전동칫솔을, 5.6%가 혀 클리너를 각각 사용했다. 조사 대상의 80% 이상이 하루에 한 번 이상 간식을 섭취했으며 60% 정도는 충치를 일으키는 음료를 섭취하는 것으로 조사됐다.

정답 및 해설 57쪽

[1] 다음 중 기사를 읽고 알 수 있는 사실이 아닌 것은?

① 국내 12세의 어린이의 경우 약 1.8개의 충치를 경험한다.
② 어린이들의 충치 개수는 10여 년 전보다 1.5개 줄어들었다.
③ 우식경험영구치지수는 충치를 경험한 치아의 개수를 말한다.
④ 우식경험영구치지수는 세계 구강건강 수준을 비교하는 데 사용된다.
⑤ 어린이들이 스스로 치아 관리에 힘쓴 덕분에 충치의 개수가 줄어들었다.

[2] 치아가 건강하지 못하면 어떤 점이 불편한지 쓰시오.

[3] 건강한 치아를 위한 생활 습관을 세 가지 쓰시오.

핵심 이론

치아 : 척추동물의 입 속에서 볼 수 있는 기관으로 음식물 섭취 시 음식물을 으깨고, 씹어서 소화를 돕는 역할을 한다.

융합 실력 다지기

11 두 얼굴의 황사

해마다 봄철이 되면 황사 바람에 숨을 못 쉴 지경이다. 황사는 중국 황허 강 지역에서 발생하여 편서풍을 타고 아시아 전역을 강타하는 수천 년의 역사를 가진 자연현상이다.

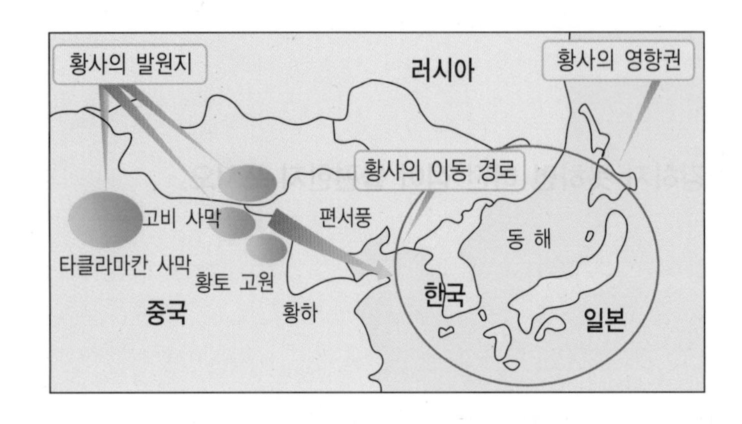

해를 거듭할수록 황사가 심해지는 걸 걱정하여 중국에서는 황허 강 일대에 나무를 심는 등 여러 가지 노력을 하고 있지만, 이 일대가 개발붐을 타고 마구잡이로 파헤쳐진 것 때문인지 황사가 점점 심해지고 있다.

황사는 호흡기와 눈에 치명적이고 식물이 숨 쉬는 것을 막아 광합성을 잘 못하게 한다. 그래서 사람을 힘들게 하는 것은 물론 식물도 잘 자라지 못한다.

그러나 황사가 이렇게 좋지 않은 점만 가지고 있는 것은 아니다. 황사에 포함되어 있는 석회나 마그네슘, 칼륨과 같은 알칼리성 물질이 흙이 산성화되는 것을 막아주고, 산성비를 중화시켜준다. 또한, 바다에 사는 플랑크톤에 영양분을 공급해서 바다가 건강해진다고 한다.

정답 및 해설 58쪽

[1] 다음 중 황사에 대한 설명으로 틀린 것은?

① 황사는 중국 황허 강 지역에서 발생한다.
② 황사는 편서풍을 타고 아시아 전역으로 퍼진다.
③ 황사에는 산성 물질이 많이 포함되어 있다.
④ 황사는 사람의 호흡기와 눈에 치명적인 영향을 준다.
⑤ 황사는 식물이 숨 쉬는 것을 막아 광합성을 잘 못하게 한다.

[2] 황사 현상은 사람의 호흡기나 눈에 나쁜 영향을 미치고, 식물을 잘 자라지 못하게 한다고 알려졌는데 좋은 점도 있다고 한다. 왼쪽 기사에서 황사 현상의 좋은 점을 찾아 쓰시오.

[3] 봄철 황사가 발생했을 때 건강을 지키기 위한 안전 수칙을 세 가지 쓰시오.

핵심 이론

- **산성** : 산의 성질로 신맛을 나타내며, 금속을 녹슬게 한다.
- **알칼리성** : 산과 반대로 염기성을 나타내는 성질로 산과 만나면 중성이 된다.

융합

12 겨울에도 '블랙아웃 공포'… '절전 스트레스' 언제까지

2013년 12월 19일 '겨울철 전력수급 전망 및 대책'을 발표한 산업부는 예비전력이 넉넉하니 그 해 여름 시행한 강제절전 규제는 없을 것이라고 밝혔다. 하지만 2009년 이후 겨울 전기소비가 여름 전기 소비량을 눌렀다.

한국전력거래소는 매일 실시간으로 전력수급 현황을 공개하고, 운영예비력이 100만 kW 이하가 되어 '심각(Red)' 경보가 발령되면, 정부가 강제로 전력을 차단한다.

전기 공급이 수요를 못 따라가는 최악의 시나리오는 '블랙아웃(전국적 대정전)'이다. 우리나라에서 블랙아웃이 발생한 것은 1971년 9월 27일, 단 하루뿐이다. 그러나 블랙아웃에 대한 공포가 현실화된 것은 2011년 '9 · 15 순환 정전' 사태를 겪으면서다. 순환 정전 사태가 벌어진 당시 예비전력은 24만 kW였으며, 전력상황이 급박해지자 전국에서 동시에 일부 전력공급선로를 차단해 정전사태가 발생되어 사회적 문제를 일으켰다.

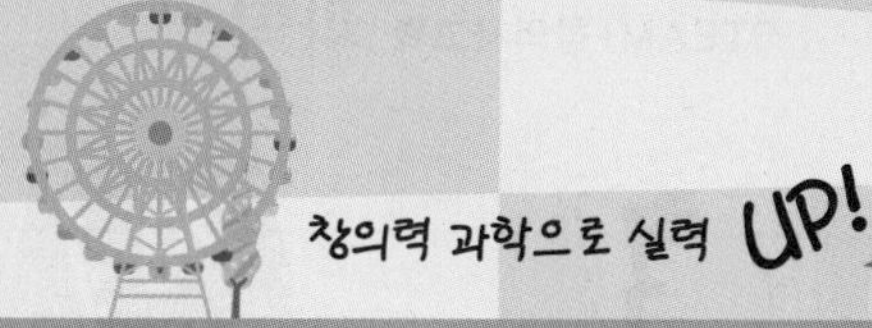

정답 및 해설 59쪽

[1] 만약 겨울철 전기 수급 비상사태로 전기를 쓰지 못할 경우 나타날 수 있는 현상이 아닌 것은?

① 지하철 운행이 중단될 것이다.
② 가스레인지로 음식을 조리하지 못할 것이다.
③ 전기 히터를 사용하지 못해 추위로 고생할 것이다.
④ 엘리베이터가 멈춰 고층 건물에서 이동하기 어려울 것이다.
⑤ 형광등이나 가로등이 켜지지 않아 밤에 이동하기 불편할 것이다.

[2] 겨울철 전력 사용량이 급증하는 까닭을 쓰시오.

[3] 겨울철 전력 수급 비상사태에 대비하기 위해 내가 할 수 있는 일을 세 가지 쓰시오.

핵심 이론

운영예비력 : 전기를 제한 없이 쓰고도 남는 전력공급량으로, 긴급 상황에서 두 시간 이내(동 · 하계 수급 대책 기간은 20분 이내)에 확보할 수 있는 용량을 기준으로 한다.

융합 실력 다지기

13 3D 프린터

우리가 흔히 보는 프린터는 종이 위에 그림이나 글씨를 출력하는 2D 프린터이다. 그런데 3차원, 즉 입체로 물체를 인쇄해 내는 프린터가 있다. 바로 3D 프린터이다.

3D 프린터의 작동 원리는 크게 두 가지가 있다. 하나는 프린터가 지나가면서 액체나 고체, 가루를 이용하여 엄청나게 얇은 막을 만들고, 이 막들을 계속 쌓아 올려 물체를 만드는 것이다. 이 방법을 쓰면 느리긴 하지만 정확하게 물체를 인쇄할 수 있다. 또 다른 방법은 큰 덩어리를 깎는 것이다. 이 방법은 비교적 빠르지만, 물체의 안쪽 같은 섬세한 부분은 인쇄하기 힘들다.

3D 프린터가 가장 유용하게 쓰이는 곳은 의료 분야이다. 보통 뼈가 부러져 잘라낸 곳은 인공적으로 뼈랑 비슷한 모형물을 만들어서 박아 넣는데, 그 모양이 완벽히 일치하지는 않아서 장착했을 때 굉장히 아프다고 한다. 하지만 3D 프린터가 있으면, 잘라낸 뼈 부위의 모양과 정확히 일치한 모형물을 만들 수 있기 때문에 치료 효과를 높일 수 있다.

[1] 다음 중 3D 프린터에 대한 설명으로 틀린 것은?

① 입체로 물체를 인쇄할 수 있다.
② 종이 위에 그림이나 글씨를 출력한다.
③ 덩어리를 깎아내는 방식으로 인쇄하기도 한다.
④ 얇은 막을 쌓아올리는 것이 덩어리를 깎아내는 것보다 정교하다.
⑤ 액체나 고체, 가루를 이용하여 얇은 막을 만들고, 이 막들을 쌓아 올려 인쇄한다.

[2] 현재 3D 프린터가 유용하게 쓰이고 있는 분야와 그 분야에서 어떻게 이용되고 있는지 함께 쓰시오.

[3] 가까운 미래에 3D 프린터가 일반화되었을 때 3D 프린터를 이용하여 출력하고 싶은 것을 쓰고, 출력한 물체의 용도나 이유 등을 함께 쓰시오.

핵심 이론

- **2D** : 2차원이라고도 하며, 종이와 같은 평면에 나타낼 수 있는 것을 말한다.
- **3D** : 3차원이라고도 하며, 공간과 같이 입체적으로 나타낼 수 있는 것을 말한다.

융합

남극 대륙의 빙저호

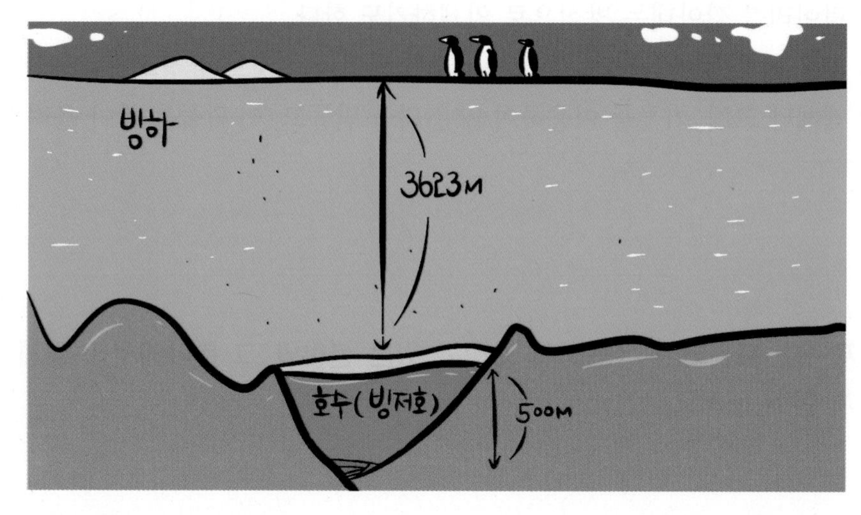

지구상에서 가장 추운 곳으로 유명한 남극 대륙은 어마어마하게 두꺼운 얼음들로 덮여 있는 생명체가 살기 힘든 땅이다. 이 두꺼운 얼음 바닥에는 무엇이 있을까? 미국의 연구진에 따르면 남극 대륙의 얼음 밑에 미국의 1.5배 정도 되는 엄청난 크기의 호수가 있다고 한다.

두껍고 차가운 남극 대륙의 얼음 아래 얼지 않는 호수가 있는 것일까? 물의 어는점은 압력이 높을수록 낮아져 잘 얼지 않는다. 남극 대륙의 두꺼운 얼음이 위에서 엄청난 압력으로 누르기 때문에 얼음 아래 물은 얼지 않는다. 이렇게 얼음 밑에 있는 얼지 않은 호수를 '빙저호'라고 부른다.

이 빙저호에는 햇볕도 공기도 영양소도 없다. 그러나 이런 극한 환경 속에서도 미생물이 살고 있다는 것이 확인되었다. 목성 같은 행성의 환경이 빙저호와 비슷하다고 추정되는 것으로 보아 아마 외계에도 정말 생명체가 있을지 모를 일이다.

정답 및 해설 60쪽

[1] 다음 중 남극 대륙에 대한 설명으로 틀린 것은?

① 대부분이 얼음과 눈으로 덮여 있다.
② 남극 대륙의 얼음 밑에는 얼지 않는 호수가 있다.
③ 남극 대륙은 지구상에서 가장 추운 곳으로 알려져 있다.
④ 남극 대륙의 얼지 않는 호수에서는 생명체가 살 수 없다.
⑤ 남극 대륙의 얼지 않는 호수의 크기는 미국의 약 1.5배라고 한다.

[2] 남극 대륙과 같이 두꺼운 얼음 밑에 있는 얼지 않는 호수를 무엇이라고 하는가?

[3] 어떻게 남극 대륙의 차가운 얼음 밑에 얼지 않는 호수가 있을 수 있는지 서술하시오.

어는점 : 액체가 얼기 시작하는 온도로 물의 어는점은 0℃이다.

안심Touch

온실효과로 '가을의 시작' 30년 새 7일 늦어.

'가을의 달' 9월이 시작되었다. 아침 · 저녁으로 선선한 바람이 불고 있지만, 기상학적인 가을은 아직 찾아오지 않았다.

기상청은 "서울의 가을 시작일은 1970년대에 9월 18일이었지만, 1980년대 9월 21일, 1990년대 9월 22일 등 점차 늦어져 2000년대 들어서는 7일이나 늦은 9월 26일이 되었다"고 밝혔다. 가을 시작일은 하루 평균기온이 20℃ 미만으로 유지되는 첫날을 말한다.

여름이 길어지면서 서울의 9월 평균기온도 꾸준히 상승하고 있다. 1910년대엔 19.7℃이었는데, 2000년대엔 21.7℃를 기록하여, 100년 동안 무려 2.0℃나 올랐다.

이처럼 서울의 가을 시작일이 늦어지는 이유는 산업화와 도시화로 대기 중에 온실효과를 일으키는 이산화 탄소와 수증기가 많아졌기 때문이다. 대기 속 수증기가 뿜어내는 열 때문에 밤에도 기온이 쉽게 떨어지지 않아 최저기온이 오르고 있다.

정답 및 해설 60쪽

[1] 다음 중 기사를 읽고 알 수 있는 사실이 아닌 것은?

① 1970년대 가을 시작일은 9월 18일이었다.
② 1990년대 가을 시작일은 9월 26일이었다.
③ 지난 30년간 서울의 가을 시작일이 점점 늦어졌다.
④ 지난 100년간 서울의 평균 기온이 약 2℃ 올랐다.
⑤ 대기 중의 이산화 탄소와 수증기량이 많아져 기온이 점점 높아졌다.

[2] 가을 시작일을 정하는 기준을 쓰시오.

[3] 가을 시작일이 점차 늦어지는 것은 온실효과로 인한 지구온난화 때문이라고 한다. 지구온난화가 진행되었을 때 나타나는 문제점을 서술하시오.

핵심 이론

- **지구온난화** : 지구가 예전에 비해 따뜻해지는 현상
- **온실효과** : 지구온난화의 주원인으로 대기 중 온실가스의 농도가 증가하여 지구 표면 온도가 점차 상승하는 현상

120℃에서 만든 밥 최고!

물이 끓는 온도는 섭씨 100℃이다. 대부분의 음식은 끓는 물에서 조리되므로, 1기압, 100℃의 물에 일정한 시간 동안 넣어두면 조리된다. 만약 120℃ 또는 그 이상의 온도에서 만들어진 음식이 있다면 어떨까?

액체의 끓는점은 압력이 낮으면 낮아지고, 압력이 높으면 높아진다. 이런 점을 이용해 솥 속의 증기가 빠져나가지 못하도록 하여 압력을 높인 것이 압력 밥솥이다. 이렇게 하면 끓는점이 높아져 100℃에서 잘 익지 않는 음식을 조리하기 쉬울 뿐 아니라 같은 시간에 더 많은 열이 전달되므로 더 빨리 요리를 할 수 있다. 대부분의 압력 밥솥은 내부의 압력을 대기압보다 높은 1.2기압 정도로 높여 물이 약 120℃에서 끓는다.

반면, 높은 산에서는 음식을 조리하기 어려워진다. 높은 산에서는 압력이 낮아 끓는점이 100℃보다 낮기 때문이다.

정답 및 해설 61쪽

[1] 다음 중 물이 끓는 온도에 대한 설명으로 틀린 것은?

① 물이 끓기 시작하는 온도는 섭씨 100℃이다.
② 압력 밥솥에서는 물이 100℃에서 끓기 시작한다.
③ 물이 끓기 시작하는 온도는 압력에 따라 달라진다.
④ 높은 산에서는 100℃보다 낮은 온도에서 물이 끓는다.
⑤ 압력이 높아지면 물이 끓기 시작하는 온도가 높아진다.

[2] 액체가 끓기 시작하는 온도를 무엇이라고 하는가?

[3] 우리나라의 전통 가마솥은 솥뚜껑의 무게가 솥 전체 무게의 3분의 1이 될 정도로 무겁다고 한다. 솥뚜껑의 무게가 무거워서 좋은 점은 무엇인지 서술하시오.

핵심 이론

- 압력 : 단위 넓이의 면에 작용하는 힘의 크기
- 기압 : 어떤 높이에서 공기의 압력

17 쇼트트랙, 빙판 짚고 코너 도는 이유는?

겨울 스포츠의 종목 중의 하나인 쇼트트랙! 쇼트트랙은 스케이트를 신고 얼음판에서 누가 빨리 완주하는가를 겨루는 경기로, 우리나라 선수들은 쇼트트랙 종목에서 강세를 보인다.
쇼트트랙 경기를 보면 선수들이 동그란 코너를 돌 때 몸을 트랙 안쪽으로 완전히 기울이는 것을 볼 수 있다. 이것은 원심력 때문에 몸이 밖으로 튕겨져 나가는 것을 막기 위함이다. 원심력이란 원을 그리며 운동하는 물체가 원 밖으로 나가려는 힘을 말한다.
쇼트트랙 선수들이 코너를 돌 때 트랙 안쪽으로 몸을 최대한 눕혀 손을 짚으면, 원심력과는 반대인 원 중심방향으로 구심력이 작용하기 때문에 동그란 코너를 안전하게 돌 수 있다.
만약 쇼트트랙 선수들이 코너를 돌 때 몸을 기울이지 않는다면 어떻게 될까?

정답 및 해설 61쪽

[1] 다음 중 글을 읽고 알 수 있는 사실이 아닌 것은?

① 원심력과 구심력의 크기는 서로 같다.
② 원심력과 구심력의 방향은 서로 같다.
③ 원심력은 원의 바깥 방향으로 작용한다.
④ 구심력은 원의 중심 방향으로 작용한다.
⑤ 원심력과 구심력은 원운동 하는 물체에 작용하는 힘이다.

[2] 쇼트트랙 선수들이 코너를 돌 때 몸을 기울이는 이유는 무엇 때문인지 빈칸 ㉠과 ㉡을 채우시오.

쇼트트랙 선수들이 코너를 돌 때는 (㉠) 때문에 몸이 튕겨져 나가지 않게 하려고 몸을 안쪽으로 기울인다. 몸을 안쪽으로 기울이면 (㉠)의 반대방향으로 (㉡)이 작용하므로 몸이 튕겨져 나가지 않는다.

[3] 우리 생활 속에서 원운동 하는 것을 찾아 세 가지 쓰시오.

핵심 이론

원운동 : 물체가 움직이는 자취가 원 모양인 운동

18 자외선 차단제, 귀 · 목에도 꼼꼼히 발라야...

자외선이 강하게 내리쬐는 여름. 피부 보호를 위해 자외선 차단제를 찾는 사람이 늘고 있다. 자외선 차단 효과는 'SPF(자외선 차단지수)'와 'PA(자외선 차단등급)' 표시를 통해 파악할 수 있다. SPF와 PA는 각각 자외선 B, 자외선 A가 피부에 닿는 걸 막아주는 정도를 나타내며, 숫자가 높거나 + 개수가 많을수록 효과가 크다.

기본적으로 자외선 차단제는 외출하기 15분 전, 햇빛에 노출되는 피부에 골고루 펴서 발라줘야 한다. 또한, 자외선 차단제는 땀이나 옷으로 인해 지워지므로 2시간 간격으로 덧발라 주는 것이 좋다.

집이나 사무실 등 실내 생활을 주로 하는 사람은 SPF15/PA+ 이상 제품을 선택하고, 야외활동이 많을 땐 SPF30/PA++ 이상, 등산 · 해수욕 등 강한 자외선에 오랜 시간 노출될 땐 SPF50+/PA+++ 제품이 알맞다.

정답 및 해설 62쪽

[1] 다음 중 왼쪽 기사를 읽고 알 수 있는 사실이 아닌 것은?

① 자외선은 피부 노화를 일으키는 원인이 된다.
② 자외선 차단제는 외출하기 직전에 바르는 것이 좋다.
③ SPF는 자외선 차단지수로 숫자가 높을수록 효과가 크다.
④ PA는 자외선 차단등급으로 + 개수가 많을수록 효과가 크다.
⑤ 자외선 차단제는 지워지므로 2시간 간격으로 덧발라 주는 게 좋다.

[2] 자외선이 인체에 미치는 나쁜 영향을 쓰시오.

[3] 여름철 강한 자외선을 피하기 위해 실천해야 할 안전 수칙을 세 가지 쓰시오.

핵심 이론

자외선 : 태양빛을 스펙트럼 사진으로 찍었을 때 눈에 보이는 빨, 주, 노, 초, 파, 남, 보의 빛 중 보라색 이후에 있는 광선으로 우리 눈에 보이지 않는 광선이다.

융합

19 딸기 인기, 감귤 눌렀다.

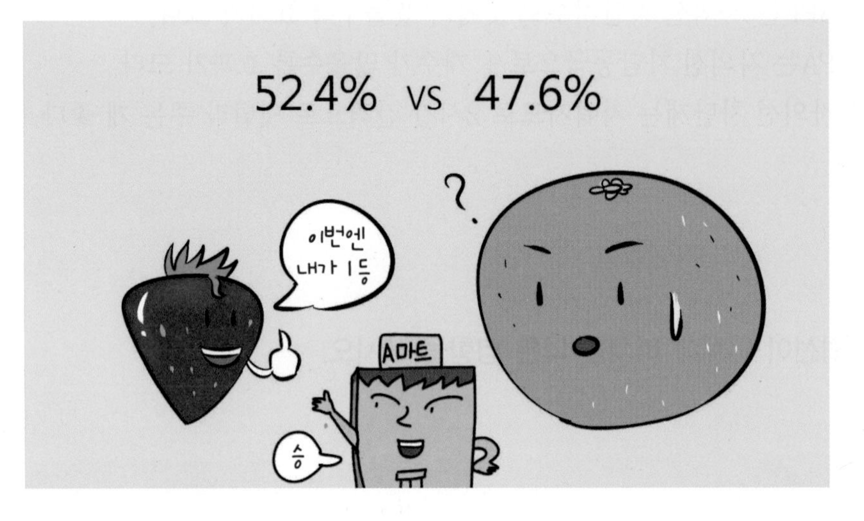

겨울철 최고 인기 과일은 무엇일까?

OO마트는 12월 딸기 매출이 최초로 전통적 강자인 감귤을 넘어선 것으로 집계됐다고 밝혔다. OO마트가 문을 연 후 2012년까지 12월 과일 매출에서 '부동의 1위' 는 감귤이었다.

2013년 12월 OO마트의 감귤과 딸기 매출을 합산한 총액에서 딸기는 52.4%, 감귤은 47.6%를 차지했다. 감귤 · 딸기 매출총액에서 딸기가 차지하는 비율은 2008년 36.7%, 2010년 38.7%, 2012년 42.3%로 꾸준히 올랐다.

OO마트 과일 상품기획자는 딸기의 강세에 대해 "올해 늦더위로 딸기 생육이 2~3주 빨라졌고 출하량도 늘어났기 때문"이라며 "생산량 증가로 인한 가격 하락도 인기의 이유"라고 설명했다. 서울시농수산식품공사에 따르면 12월 평균 딸기(상등급 · 2kg) 도매가격은 2만 4,129원으로 지난해 가격(2만 9,368원)보다 17.8% 싸졌다고 한다.

[1] 딸기와 감귤의 겉모습과 속모습을 바르게 연결하시오.

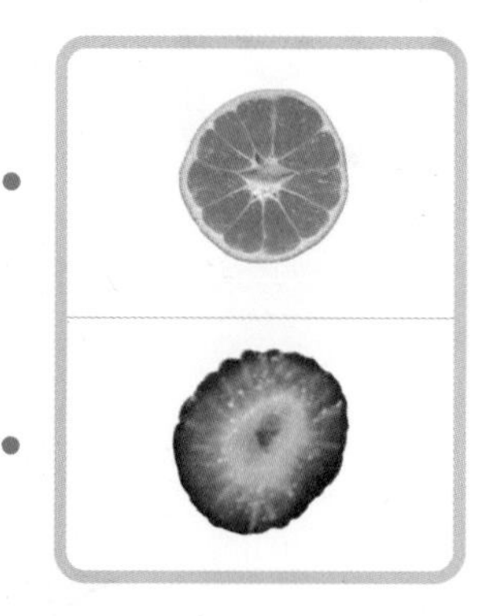

[2] 2008년부터 OO마트의 감귤・딸기 매출총액에서 딸기가 차지하는 비율의 변화를 그래프로 나타내시오.

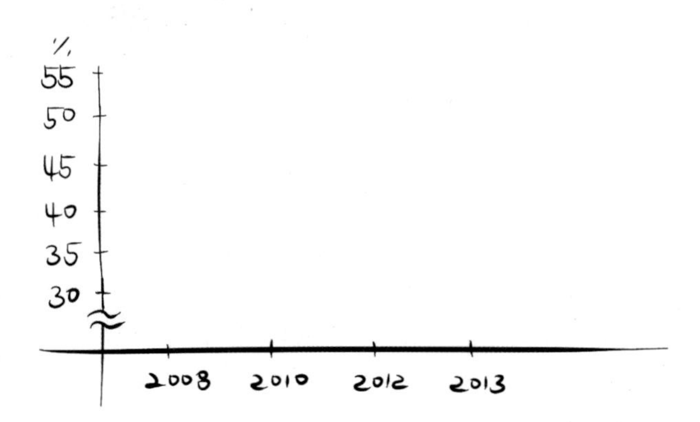

[3] 겨울에 딸기가 잘 팔리는 이유를 왼쪽 기사에서 찾아 쓰시오.

핵심 이론

딸기 수확 시기 : 딸기는 아무런 시설이 없는 곳에서는 5월쯤 열매를 맺지만, 요즘은 하우스 재배를 통해 겨울철에도 딸기를 맛 볼 수 있다.

20 1인당 연간 쌀 소비량 33년째 감소

2012년 우리나라 1인당 연간 쌀 소비량이 70kg에도 못 미치는 것으로 나타났다. 31일 통계청이 발표한 결과에 따르면, 2012년 1인당 연간 쌀 소비량은 69.8kg으로 2011년 71.2kg보다 1.4kg 감소했으며, 33년째 감소하는 추세라고 한다. 쌀 소비량이 줄어드는 이유는 대체식품과 즉석 가공식품이 다양해지면서 식생활이 간편해졌기 때문으로 분석됐다.

1인당 하루 평균 쌀 소비량도 191.3g으로 전년보다 3.7g(−1.9%) 감소했다. 밥 한 그릇에 120~130g의 쌀이 담긴다고 계산하면, 하루에 쌀밥 두 공기도 안 먹는 셈이다. 월별로 쌀 소비량을 살펴보면, 명절이 포함된 달과 4월에는 상대적으로 소비량이 늘어났고, 가장 쌀 소비량이 적었던 때는 여름휴가 기간인 8월인 것으로 조사됐다.

한편, 쌀 외에 보리쌀, 잡곡, 밀가루 등을 포함한 양곡 소비도 감소했다. 1인당 연간 양곡 소비량은 77.1kg으로 전년보다 1.5kg(−1.9%) 줄었다.

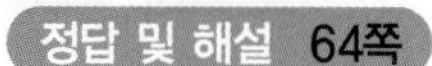

정답 및 해설 64쪽

[1] 다음 중 기사를 읽고 알 수 있는 사실이 아닌 것은?

① 하루에 밥 두 공기도 안 먹는 것으로 보인다.
② 2012년 1인당 연간 쌀 소비량은 70kg보다 많다.
③ 1인당 하루 평균 쌀 소비량은 감소하는 추세이다.
④ 명절이 포함된 달은 상대적으로 소비량이 늘어났다.
⑤ 쌀 소비량이 가장 적은 때는 여름휴가 기간인 8월이다.

[2] 쌀 소비량이 줄어드는 이유를 찾아 쓰시오.

[3] 밥 한 그릇에 120g의 쌀이 담긴다고 하였을 때, 내가 3일 동안 먹은 쌀의 양은 몇 g인지 쓰시오.

날짜 (월/일)	/	/	/	전체
하루 동안 먹은 밥의 양 (그릇)				
하루 동안 먹은 쌀의 양 (g)				

• 3일간 먹은 쌀의 양 :

핵심 이론

쌀 : 벼 열매의 껍질을 벗긴 알맹이로 우리나라 사람들의 주식이다.

MEMO

도전! STEAM 창의탐구력

봄나들이 분리수거

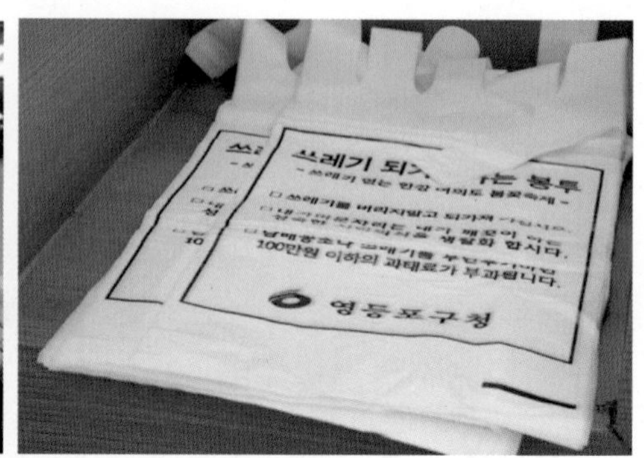

봄바람과 함께 벚꽃 잎이 흩날리는 4월, 여의도에는 벚꽃 축제가 열립니다.
날씨가 좋은 주말이면 170만 명이 여의도로 모여듭니다. 봄을 맞아 형형색색의 봄옷으로 단장한 사람들은 아이스 음료, 닭꼬치, 솜사탕 등 간식거리를 손에 들고 꽃놀이를 즐깁니다. 자리를 펴고 집에서 싸온 도시락을 나눠 먹는 가족들, 마음껏 뛰노는 아이들, 멋진 풍경을 사진에 담는 사람들의 표정은 푸른 하늘만큼 활짝 피었습니다.
사람들이 벚꽃 축제가 열리는 여의도에 잔뜩 몰리면서 길목마다 설치해놓은 쓰레기통은 금세 가득 차 버렸습니다. 어른, 아이 구분 없이 몰래 길바닥에 쓰레기를 버리고, 먹다 남은 음식물 쓰레기를 치우지 않고 자리를 떠나 버리는 바람에 쓰레기 더미가 인도를 차지했고, 벤치 위엔 쓰레기가 차곡차곡 쌓여갑니다. 꽃은 예쁘지만, 곳곳에 쓰레기가 산처럼 쌓여있습니다. 날이 저물면서 벚꽃은 더욱 화사해지지만, 거리는 점점 흉물스럽게 변해갑니다.
해마다 600여만 명이 찾아오는 여의도 벚꽃 축제 기간에는 평균 50톤의 엄청난 쓰레기가 나옵니다. 쓰레기를 처리하기 위해 청소차량 5대와 10명의 환경미화원이 24시간 일을 하고 있으며, 쓰레기 처리비용만 1,000만 원에 이릅니다.
쓰레기를 줄이기 위해 쓰레기통을 모두 없애고 쓰레기를 되가져갈 수 있도록 쓰레기 봉투를 나눠주는 시민운동을 펼치고 있지만, 좀처럼 쓰레기의 양이 줄어들지 않습니다. 우리가 조금만 신경 써서 쓰레기를 치운다면, 모두가 즐거운 봄나들이가 되지 않을까요?

Step 1 주제 탐구를 위한 발문

1 우리나라 국민 한 사람이 칠십 평생을 살면서 배출하는 생활 쓰레기는 무려 55톤에 이릅니다. 쓰레기 종량제 시행 이후 배출량이 감소하고는 있지만, 버려지는 것들 중에 재활용할 수 있는 것들은 아직 많습니다. 우리는 에너지 없이 단 1분 1초도 살 수가 없습니다. 한정된 에너지자원을 다 써버린 후에 우리들은 어떻게 살아가게 될까요? 에너지와 환경오염에 대한 해결책 그리고 우리의 미래가 바로 쓰레기 속에 있다고 합니다.

(1) 쓰레기라고 해서 그냥 쓰레기가 아닙니다. 쓰레기도 제대로 분리 배출하여 재활용하면 놀라운 자원이 됩니다. 폐지, 고철, 캔, 플라스틱 등 4대 생활 폐기물의 재활용률을 1%만 높여도 연간 639억 원이 절약되어 초등학교 7곳을 지을 수 있는 자원이 되며, 청소 예산 낭비를 줄일 수 있습니다. 우리가 재활용하여 분리 배출한 쓰레기는 어떻게 사용될까요?

① 페트병 :

동영상 시청

② 음식물 쓰레기 :

③ 우유팩 :

도전! STEAM 창의탐구력

(2) 쓰레기를 자원으로 사용하기 위해서는 제대로 분리 배출을 해야 합니다. 최근 생활 쓰레기 중 재활용 가능 품목이 대폭 확대되었으나, 시민들이 제대로 분리 배출하지 않아 재활용 가능 자원이 소각 또는 매립되고 있는 사례가 자주 발생하고 있습니다. 다음 쓰레기들은 어떻게 분리 배출해야 할까요?

동영상 시청

① 종이팩 :

② 페트 병 :

③ 유리병 :

④ 금속 캔 :

⑤ 건전지 :

⑥ 형광등 :

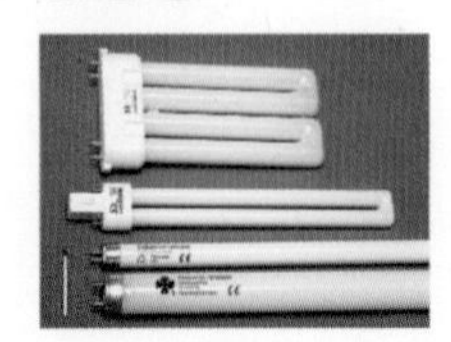

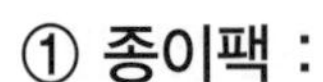

2 아래 그림은 예은이네 집 생활쓰레기입니다.

(1) 아래 쓰레기를 분리수거함에 올바르게 넣어보세요.

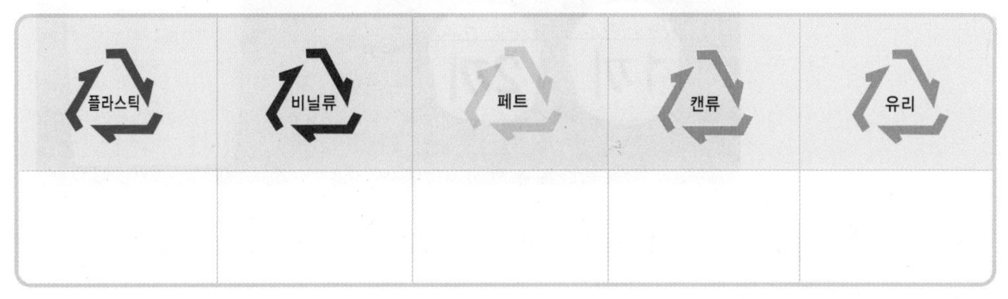

종이팩	종 이	형광등	건전지	의류 및 천

(2) 분리수거함에 가장 많은 쓰레기는 무엇인가요?

답안 작성하기

Step 2 Creative Activity

1 환경부 자료에 의하면 생활 쓰레기 중 28% 이상이 음식물 쓰레기이며, 하루 3끼 중 1끼가 버려지고 있습니다. 버려지는 음식물 쓰레기는 1년에 4인 가족당 1.2kg이며, 전국적으로 15,100톤 정도 됩니다. 버려지는 음식물을 돈으로 환산하면 20조 원에 해당하며, 처리비용으로만 8천억 원이 듭니다.

다음 동영상을 보고 음식물 쓰레기를 줄이기 위한 방법을 적어보세요.

2 봄나들이를 방해하는 또 다른 요인은 황사입니다. 황사란 중국과 몽골의 사막지대의 작은 모래나 흙먼지가 바람을 타고 봄에 우리나라 하늘까지 날아와 떨어지는 현상입니다. 황사에는 인체에 해로운 납, 카드뮴과 같은 중금속과 발암 물질이 섞여 있어 황사가 발생하면 눈이 맵고 따가우며, 감기나 기관지염에 걸리기도 합니다. 황사를 피하는 방법을 적어보세요.

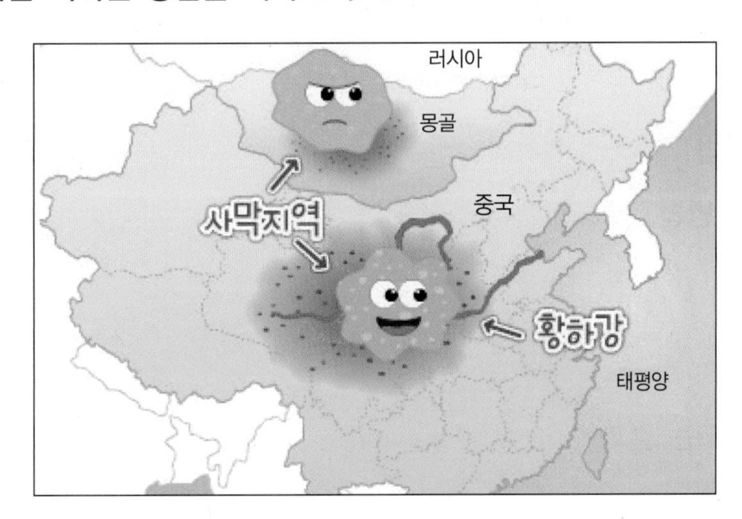

탐구보고서

1 탐구 주제(제목) :

2 탐구 문제(가설) :

3 탐구 방법

1) 실험 방법

2) 예상되는 결과

4 탐구 결과(표 또는 그래프로 작성)

5 탐구 결론

6 탐구에 대한 나의 의견(고민, 아쉬운 점, 느낀점, 새로 알게 된 점)

운동회 줄다리기 게임

푸른 가을 하늘을 배경으로 만국기가 펄럭이는 운동장에서 영차~ 영차~ 기합소리가 들립니다. 운동회에서 빠지지 않는 종목인 줄다리기 경기가 시작되었습니다. 줄다리기는 학생들이 두 편으로 갈려서 중앙에 테이프나 손수건으로 표시한 밧줄을 잡아당겨 상대를 끌어당기는 놀이입니다. 줄다리기는 언제 어떻게 시작되었을까요?

언제부터인지는 정확히 알 수 없지만, 신라 시대 때부터 매년 정월 대보름날 마을 사람들이 동서로 갈라져 줄다리기를 했다고 합니다. 정월 초부터 집집이 볏짚을 모아 줄다리기 줄을 꼬고, 줄다리기가 시작되면 농악대가 신이 나게 농악을 울렸습니다. 우리나라에서 줄다리기는 경기가 아니라 하나의 축제였다고 볼 수 있습니다.

학교 운동회에서 하는 줄다리기가 1900년 제2회 파리올림픽부터 20년 동안 주목받는 올림픽 인기 종목이었습니다. 올림픽에서는 5명이 한팀이 되어 줄다리기 경기를 진행했습니다. 최근에 줄다리기를 다시 올림픽 종목으로 채택하기 위해 노력 중이라고 합니다.

Step 1 주제 탐구를 위한 발문

1 아기가 신는 양말은 어른이 신는 양말과 달리, 발바닥에 하얀 별 모양이 촘촘하게 붙어 있습니다. 이 하얀 별 모양의 역할은 무엇일까요?

2 산에 갈 때는 등산화를 신습니다. 등산화는 일반 운동화보다 무겁고 바닥은 울퉁불퉁합니다. 특히 매우 추운 겨울에 산에 갈 때는 등산화 아래에 가시같이 뾰족한 모양을 한 철로 된 줄(아이젠)을 씌우기도 합니다. 만약 아래의 사진과 같은 털신을 신고, 겨울 산에 가면 어떻게 될까요?

답안 작성하기

3 줄다리기를 잘 하기 위한 방법을 알아보기 위한 실험을 하려고 합니다.

(1) 다음 실험을 직접 해보고 결과를 알아보세요.

답안 작성하기

〈실험 1〉 엄마 또는 아빠와 줄다리기하기

① 엄마 또는 아빠와 수건 양 끝을 잡고 줄다리기를 한다.

〈실험 결과〉

답안 작성하기

〈실험 2〉 고무장갑 끼고 줄다리기하기

① 나와 힘이 비슷한 사람과 짝을 한다.

② 나는 고무장갑을 끼고, 다른 사람은 맨손으로 수건 양 끝을 잡고 줄다리기를 한다.

〈실험 결과〉

〈실험 3〉 카펫 위에서 줄다리기하기

① 나와 힘이 비슷한 사람과 짝을 한다.

② 두 사람 모두 양말을 신는다.

③ 나는 맨바닥에 서고, 다른 사람은 카펫 위에 서서 각각 수건 양 끝을 잡고 줄다리기를 한다.

〈실험 결과〉

답안 작성하기

〈실험 4〉 문턱에서 줄다리기하기

① 나와 힘이 비슷한 사람과 짝을 한다.

② 두 사람 모두 양말을 신는다.

③ 나는 문턱 앞에 서서 발을 문턱에 댄 채로 버티고, 다른 사람은 맨바닥에 서서 각각 수건 양 끝을 잡고 줄다리기를 한다.

〈실험 결과〉

(2) 줄다리기를 잘하기 위한 나만의 방법을 적어보세요.

Step 2 Creative Activity

1 남극의 펭귄학교 운동회에서 펭귄 100마리가 50마리씩 두 팀으로 나뉘어 얼음판에서 줄다리기 경기를 펼쳤습니다. 만약 우리가 펭귄처럼 얼음판 위에서 줄다리기를 한다면 모래 운동장에서 할 때와 어떤 점이 다를까요?

2 2013년 4월 13일 충남 당진에서 스포츠 줄다리기 대회가 열렸습니다. 전국 40여 개 팀에서 600여 명의 남 · 여 선수와 홍콩 · 마카오팀에서 40여 명의 선수가 참여해 남자 600kg급, 여자 500kg급, 남 · 여 혼성 550kg급 등 세 가지 체급의 종목에서 열띤 경쟁을 펼쳤습니다. 세계줄다리기 연맹(TWIF)은 2020년 올림픽에서 줄다리기가 정식 종목으로 채택되는 것을 목표로 하고 있습니다. 줄다리기 경기에는 어떤 규정이 있어야 할까요? 줄다리기 경기에 필요한 규정을 정해보세요.

동영상 시청

탐구보고서

1 탐구 주제(제목) :

2 탐구 문제(가설) :

3 탐구 방법

1) 실험 방법

2) 예상되는 결과

4 탐구 결과(표 또는 그래프로 작성)

5 탐구 결론

6 탐구에 대한 나의 의견(고민, 아쉬운 점, 느낀점, 새로 알게 된 점)

겨울나기

끼룩끼룩, 꾸욱우꾸우욱, 꽥꽥꽥, 까악까악….
가까이서 들리나 싶더니 저 멀리 하늘에서 소리가 울리기 시작합니다. 사방이 흔들리고 천지가 들썩입니다. 몇 마리가 울어대는 것인지 가늠도 안 됩니다. 1만 마리? 10만 마리? 100만 마리? 2013년 12월 17일 전남 영산호에 가창오리 떼가 찾아와 화려한 군무를 펼치며 이동하는 멋진 모습이 만들어졌습니다.
가창오리는 하루에 딱 두 차례, 해 뜰 녘과 해 질 녘에 군무를 펼칩니다. 밤새 뭍에서 배를 채운 뒤 아침에 잠을 자러 갈 때와 물에서 잠을 잔 뒤 저녁에 먹이를 구하러 갈 때 무리를 지어 이동합니다.
해마다 10월 말이 되면, 30~40만여 마리의 가창오리가 충남 서산 천수만을 찾아옵니다. 가창오리는 금강 하구를 거쳐 전남 해남까지 이동하면서 우리나라에서 겨울을 보내고, 이듬해 3월이 되면, 고향인 바이칼호수 주변으로 다시 먼 길을 떠납니다. 가창오리가 시베리아에서부터 수만 km를 날아서 우리나라에 오는 이유는 무엇일까요?

주제 탐구를 위한 발문

1 추운 겨울이 되면 사람들은 두꺼운 옷을 입고 장갑, 목도리, 머플러 등을 사용합니다. 또 난로와 보일러 같은 난방장치를 이용하여 몸을 따뜻하게 합니다. 동물들은 추운 겨울을 어떻게 보낼까요? 올바르게 연결해보세요.

뱀, 개구리

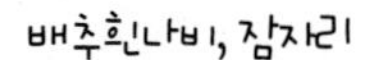

북극 여우, 토끼

기러기, 청둥 오리

강낭콩, 해바라기

단풍나무, 떡갈나무

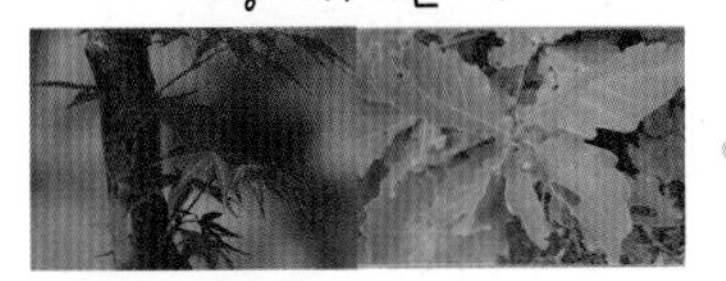

- 따뜻한 곳으로 날아가기
- 겨울잠 자기
- 알이나 번데기로 겨울나기
- 털갈이하기
- 낙엽 떨어뜨리기
- 씨앗 남기고 죽기

2 추운 지방에서 사는 북극곰은 두꺼운 가죽과 지방층을 가지고 있어 영하 37℃에서도 정상 체온을 유지할 수 있습니다.

(1) 북극곰의 털색이 흰색인 이유는 무엇일까요?

(2) 북극곰은 몸 전체가 하얀 털로 덮여 있지만, 코와 피부는 검은색입니다. 북극곰의 피부가 검은색인 이유를 알아보기 위한 실험을 하려고 합니다. 다음 실험을 직접 해보고 결과를 알아보세요.

〈실험 방법〉

① 검은색 종이와 흰색 종이를 가로, 세로 10cm 크기로 자른다.

② 햇빛이 강한 날 검은색 종이와 흰색 종이를 햇빛 아래 둔다.
(실내에서 실험할 경우, 햇빛 대신 전등이나 전열기를 이용한다.)

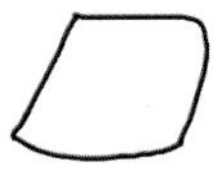

③ 30분이 지난 후, 검은색 종이와 흰색 종이를 만져보고 온도를 비교한다.
(백열전등이나 전열기를 사용할 경우 10분 정도만 놓아둔다.)

〈실험 결과〉

(3) 실험 결과를 바탕으로 북극곰의 피부가 검은색인 이유를 적어보세요.

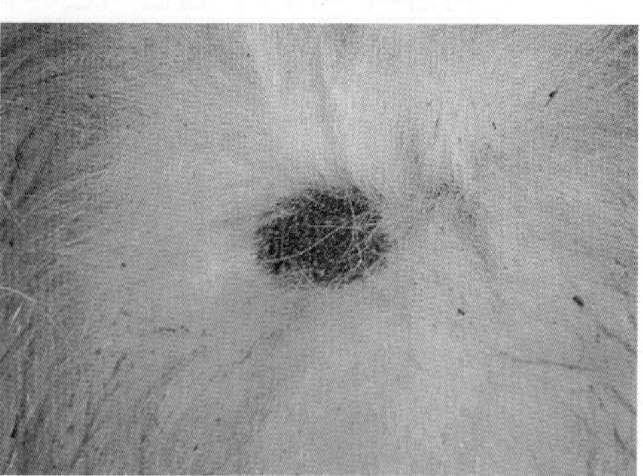

답안 작성하기

Creative Activity

1 동물들은 추위를 타지 않는다고 생각하는 사람이 많습니다. 그러나 북극곰과 한국호랑이 같이 추위에 강한 동물이 있고, 코끼리나 사막 여우처럼 더위에 강한 동물이 있습니다. 동물원의 동물들은 매서운 한파를 어떻게 이겨낼까요? 동물들이 동물원에서 겨울을 이겨내는 방법을 세 가지 적어보세요.

2 러시아의 북부 지방이나 스칸디나비아 반도 북부, 알래스카, 캐나다 북부, 그린란드, 남극 대륙은 너무 추워서 나무도 자랄 수 없는 곳입니다. 알래스카는 겨울에 온도가 영하 30~40℃까지 내려가는 아주 추운 곳이지만, 5천 년 전부터 사람들(이누이트)이 살았습니다. 이누이트는 우리와 다른 모습을 하고 있으며 다른 방법으로 살고 있었습니다. 이누이트의 생활 모습을 나의 생활 모습과 비교하고 차이점을 세 가지 적어보세요.

동영상 시청

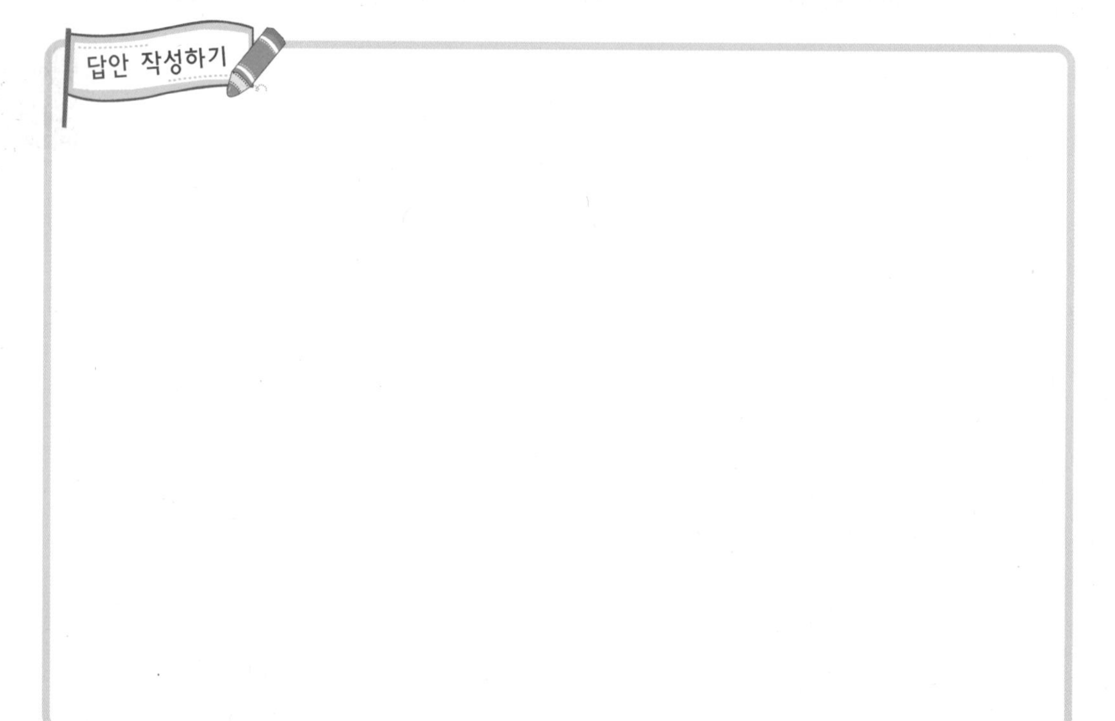

탐구보고서

1 탐구 주제(제목) :

2 탐구 문제(가설) :

3 탐구 방법

1) 실험 방법

2) 예상되는 결과

4 탐구 결과(표 또는 그래프로 작성)

5 탐구 결론

6 탐구에 대한 나의 의견(고민, 아쉬운 점, 느낀점, 새로 알게 된 점)

나의 몸

콜록~ 콜록~

질병관리본부가 전국에 인플루엔자(독감) 유행주의보를 발령했습니다. 주의보가 발령됐다는 것은 독감이 빠르게 퍼지고 있으므로 미리 주의해야 한다는 뜻입니다.

독감은 독한 감기가 아닙니다. 독감은 인플루엔자 바이러스로 감염된 감기로, 호흡기를 통해 기침이나 콧물, 침으로 감염되는 전염병입니다. 일반 감기보다 증세가 심하고 폐렴 등 2차 합병증이 발생하기 쉽습니다. 독감에 걸리면 고열이 나며 두통이 생기고, 콧물, 기침이 납니다. 또 쉽게 피로해지며 아프고 기운이 없어져 우리 몸 여러 부분이 자신이 맡은 역할을 다하지 못해 제대로 생활을 할 수가 없습니다.

우리 몸의 여러 부분은 각각 어떤 역할을 할까요?

주제 탐구를 위한 발문

1 나의 몸을 자세히 살펴보세요. 얼굴에는 무엇이 있나요? 몸에는 무엇이 있나요? 우리 몸의 겉모습에서 볼 수 있는 각 부분의 이름과 역할을 바르게 연결해 보세요.

눈 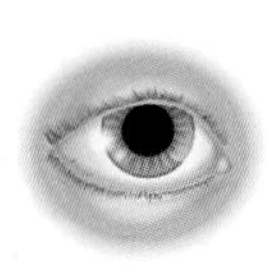 •	• 맛을 본다.
코  •	• 물체를 보고 구별한다.
입  •	• 냄새를 맡는다.
귀 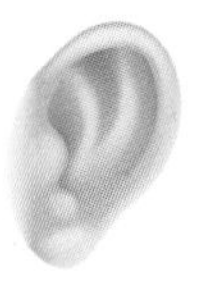 •	• 물체를 만져보고 구별한다.
손 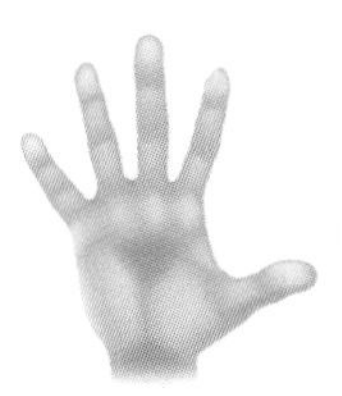 •	• 소리를 듣는다.
발 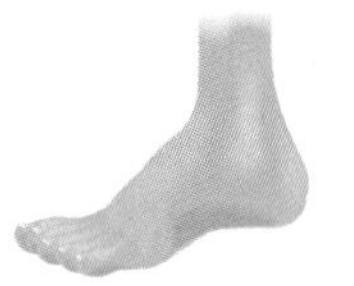 •	• 걷는다.

2 두 손으로 나의 몸 구석구석을 만져보세요. 무엇이 만져지나요? 어떤 느낌이 드나요?

(1) 우리 몸은 다양한 모양의 딱딱한 뼈로 이루어져 있습니다. 각 뼈의 역할을 알아보고 위치를 바르게 연결해보세요.

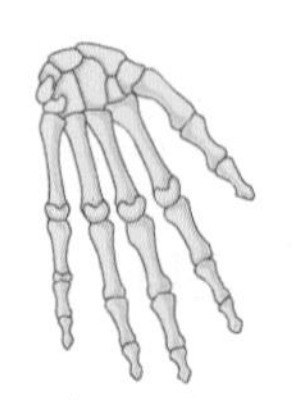
물건을 잡는다.

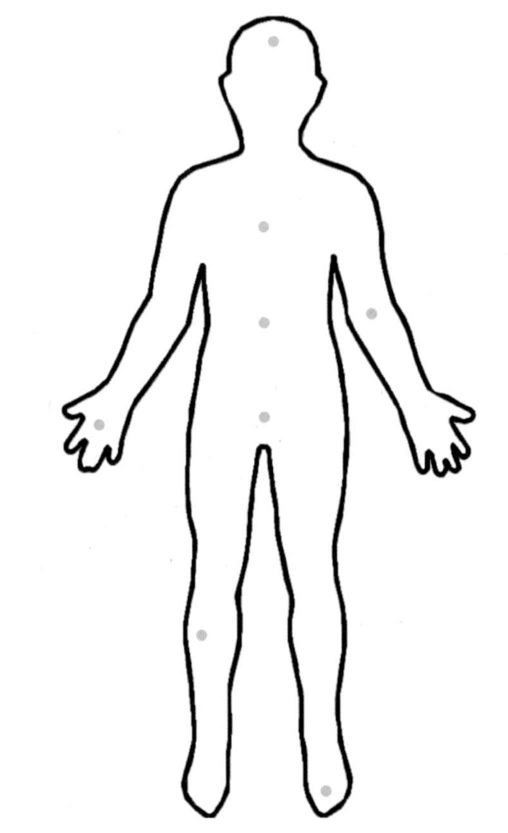

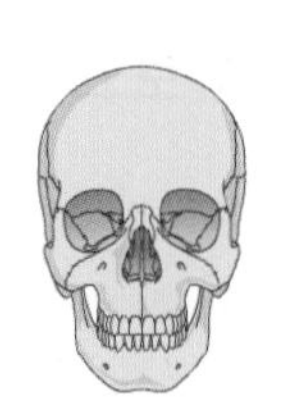
뇌를 보호한다.

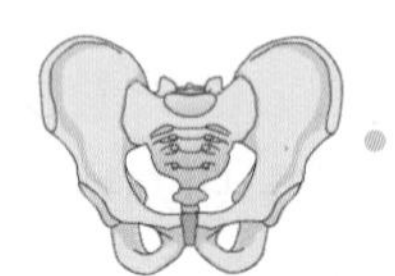
앉거나 걸을 수 있다.

심장, 폐, 등 내장 기관을 보호한다.

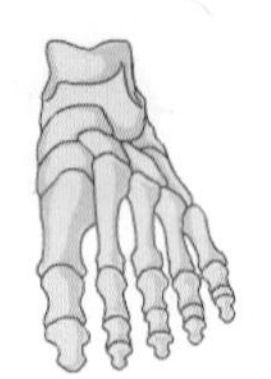
걷거나 달릴 수 있다.

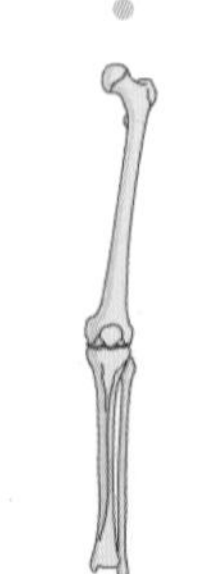
다리를 구부리거나 펼 수 있다.

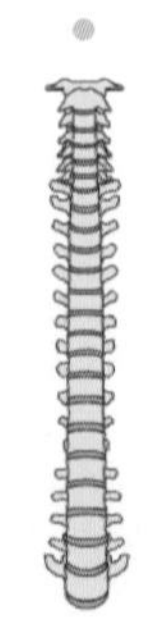
몸을 지탱한다.

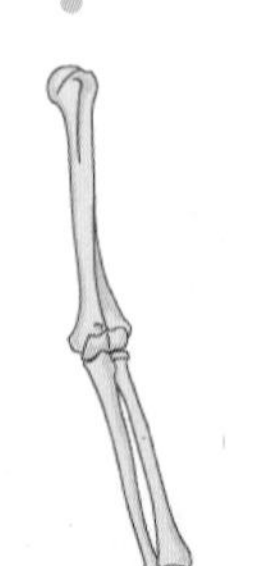
팔을 구부리거나 펼 수 있다.

(2) 손뼈를 자세히 살펴보세요. 손은 27개의 뼈로 이루어져 있습니다. 손이 하나의 크고 튼튼한 뼈가 아니라 여러 개의 작은 뼈로 이루어진 이유는 무엇일까요? 다음 실험을 직접 해보고 결과를 알아보세요.

〈실험 방법〉

① 비닐장갑의 손가락 끝 부분에서 손목 부분까지 나무젓가락 5개를 테이프로 붙인다.

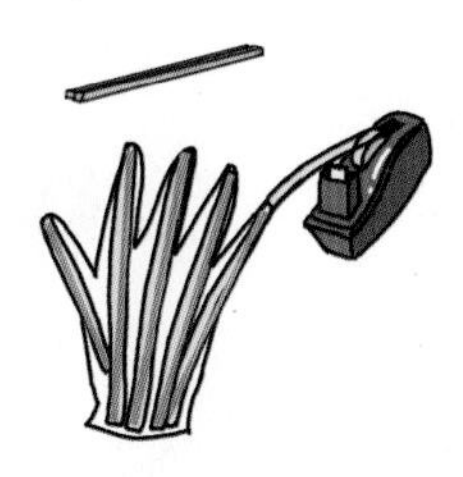

② 나무젓가락이 위로 가도록 장갑을 낀다.

③ 장갑을 끼고 물건을 잡아본다.

〈실험 결과〉

(3) 실험 결과를 바탕으로 손이 여러 개의 작은 뼈로 이루어진 이유를 적어보세요.

답안 작성하기

도전! STEAM

창의탐구력

Step 2 Creative Activity

1 뼈 안쪽 깊은 곳에도 특별한 일을 하는 신체 기관들이 많이 있습니다. 이 기관들은 우리가 직접 눈으로 볼 수 없습니다. 따라서 이 기관들에 병이 생기면, 병원에서 초음파나 CT 등으로 특수 검사를 해서 아픈 곳을 찾아내곤 합니다. 다음 각 신체 기관들의 역할을 알아보고 알맞은 곳에 바르게 연결해보세요.

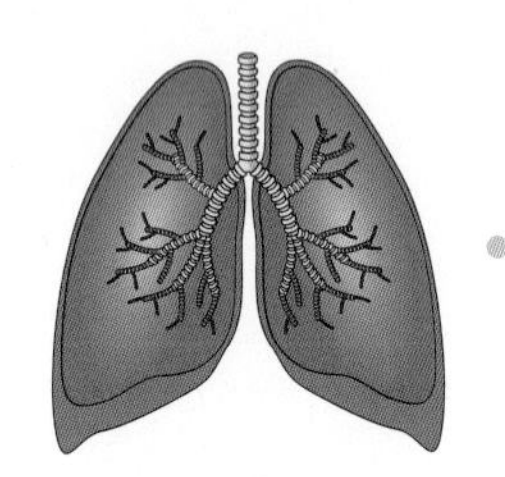

폐 : 산소를 들이마시고 이산화 탄소를 내보낸다.

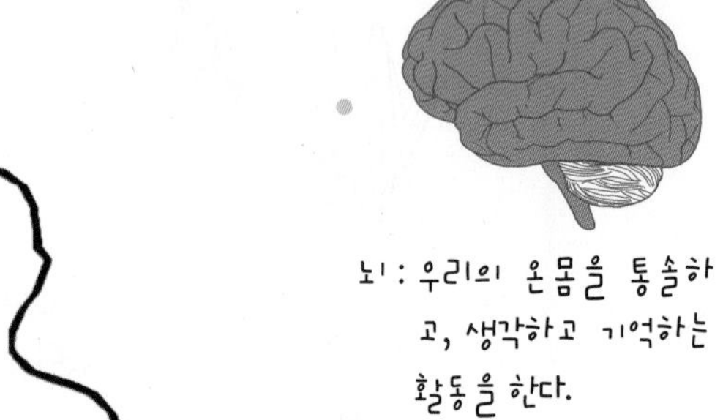

뇌 : 우리의 온몸을 통솔하고, 생각하고 기억하는 활동을 한다.

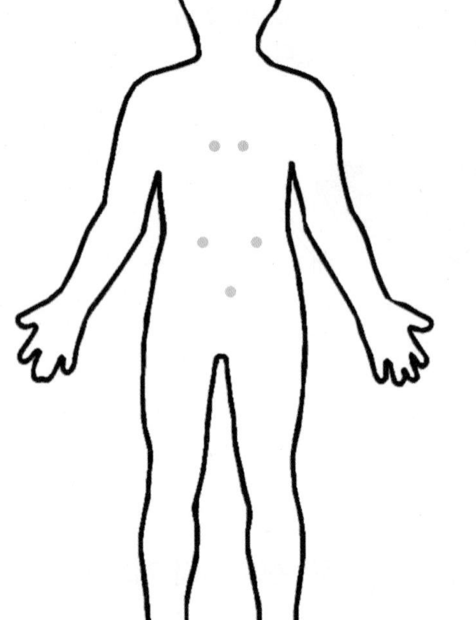

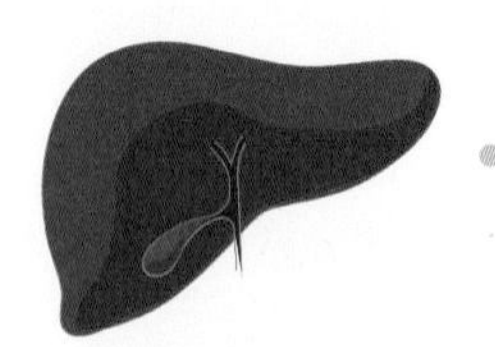

간 : 독성 물질을 없애고, 지방의 소화를 돕는 쓸개즙을 만든다.

심장 : 1분에 72회 정도 뛰며 피를 온몸으로 보낸다.

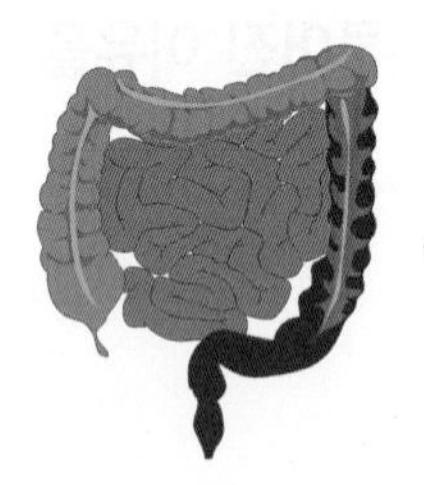

작은창자와 큰창자 : 분해된 영양소를 흡수하고, 남은 물을 흡수한다.

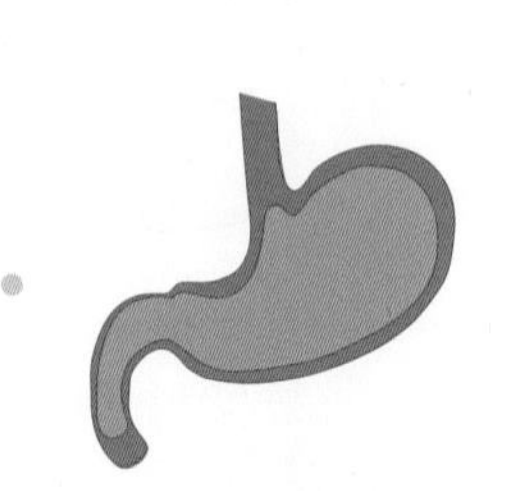

위 : 주머니 모양으로 생겼으며, 단백질을 소화시킨다.

2 우리 몸은 머리에서 발끝까지 모두 소중합니다. 독감(인플루엔자)을 예방하기 위해서는 어떻게 해야 할까요? 생활 속에서 독감을 예방할 수 있는 방법을 세 가지 적어보세요.

동영상 시청

탐 구 보 고 서

1 탐구 주제(제목) :

2 탐구 문제(가설) :

3 탐구 방법

1) 실험 방법

2) 예상되는 결과

4 탐구 결과(표 또는 그래프로 작성)

5 탐구 결론

6 탐구에 대한 나의 의견(고민, 아쉬운 점, 느낀점, 새로 알게 된 점)

좋은 책을 만드는 길 독자님과 함께하겠습니다.

도서나 동영상에 궁금한 점, 아쉬운 점, 만족스러운 점이
있으시다면 어떤 의견이라도 말씀해 주세요.
SD에듀는 독자님의 의견을 모아 더 좋은 책으로 보답하겠습니다.

www.sdedu.co.kr

안쌤의
STEAM+창의사고력 과학 100제 초등 1~2학년

개정7판1쇄 발행	2022년 07월 05일 (인쇄 2022년 05월 12일)
초 판 발 행	2014년 07월 10일 (인쇄 2014년 05월 20일)
발 행 인	박영일
책 임 편 집	이해욱
저 자	안쌤 영재교육연구소
감 수	김단영 · 이석영 · 전진홍
편 집 진 행	이미림 · 임유경
표지디자인	김도연
편집디자인	안시영 · 곽은슬
발 행 처	(주)시대교육
공 급 처	(주)시대고시기획
출 판 등 록	제 10-1521호
주 소	서울시 마포구 큰우물로 75 [도화동 538 성지 B/D] 9F
전 화	1600-3600
팩 스	02-701-8823
홈 페 이 지	www.sdedu.co.kr
I S B N	979-11-383-2531-8 (64400) 979-11-383-2530-1 (세트)
정 가	21,000원

시대교육이 준비한 특별한 학생을 위한, 최상의 학습 시리즈

초등영재로 가는 지름길, 안쌤의 창의사고력 수학 실전편 시리즈

- 영역별 기출문제 및 연습문제
- 문제와 해설을 한눈에 볼 수 있는 정답 및 해설
- 초등 3~6학년

안쌤의 수 · 과학 융합 특강

- 초등 교과와 연계된 24가지 주제 수록
- 수학사고력+과학탐구력+융합사고력 동시 향상

안쌤의 STEAM+창의사고력 수학 100제, 과학 100제 시리즈

- 영재성검사 기출문제
- 창의사고력 실력다지기 100제
- 초등 1~6학년, 중등

Coming Soon!

- 안쌤의 사고력 수학 퍼즐 시리즈
- 신박한 과학 사전 워크북
- 영재들의 학습법

※도서명과 이미지, 구성은 변경될 수 있습니다.

교육청 · 대학 · 과학고 부설 영재교육원 영재성검사, 창의적 문제해결력 평가 완벽 대비

안쌤의 STEAM+ 창의사고력

김단영 · 전진홍 · 이석영 감수
안쌤 영재교육연구소 편저

초등 1-2학년

과학 100제

| 정답 및 해설 |

SD에듀
시대교육(주)

이 책의 차례

재미있는 정답 및 해설

제1편 창의사고력 실력다지기 100제

제2편 도전! STEAM 창의탐구력

안쌤의 STEAM+ 창의사고력 과학 100제

초등 1~2학년

정답 및 해설

1편~2편 정답 및 해설

정답 및 해설

01

[1] ②
[2] 구루병
[3] [모범답안]
비타민D는 음식으로 섭취되는 것이 아니라 햇빛을 받으면 피부에서 만들어지는데, 요즘 학생들의 야외활동량이 줄어들어 햇빛을 받을 시간이 부족하므로 비타민D의 수치가 낮을 것이다.

해설

햇빛을 싫어하는 골룸은 어둠 속에서 주로 썩은 고기를 먹고 산다. 이에 반해 주인공 빌보 배긴스는 햇빛이 잘 들어오는 창문이 달린 집에 살면서 일광욕을 즐기고 각종 신선한 음식을 먹는다. 몸이 아파 골골대던 골룸은 건강한 빌보 배긴스와의 대결에서 패배해 결국 '절대반지'를 빼기게 된다.

[1] 비타민D는 햇볕을 쬐면 피부에서 생성된다.
[3] 요즘 학생들은 과거에 비해 야외활동 및 신체활동량이 줄어들고 실내에서 책이나 컴퓨터를 하는 등의 활동량은 증가하였다.

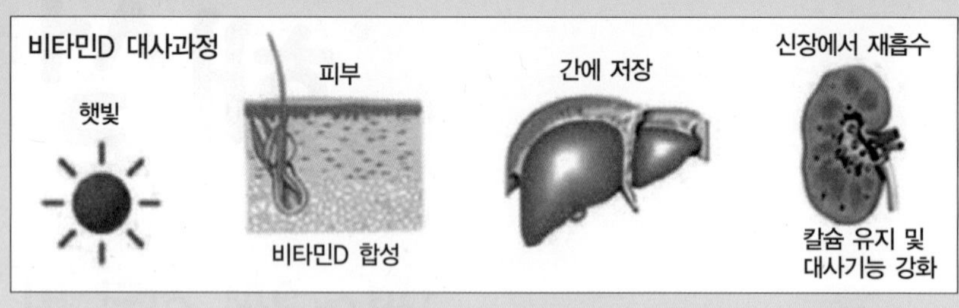

정답

02

[1] ④

[2] 무척추동물

[3] [모범답안 1]

- 오징어와 비슷한 동물 : 거미, 지렁이
- 그렇게 생각한 이유 : 등뼈가 없기 때문이다.

[모범답안 2]

- 오징어와 비슷한 동물 : 고래, 상어
- 그렇게 생각한 이유 : 물속에 살기 때문이다.

해설

대왕오징어는 남극과 북극을 제외한 전 세계 바다에서 목격된다. 대왕오징어는 서식지에서 해류를 따라다니며 수천 km씩 이동이 가능하다. 이러한 대왕오징어의 모습은 모두 다르지만, 유전적으로는 하나의 종이다. 오징어 새끼가 해류를 따라 이동하다가 먹이와 영양이 풍부한 곳에 정착하여 각자의 방식으로 진화해서 모습이 달라졌을 것이다.

[1] 세계 곳곳에서 발견된 대왕오징어의 세포 조직을 연구한 결과 유전자가 매우 비슷한 것으로 밝혀져 모두 같은 종이라는 결론을 얻었다.

[2] 등뼈가 있는 동물을 척추동물, 등뼈가 없는 동물을 무척추동물이라고 한다.

[3] 특정한 정답을 요구하기보다 그렇게 생각한 이유가 타당한지 확인한다.

03

정답

[1] ②
[2] 참외, 복숭아, 포도, 오이
[3] [모범답안]
- 장점 : 공처럼 구르지 않기 때문에 수박을 운반하거나 보관하는 데 편리하다.
- 단점 : 다 익기 전에 미리 수확하기 때문에 식용으로 적합하지 않다.

해설

[1] 수박은 여름철 대표 계절식품이다.
[2] 계절별 대표 계절식품

봄	달래, 냉이, 쑥 등
여 름	참외, 복숭아, 포도, 오이 등
가 을	배, 사과, 감 등
겨 울	귤, 배추, 시금치 등

정답

04

[1] ④
[2] 개구리, 곰, 뱀, 거북, 도마뱀, 박쥐 등
[3] [모범답안]
겨울잠을 자는 동안 신체활동량 및 필요한 에너지양이 줄어들어 장거리 우주여행을 하는 데 도움이 될 것이다.

해설

겨울잠을 자는 동물들은 '각성'을 통해 근육과 뼈를 보호한다. 각성은 5~10일에 한 번씩 주기적으로 깨서 체온을 올리는 현상으로, 이때 근육조직을 보호해주는 열충격단백질이 평소보다 50% 이상 늘어난다. 보통 겨울잠을 자는 동안은 면역력이 떨어져서 바이러스와 병원균이 침투하지만, 체온이 낮아서 활성화되지 않는다. 그러다 각성 상태가 되면 체온이 오르면서 면역체계가 가동돼 바이러스와 병원균을 한꺼번에 물리친다고 알려졌다.

[1] 겨울잠이란 비교적 먹이가 없는 겨울에 동물이 활동을 중단하고 땅속이나 동굴 등에서 겨울을 보내는 일로, 대체로 추운 지방에 사는 작은 생물들이 겨울잠을 잔다.

[3] 동물이 겨울잠을 자는 동안에는 신체 활동량이 줄어 물이나 음식을 매일 먹지 않아도 되고, 배설량도 줄어든다. 이러한 것을 이용해 장거리 우주여행 시 사람이 겨울잠을 자는 것과 같은 상태가 된다면 필요한 식량과 물의 양 및 우주선의 공간 등을 줄일 수 있을 것이다. 따라서 사람의 겨울잠 스위치를 마음대로 조절할 수 있다면 장거리 우주여행은 물론이고 저체온 수술과 장기 이식, 다이어트, 수명 연장 등 다양한 분야에서 활용할 수 있다고 한다. 사람이 우주여행을 오래 할 수 없는 이유는 무중력 상태에 오래 있게 되면 근육 위축, 뼈엉성증(골다공증), 신경 교란 등 각종 이상 현상이 일어나기 때문이다. 이런 신체 이상 현상을 겨울잠이 막아준다는 것이다.

05

정답

[1] ④

[2] 보호색

[3] [모범답안]

봄, 여름, 가을에는 주변 환경이 갈색이므로 털색도 갈색이지만, 겨울에는 눈이 쌓여 주위가 하얗게 되기 때문에 흰색 털로 털갈이를 한다. 즉, 토끼는 자신을 천적으로부터 보호하기 위해서 겨울이 되기 전에 털갈이를 해서 몸을 하얗게 만드는 것이다.

해설

사람은 얼굴이 붉게 달아오르거나 핏기가 가시거나 햇볕에 타서 빨개졌다가 까맣게 변할 때 외에는 피부 색깔이 변하지 않는다. 다시 말해 사람은 마음대로 피부색을 바꿀 수 없다.

그러나 동물들 중에는 몸의 색을 변화시킬 수 있는 것들이 있다. 몸의 색을 변화시키는 동물이라면 카멜레온이 가장 먼저 떠오를 것이다. 카멜레온은 빛, 온도, 감정 변화에 따라 초록색, 빨간색, 갈색 등으로 피부색을 다양하게 바꿀 수 있다.

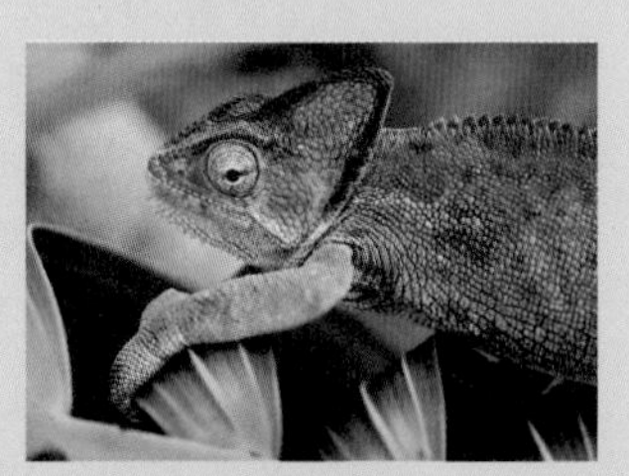
카멜레온

[1] 자벌레는 주변 나뭇가지의 색깔뿐만 아니라 모양까지 비슷하게 위장한다.

[3] 주변이 흰색인데 갈색 털을 갖고 있으면 포식자에서 발견되어 잡아먹힐 수 있다.

06

정답

[1] ⑤

[2] 꽃가루받이

[3] [모범답안]

장미꽃과 호박꽃 등은 곤충에 의해 꽃가루받이가 이루어지는데 색깔이나 향기가 진할수록 곤충의 눈에 잘 띈다.

해설

[1] 스위스 북부 두 곳에서 채취한 2억 5,200만~2억 4,700만 년 전 퇴적물에서 발견된 여섯 종류의 꽃가루 화석이 가장 오래되었다.

[2] 꽃가루받이를 통해 꽃가루가 암술로 옮겨지고, 새로운 씨앗이 만들어진다.

[3] 장미꽃이나 호박꽃 등은 곤충에 의해 꽃가루가 옮겨지는데, 이러한 꽃을 충매화라고 한다.

정답

07

[1] ①, ②, ③
[2] 안구건조증
[3] [모범답안]
- 잠자리에서 스마트폰을 사용하지 않는다.
- 걸어 다니면서 스마트폰에 너무 집중하지 않는다.
- 식사 시간이나 대화 중에 스마트폰을 사용하지 않는다.

해설

스마트폰은 사용자의 자유도가 넓고 편리하게 사용할 수 있어 사용자의 자기인식 능력과 자기 통제력에 따라 유용한 앱을 유익하게 잘 사용하기도 하지만, 너무 스마트폰에만 몰두하면 사용자의 삶이 제한되고 스마트폰의 노예가 될 수도 있는 양면성이 있다.

〈스마트폰 중독 체크리스트〉

	YES	NO
Q1. 가족이나 친구들과 함께 있는 것보다 스마트폰을 사용하고 있는 것이 더 즐겁다.		
Q2. 스마트폰을 사용할 수 없게 된다면 견디기 힘들 것이다.		
Q3. 스마트폰 사용시간을 줄이려고 해보았지만 실패했다.		
Q4. 스마트폰을 사용하지 못하면 온 세상을 잃은 것 같은 생각이 든다.		
Q5. 스마트폰 사용으로 계획한 일(공부, 숙제 또는 학원 수강)을 하기 어렵다.		
Q6. 스마트폰이 없으면 안절부절못하고 초조해진다.		
Q7. 수시로 스마트폰을 사용하다가 지적을 받은 적이 있다.		
Q8. 스마트폰을 사용할 때 그만해야 한다고 생각을 하면서도 계속한다.		
Q9. 스마트폰을 너무 자주 또는 오래 한다고 가족이나 친구들로부터 불평을 들은 적이 있다.		
Q10. 스마트폰 사용에 많은 시간을 보내는 것이 습관화되었다.		
0~3개는 정상, 일반 사용자입니다. 4~7개는 중독 초기, 주의 사용자입니다. 8~10개는 완전 중독, 위험 사용자입니다.		

정답

08

[1] ③

[2] 개의 경우 적정 체중의 10~15% 이상을 초과할 경우 비만이라고 한다.

[3] [모범답안]

- 물통을 자주 갈아주어 깨끗한 물을 줄 것이다.
- 먹이는 일정한 시간에 적당한 양만 줄 것이다.
- 일주일에 2~3번 야외로 산책을 나와 운동을 시킬 것이다.

해설

적절한 운동과 산책은 반드시 필요하나, 이때는 목줄을 꼭 사용해야 하고 운동시간은 하루에 약 20~60분으로 조절해야 한다. 또한, 비만은 호르몬 관련 질환으로 인해 발생하거나 중성화수술(새끼를 낳을 수 있는 번식기능을 없애는 수술) 후에도 발생할 수 있다고 하므로 담당 수의사와 상담을 통해 적절하게 체중을 조절해야 한다.

[1] 반려견의 건강을 관리하기 위해서는 전용 사료를 주는 게 좋다.

정답

09

[1] ⑤

[2] • 서울 : 4월 9일
 • 전주 : 4월 1일

[3] [모범답안]

벚꽃이 예년보다 일찍 피는 이유는 꽃이 피는 시기에 영향을 주는 2, 3월 기온이 예전보다 높아졌기 때문이다.

해설

[3] 지구온난화로 인해 기온이 상승하면서 벚꽃의 개화 시기가 점점 빨라지는 추세이다. 그러나 꽃이 피는 현상은 단순히 온도에 의존하는 것만은 아니며, 일조량 등의 빛의 양이나 습도 등 다양한 환경 요인이 꽃의 개화시기에 영향을 미친다.

10 정답

[1] ①, ⑤

[2] • 평소보다 좁은 보폭으로 걷는다.
• 주머니에 손을 넣고 걸어 다니지 않는다.
• 바닥이 미끄러운 신발을 신지 않는다.

[3] [모범답안]

눈	장갑	모자
귤	김장	겨울잠
스키	눈사람	설날

해설

[1] 눈이 오고 기온이 낮은 겨울철에는 눈사람을 만들고 스키를 탈 수 있다.

11 정답

[1] ②

[2] • 크기가 모두 비슷하다.
• 둥그렇게 여러 개가 모여 있다.
• 햇빛에 비춰보면 조그마한 구멍들이 보인다.

[3] [모범답안]
알이 잘 구르지 않기 때문에 둥지에서 떨어지지 않아 안전하게 보호할 수 있으며, 어미가 품기 좋다.

해설

달걀 껍데기에는 수많은 세균도 살고 있다. 그래서 우리나라에서는 세균 감염을 우려해 달걀 세척을 의무화하고 있으며, 집에서도 달걀을 산 뒤 물로 세척하여 달걀을 보관하는 사람이 많다. 그런데 달걀을 씻으면 더 깨끗해질까? 달걀 껍데기에는 숨구멍으로 세균이 들어가지 못하게 해주는 천연 보호막인 큐티클이 묻어 있다. 그런데 달걀 껍데기를 너무 문질러 씻으면 큐티클이 씻겨 나가버려 씻지 않은 달걀보다 더 빨리 상하고 신선도가 떨어진다고 한다.

[1] 개나 코끼리 등은 새끼를 낳는다.

[2] 공룡 알 화석에서 발견되는 작은 구멍은 공기가 통하는 숨구멍이다.

[3] 공처럼 완전히 둥근 모양일 때보다 바닥에 닿는 면적이 넓어 잘 굴러가지 않는다.

12

정답

[1] ③
[2] 겨울철보다 여름철 수온이 높아 녹조류가 발생하기 좋은 환경이기 때문이다.
[3] [모범답안]
- 수차를 돌려서 물을 뒤섞는다.
- 물 아래까지 공기를 넣어준다.
- 물을 세게 흐르게 한다.

해설

녹조를 막기 위해서는 생활하수를 충분히 정화하고, 영양염류가 바다나 호수로 흘러들어 가지 않도록 해야 한다. 또한, 강이나 호숫가에 식물을 심어 이미 유입된 영양염류를 흡수하고 제거하는 것이 좋다.

[1] 물 표면에 녹조가 덮이면 물속으로 산소가 추가로 들어가지 않아 물속 산소량이 감소한다.

[3] 물의 흐름이 느려지면 발생한 녹조류가 다른 곳으로 이동하지 못하고 한 곳에 쌓이며, 이 때문에 물속 산소가 부족하여 물고기가 폐사하는 등 다양한 문제가 발생한다. 이러한 녹조 현상이 발생하면 물을 세게 흐르게 하여 녹조 현상이 심각해지지 않도록 한다. 또한, 수차를 돌려 물을 뒤섞어주고 물 아래까지 공기를 넣어줌으로써 녹조를 없애기도 한다. 이 중에서 가장 간단하면서도 안전한 방법은 물을 흐르게 하는 것이다. 그러나 한 번 물에 유입된 영양염류는 제거하지 않으면 수중 생태계에 계속 남아 있으므로 녹조가 되풀이 된다.

13

정답

[1] ②
[2] 열량이 지나치게 낮은 식품을 지속적으로 섭취하면 영양 불균형이 발생할 가능성이 있기 때문이다.
[3] [모범답안]
- 아침, 점심, 저녁을 규칙적으로 먹는다.
- 열량이 높은 인스턴트식품을 자주 먹지 않는다.
- 여러 가지 영양소를 골고루 섭취할 수 있도록 편식하지 않는다.

해설

체중 조절용 식품 광고를 보면 '밥 대신 이 식품을 먹으면 살이 빠진다'는 문구를 볼 수 있다. 하지만 이 식품만 먹으면 기준치보다 훨씬 낮은 열량을 섭취하게 돼 건강에 이상이 온다. 특히 한창 자라나야 할 어린이들이 이 제품만 먹으면 필요한 영양소를 충분히 섭취하지 못해 성장에 나쁜 영향을 미칠 수 있다. 1일 권장섭취량을 지키면서 열심히 운동하는 것이 건강한 다이어트 방법이라고 할 수 있다.

[1] 남자 어린이는 1,600~2,400kcal, 여자 어린이는 1,500~2,000kcal를 하루에 섭취해야 한다.

14

정답

[1] ⑤

[2] 지구온난화로 인해 바닷물 온도가 높아져 전에 서식하지 않았던 아열대 생물이 나타났기 때문이다.

[3] [모범답안]
한 종류의 생물이 없어질 경우 그와 먹이사슬로 연관된 다른 생물에게 영향을 주어 결국 지구 전체 생태계가 위험해 질 수 있기 때문이다.

해설

남해안의 경우 겨울철 바닷물의 최저 온도가 1930년대보다 1~2℃, 남해의 연평균 바닷물 온도도 1970년대보다 약 1℃ 오르면서 아열대 생물이 나타났다. 그동안 제주도 해역에서만 관찰되던 톱날꽃게, 갯가재류, 홍다리 얼룩새우 등이 남해안 전역에서 나타나고 있다.

[1] 우리나라 갯벌에는 독일, 네덜란드 연안의 바덴 해 갯벌보다 약 3.3배 많은 생물이 서식한다고 알려져 있다.

[2] 환경오염으로 인해 한두 종의 생물이 없어질 경우 자칫 전체 생태계에 영향을 주어 인류에게도 나쁜 영향을 끼칠 수 있다.

정답 및 해설

15

정답

[1] ②

[2] 유전자 조작

[3] [모범답안]

- 장점 : 대량 생산이 가능하여 식량난을 해소할 수 있다. 병충해 걱정 없이 키울 수 있다.
- 단점 : 아직까지 인체에 어떤 영향을 미치는지에 대한 정확한 연구 결과가 없다. 유전자 조작으로 의도하지 않은 결과가 나타날 수 있다.

해설

새로운 특징을 가진 작물들은 1996년에 본격적인 재배가 시작돼 현재 25개국에서 1,130만 농가가 재배하고 있으며, 그 규모가 13년 만에 73배로 늘어났다. 전체 재배면적의 50%를 미국이 차지하고 있다. 특히 세계 전체 콩 재배면적의 70%가 유전공학기술로 유전자를 변형시킨 콩을 재배하고 있다. 우리 주변에서 유통되고 있는 대표적인 유전자변형생물체 원료 식품으로는 식용유와 두부가 있다.

[1] 포메이토는 토마토와 감자를 합친 품종이다.

[2] 유전자조작식품(GMO)은 대량 생산이 가능하고 병충해에 강한 식품으로 식량난을 해소할 수 있지만 아직 인체에 어떠한 영향을 미치는지에 대한 정확한 연구 결과가 없다. 인체에 미치는 영향은 지속적으로 관찰하여 연구해야 하는 과제이다.

16

정답

[1] ③

[2] 나트륨

[3] [모범답안]

- 맵고 짠 찌개보다 맑은 국 위주로 먹는 것이 좋다.
- 국물까지 모두 먹지 않고 건더기만 건져 먹는 것이 좋다.
- 레몬즙과 같이 소금을 대체할 수 있는 다른 양념을 넣는 것도 좋은 방법이다.
- 소금마다 나트륨 함량이 다를 수 있기 때문에 나트륨이 덜 포함된 소금을 사용하는 것이 좋다.

해설

2012년 8월 어느 여름 10살밖에 안 된 아이가 숨진 채 발견되었다. 이 아이를 숨지게 한 원인은 바로 소금. 새엄마는 소금이 많은 든 밥과 국을 아이에게 먹이며 학대했고, 결국 나트륨 중독에 의한 쇼크로 어린 나이에 숨졌다고 한다. 나트륨은 소금(염화 나트륨)의 한 성분으로, 우리가 먹는 모든 음식에는 나트륨이 들어 있어서 피하기 힘들기 때문에 건강에 더 위협적이다. 어린이가 소금을 많이 섭취하면 고혈압 발생 위험이 커지고 짠맛에 대한 선호도가 일찍부터 생길 수 있다. 어린이가 소금을 덜 섭취할수록, 자라서도 짠맛을 덜 원하게 된다. 소금 섭취를 줄이기 위해서는 의식적으로 싱겁게 먹는 습관을 들여야 하고 나트륨이 덜 들어 있는 과일과 채소를 많이 먹어야 한다.

[1] 소금을 너무 많이 섭취하면 나트륨에 중독되어 심할 경우 사망에 이를 수 있다.

[3] 나트륨은 소금에 포함된 형태로 우리 몸에 섭취되기 때문에 소금 섭취량을 줄이면 나트륨 섭취량을 줄일 수 있다.

17

정답

[1] ⑤

[2] 현미경으로 관찰한다.

[3] [모범답안]

- 술과 빵을 만드는 데 사용한다.
- 우유를 요구르트로 만들어 준다.
- 쓰레기를 분해하여 흙을 거름지게 만든다.
- 항생제와 같은 질병의 치료제 개발에 사용된다.

해설

[1] 헬리코박터 균을 우리 몸에서 완전히 제거하려면 항생제를 사용해야 하며, 유산균 음료로 헬리코박터 균을 없앨 수는 없다.

[2] 현미경은 눈에 보이지 않는 작은 생물을 관찰하는 실험 도구이다.

정답 및 해설

18

정답

[1] ③
[2] 지구온난화
[3] [모범답안]
외래종이 우리나라에 들어오면 천적 관계의 생물이 없어 빠르게 번식하기 때문에 토종 생태계가 균형을 잃게 된다.

해설

[1] 꽃 매미가 추운 지방에서 잘살게 된 것이 아니라 지구온난화로 인해 우리나라 기온이 높아져 꽃 매미가 서식할 수 있는 환경이 되었다.
[3] 외래종의 개체 수가 많아지면 외래종의 먹이가 되는 특정 생물의 개체 수가 감소할 수 있다.

19

정답

[1] ⑤
[2] 바나나 주변에서 초파리가 스스로 생기는 것이 아니라 기존에 있던 초파리가 바나나에 알을 낳으면 그 알이 부화하여 초파리가 생긴다.
[3] [모범답안]
- 실험에서 같게 해야 할 조건 : 병 속에 넣는 물질의 종류와 양, 병을 보관하는 장소 등
- 실험에서 다르게 해야 할 조건 : 뚜껑의 유무

해설

[1] 초파리 알이 자라서 성충이 되기까지는 약 일주일 정도의 시간이 걸린다.
[2] 우리 눈에는 보이지 않지만, 바나나에 이미 초파리의 알이 있는 경우도 있다.
[3] 뚜껑의 유무 외 다른 모든 조건은 같게 해야 병 속에서 발생한 구더기가 스스로 생겨난 것인지 아니면 다른 파리(어버이)에 의해 발생한 것인지 비교할 수 있다.

정답

20

[1] 실제로 다시 살아날 가능성이 거의 없지만, 목숨을 이어가기 위해 행하는 의료 행위를 연명치료라고 한다.

[2]

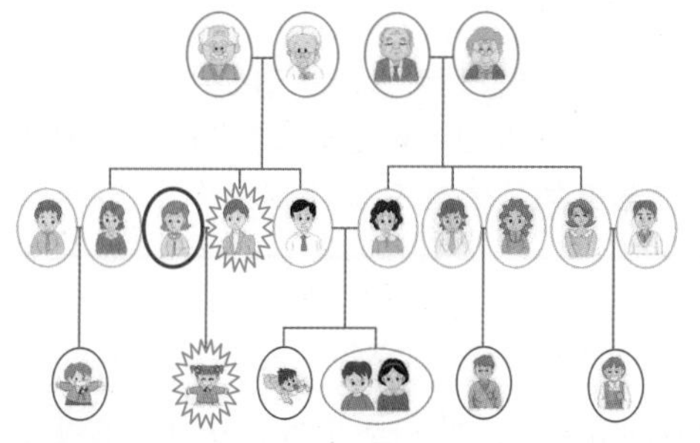

[3] [모범답안]

연명치료 중단을 찬성한다. 왜냐하면, 실제로 환자가 다시 움직이거나 생각할 가능성이 없는 상태라면 환자 스스로는 아무것도 할 수 없는 상태라고 생각한다. 물론 사람의 생명 자체도 소중한 것이지만, 아무것도 하지 못한다면 환자 스스로가 더욱 힘들 것이기 때문에 연명치료 중단을 찬성한다.

해설

[2] 연명치료를 결정할 수 있는 가족은 환자의 배우자와 부모나 자식이다.

[3] 연명치료 중단에 대해 찬성이나 반대 입장에서 적절한 근거를 들어 설명할 수 있어야 한다.

정답 및 해설

정답

01

[1] ③

[2] 카페인

[3] [모범답안]

비료의 성분 중 가장 많이 흡수되는 영양소는 질소로, 질소는 식물의 외형적 성장에 직접적으로 관계된다. 커피 찌꺼기는 질소가 풍부한 카페인을 포함하고 있기 때문에 산성 토양을 좋아하는 식물 아래에 놓아두면 훌륭한 비료가 될 수 있다.

해설

[1] 커피에 들어 있는 카페인에 함유된 질소가 탄소가 가진 냄새를 흡착하는 특성을 강화시키기 때문에 방향제나 환경친화적 필터로 사용되며, 황화수소 기체를 대량으로 흡수한다.

[3] 카페인은 비료의 중요 성분인 질소를 풍부하게 포함하고 있기 때문에 산성 토양을 좋아하는 식물 아래에 커피 찌꺼기를 놓아두면 커피 찌꺼기가 훌륭한 비료 역할을 하여 식물이 잘 자랄 수 있게 도와준다. 질소는 식물의 외형적 성장에 직접적으로 관계되며 질소가 부족하면 식물의 성장이 위축되고 잎의 색깔이 연해질 뿐만 아니라 꽃이 잘 피지 않거나 아주 작게 필 수 있다. 반면 질소가 과할 때는 식물이 보통 이상으로 많이 자라 연약해지고 얇은 잎만 비정상적으로 커진다.

정답

02

[1] ③

[2] 이산화 탄소로 변해 공중으로 날아가기 때문이다.

[3] [모범답안]

모두 같은 탄소로 이루어져 있지만 탄소 입자의 배열이 다르기 때문이다. 흑연, 숯, 풀러렌, 탄소나노튜브, 그래핀 등도 탄소로 이루어져 있다.

해설

[1] 촛불은 물질이 아니므로 그 성분을 연구하는 일은 쉽지 않다. 하지만 저우 교수는 촛불의 성분을 알아내는 일은 불가능하다는 동료 과학자의 말을 반박하며 연구를 시작했다. 촛불의 성분을 알아내기 위해 촛불 내부의 물질을 채집하였는데 각기 다른 4가지 탄소 물질이 발견되었다.

[2] 촛불에서는 초당 150만 개에 달하는 다이아몬드 입자가 만들어지지만, 이산화 탄소로 변해 공중으로 날아가기 때문에 눈 깜짝할 사이에 사라진다.

[3] 흑연, 숯, 다이아몬드 등은 모두 탄소로 이루어져 있지만, 배열 상태가 달라 서로 다른 형태로 존재한다. 이처럼 같은 입자(원소)로 이루어져 있지만 배열 상태가 달라 여러 가지 형태로 존재하는 물질을 동소체라고 한다. 탄소 동소체 외에도 인 동소체(붉은 인, 흰 인), 황 동소체(단사황, 고무 상황, 사방황), 산소 동소체(산소, 오존) 등이 있다.

03 정답

[1] ②, ④
[2] 공기
[3] [모범답안]
아이스크림 두통은 찬 아이스크림을 급하게 먹었을 때 우리 몸의 온도가 낮아지면서 머리의 혈관이 수축되어 혈액 순환이 원활하지 않기 때문에 나타난다.

해설

[1] 유화제는 물과 기름처럼 서로 섞이지 않는 물질을 섞어준다.

[2] 먹기 전에 숟가락으로 휘젓거나, 아이스크림 제조과정 중에 얼어 있는 아이스크림을 휘저어 줄 때 공기가 들어가기 때문에 아이스크림이 더 부드러워진다. 또한, 가벼운 공기로 인해 아이스크림이 부피에 비해 가벼워진다.

[3] 아이스크림 두통은 찬 음식을 먹었을 때 몸의 온도가 떨어지면서 머리의 혈관이 수축하고 이때 좁아진 혈관으로 혈액이 지나가다 보니 혈관 주변으로 통증이 오는 것이다. 그러나 아이스크림 두통은 혈관이 외부 자극에 적응하고 나면 사라진다. 아이스크림 두통은 겨울보다 한여름에 주로 발생한다. 여름에 아이스크림을 빨리 먹으면 급격한 온도 저하로 혈관의 수축이 심해지기 때문이다. 이를 예방하기 위해서는 아이스크림을 입 앞쪽에서 천천히 조금씩 녹여 먹으면 된다. 주로 입 안쪽 부드러운 입천장에 찬 것이 닿았을 때 아이스크림 두통이 발생하기 때문이다.

정 답

04

[1] ②
[2] 어는점이 크게 낮아져 한겨울에도 부동액이 얼지 않기 때문이다.
[3] [모범답안]
물과 에틸렌글리콜의 혼합용액인 부동액을 사용하면 어는점이 낮아져 추운 겨울에는 얼지 않고, 동시에 끓는점은 높아져 더운 여름에는 끓어 넘치지 않는다.

해설

[1] 일반 물을 사용하면 기온이 뚝 떨어지는 겨울에는 물이 얼어 부피가 팽창하면서 자동차 내부에 손상을 입힐 수 있으므로 물과 에틸렌글리콜의 혼합용액인 부동액을 사용한다.
[3] 부동액을 겨울뿐 아니라 여름에도 넣는 이유는 겨울에는 얼지 않게 하고 여름에는 끓어 넘치지 않게 하기 위해서이다. 물에 끓는점이 높은 화합물이나 소금 같은 염을 녹이면 물의 끓는점은 100℃보다 높아지고, 동시에 어는점은 0℃보다 낮아진다. 그렇다고 부동액으로 소금물을 사용해서는 안 된다. 소금물은 자동차 내부를 이루고 있는 철 금속을 녹슬게 하고 이때 떨어져 나온 쇳덩어리들이 냉각기를 막아 엔진이 과열되어 큰일이 날 수 있기 때문이다.

정 답

05

[1] ⑤
[2] 코끼리는 사람과 마찬가지로 혈액 속 헤모글로빈이 따뜻한 온도에서만 산소를 잘 전달하지만, 매머드는 기온이 떨어져도 온도와 관계없이 혈액 속 헤모글로빈이 산소를 지속적으로 몸에 공급했다.
[3] [모범답안]
빙하기의 혹독한 추위를 이겨내기 위해 엄청난 에너지를 소모해야 했을 것이므로 훨씬 많은 양을 먹었을 것이다.

해설

[1] 코끼리와 사람은 따뜻한 온도에서만 혈액 속 헤모글로빈이 산소를 전달하지만, 매머드는 기온이 떨어져도 온도와 관계없이 헤모글로빈이 산소를 전달한다.
[2] 매머드는 영하 기온에도 혈액이 얼지 않도록 유전적으로 진화한 덕분에 빙하기를 견딜 수 있었다. 즉 매머드의 혈액에는 피를 얼지 않게 하는 부동액 성분이 있었다.
[3] 빙하기의 혹독한 추위에도 혈액이 얼지 않게 하려면 엄청난 에너지가 필요했을 것이다. 따라서 에너지를 만들기 위해 훨씬 많은 양의 먹이를 먹었을 것이다.

정답 06

[1] ①, ④
[2] 김장 배추
[3] [모범답안]
과숙기와 산폐기에 이르면 탄산을 만드는 유산균의 활동이 줄고 젖산만 만드는 유산균의 활동이 활발해지므로 젖산이 많아지면서 젖산 농도가 높아지고 pH는 4.5보다 낮아져 맛은 시어지고 오래 묵은 젓갈 같은 냄새가 난다.

해설

[1] 아무리 좋은 재료로 김치를 만들어도 빨리 상하거나 시어지면 소용이 없다. 김치의 맛은 온도와 유산균에 좌우되는 만큼 이들 요소를 적절히 조절하는 것이 필요하다.
[2] 수확 시기와 위치에 따라 김장 배추, 여름 배추, 봄 배추, 월동 배추 등으로 나뉘는데, 이 중 가장 맛있는 배추는 11월에 수확하는 김장 배추다. 그래서 1년 중 배추가 가장 맛있는 계절인 겨울에 김장하는 것이다.
[3] 과숙기와 산폐기에 이르면 탄산을 만드는 웨이셀라 균과 류코노스톡 균의 활동이 줄고, 젖산만 만드는 동형발효유산균인 락토바실루스 균의 활동이 활발해진다. 젖산이 많아지면서 맛은 시어지고, 오래 묵은 젓갈 같은 냄새가 난다. pH는 4에 가까워지며, 젖산 농도도 2.5%가 넘어간다.

정답 07

[1] ③
[2] 감기는 심각한 질병이 아니고 감기의 원인 바이러스는 다양하여 백신을 만들기 어렵다.
[3] [모범답안]
커피나 녹차, 에너지 음료 등은 카페인이 많이 들어 있는 식품인데 감기약에도 카페인이 많이 들어 있기 때문에 같이 먹으면 위험하다.

해설

[1] 감기 기운이 있다고 무턱대고 약부터 먹으면 부작용을 일으킬 수 있으므로 증상이 있을 때만 약을 골라 먹어야 한다. 감기약의 효과를 약을 먹으면 7일, 참으면 일주일이 간다고 빗대어 말하기도 한다. 감기의 원인 바이러스는 여러 바이러스가 관여하는데 유형으로 치면 200가지가 넘을 만큼 다양해서 어디에 초점을 맞춰 백신을 개발해야 하는지 결정하기 어렵다. 해열제나 소염제가 들어 있는 감기약은 반드시 식사하고 먹어야 하지만 대부분의 감기약은 식사시간과 무관하게 먹어도 된다. 감기는 걸려보지 않은 사람이 없다고 할 정도로 흔한 질병이다.

정답

08

[1] ④

[2] 물에 불순물과 공기가 포함되어 있기 때문이다.

[3] [모범답안]

끓인 물을 냉동실에 넣고 얼린다.

해설

[1] 물이 얼면 결정구조가 육각형으로 바뀌면서 물일 때보다 입자들 사이의 거리가 멀어지기 때문에 부피가 9% 늘어나 밀도가 낮아지고 물에 뜨는 것이다.

[2] 물속에는 다양한 기체들이 녹아 있는데, 이 기체가 물이 얼면서 미처 빠져나가지 못하면 빈 공간을 만든다. 얼음이 투명하게 보이려면 가시광선이 통과해야 하는데, 이렇게 기포가 갇혀 만들어진 빈 공간들은 빛을 반사하거나 산란해서 뿌옇게 보이게 한다.

[3] 물에 포함된 불순물과 공기 때문에 냉동실에서 얼린 얼음은 하얀색을 띤다. 따라서 투명 얼음을 만들기 위해서는 물속에 녹아 있는 기체와 불순물을 최대한 제거하면 된다. 예를 들어 물을 끓이면 물속에 있던 기체들이 빠져나오므로 끓인 물을 냉동실에 넣고 얼리면 맑고 투명한 얼음을 만들 수 있다.

정답

09

[1] ①, ⑤

[2] 유리병이나 사기 재질의 통에 생수를 옮겨 담아 냉장 보관한다. 개봉하고 난 뒤에는 끓여 마시거나 정수해서 마신다.

[3] [모범답안]

페트병은 1회 사용을 목적으로 만들어진 제품이므로 될 수 있으면 다시 쓰지 않는 게 좋다. 보통 입구가 좁고 페트병 몸체에 홈이 파여 있는 경우가 많아 어떤 청소방법을 쓰더라도 깨끗이 세척하거나 완전히 건조하기가 어려워 미생물로 오염될 가능성이 있다.

해설

[1] 한여름 외부 온도가 30℃가 되면, 차 내부의 온도는 60~70℃까지 올라가 세균이 번식하기에 좋은 환경이 된다. 실온에서 보관한 생수도 예외는 아니다. 개봉 뒤 실온에 그냥 뒀을 때 차 음료는 2시간 뒤부터, 생수는 이틀만 지나도 세균이 증식할 수 있다. 페트병에서 발견되는 세균은 처음엔 숫자가 작지만 서너 시간 사이에 2,400마리까지 증식할 수 있어 세균을 마시는 거나 마찬가지가 될 수도 있다. 물을 마실 때는 입에 있는 대장균 등이, 손으로 열고 닫을 땐 식중독균인 포도상구균 등이 페트병으로 들어간다. 일반적으로 생수는 합성수지로 만들어진 용기에 담기는데, 이 생수병이 강한 직사광선에 노출되면 환경호르몬, 포름알데히드, 아세트알데히드 등 발암물질이 검출될 수 있다.

[2] 한여름에는 생수에도 세균이 증식할 수 있으므로 끓여 마시거나 정수해서 마시는 것이 좋다. 합성수지로 만든 생수병에서 환경호르몬이 검출되므로 유리병이나 사기 재질의 통에 옮겨 냉장 보관한다.

[3] 이제는 페트병의 성분표기가 더욱 깐깐해지고 식당 등 식품접객업소에서의 생수병 재사용도 금지되었다. 생수병 보관 시 미생물이 번식할 수 있고 용기 내 환경호르몬이 녹아들어 내용물이 변질될 수 있기 때문이다. 한 방송에서 빈 페트병에서 보통 수영장의 20배에 달하는 세균이 검출되었다고 보도한 바 있다. 새 페트병은 위생관리 과정을 거쳐 세균이 없는 상태이지만 뚜껑을 따서 입을 대는 순간 10만 마리의 세균이 순식간에 퍼지기 시작해 페트병 안에 붙어 20분에 두 배씩 기하급수적으로 불어난다. 이처럼 페트병에 입을 대면 세균이 바로 번식할 수 있기 때문에 오랜 시간 보관하며 마시는 건 피해야 한다. 하지만 페트병을 재사용해도 제조과정에서 환경호르몬을 사용하지 않기 때문에 90℃ 이상의 뜨거운 액체를 넣거나 산성이 강한 식품을 담아도 유해물질이 검출되지는 않는다. 또 페트병에 뜨거운 물을 담으면 하얗게 변하거나 찌그러지는 경우 역시 독성물질과는 상관없는 단순한 물리적 변형이다. 가정에서 흔히 사용되고 있는 세제를 이용하는 세척 방법, 소금을 이용하는 방법, 계란껍질을 이용하는 방법 등 모두 페트병 안의 세균을 감소시키지 못한다.

정답 및 해설

10

정 답

[1] ④
[2] 산소
[3] [모범답안]
심지는 녹은 파라핀(촛농)을 위로 끌어올려 공기 중의 산소와 만날 수 있게 해준다.

해설

[1] 양초는 보통 파라핀으로 만드는데, 양초가 탈 때 파라핀의 성분 중 탄소는 산소와 반응하여 이산화 탄소가 되고 수소는 산소와 반응하여 물이 된다. 이때 불꽃 온도 때문에 이산화 탄소와 물은 기체 상태로 되어 대기 중으로 날아가 보이지 않게 된다.
[2] 가스레인지의 연료는 많은 양의 공기와 쉽게 반응하므로 불꽃 온도가 매우 높고 탄소 알갱이도 없으므로 불꽃이 깨끗하고 투명하다. 반면 촛불, 등잔불, 모닥불, 산불, 종이를 태우는 불, 불난 집에서의 불꽃은 모두 연료를 100% 다 이산화 탄소와 물로 바꿔줄 충분한 산소가 공급되지 못하기 때문에 노란색을 띤다. 양초 불꽃의 경우 불꽃의 열 때문에 미처 타지 못한 파라핀이 미세한 탄소 알갱이가 되고 이 탄소 알갱이들이 불꽃에 의해 가열되어 빛을 내기 때문에 밝은 노란색을 띠며 빛난다.
[3] 심지는 모세관 현상을 이용하여 녹은 파라핀을 위로 끌어올려 기체로 만들어 대기 중의 산소와 반응할 수 있게 해준다. 양초가 타기 시작하면 충분한 열에너지에 의해 파라핀이 녹고 이 파라핀을 기체로 만들어 불꽃을 유지하고 다시 이 불꽃이 파라핀을 녹이고 기체로 만들고 하는 과정이 계속된다.

11

정 답

[1] ③
[2] 자성
[3] [모범답안]
철분이 많은 식품 속의 철은 금속 상태가 아닌 복잡한 화합물 상태로 있기 때문에 우리가 먹었을 때 우리 몸이 흡수할 수 있는 상태의 철(이온 상태)로 된다. 하지만 금속인 철사를 먹으면 우리 몸이 흡수할 수 있는 상태의 철이 되지 않으므로 부족한 철분 섭취는 불가능하다.

해설

[1] 금속에는 철, 아연, 알루미늄, 구리, 금, 은 등이 있다. 이 중 자석에 붙는 금속은 철이고 다른 금속들은 붙지 않는다. 금속으로 되어 있는 동전이나 주방에서 주로 사용하는 알루미늄포일의 경우 자석에 붙지 않는다.

정답

12

[1] ②, ③
[2] 온도
[3] [모범답안]
- 물은 전기가 잘 통하기 때문에 전기로 발생한 불인 경우 물이 전기를 다른 곳으로 가져갈 수 있어 위험하다.
- 물은 기름과 잘 섞이지 않기 때문에 기름으로 발생한 불인 경우 불을 더욱 퍼지게 할 수 있어 위험하다.

해설

종이컵 바닥에 튀어나온 종이 부분을 자른 뒤 물을 담아 촛불 위에서 데워보면, 아래에 촛불이 있어도 종이컵은 타지 않는다. 시간이 지나면 촛불의 열 때문에 컵 속의 물이 끓기 시작한다. 물의 끓는 온도는 100℃인데 이 정도의 온도로는 종이에 불을 붙일 수 없다. 즉 촛불의 열은 물이 흡수하여 종이를 가열하지는 않는다. 그만큼 물은 열을 잘 흡수한다.

[1] 물은 연소의 세 가지 조건 중 연료를 없앨 수는 없으나 산소를 차단하고, 연료가 타지 못하게 온도를 낮춰준다. 찬물뿐만 아니라 뜨거운 물 역시 대부분의 경우 발화점보다 차가우므로 불을 끄는 효과가 있다. 물은 열을 잘 흡수하는 뛰어난 능력이 있으므로 젖은 물건에 불꽃을 갖다 대도 물이 열을 스펀지처럼 빨아들여 그 물건이 탈 수 있는 온도에 도달하지 못하게 하여 타지 않는다.

[2] 스프링클러는 비처럼 물을 흩뿌리기 때문에 물방울 사이사이에 산소가 들어갈 틈이 많다. 따라서 스프링클러를 이용하여 불을 끄는 방법은 온도를 낮추는 것이다.

[3] 물은 전기가 잘 통하는 전기전도체이고, 기름과 섞이지 않는다.

정답

13

[1] ④
[2] 바닥에 쌓여 있는 가스를 빗자루로 쓸어내어 문밖으로 밀어낸다.
[3] [모범답안]
에어컨은 일반 공기보다 무거운 찬 공기를 내보내므로 위쪽에다 설치하여 찬 공기가 방 전체에 퍼지도록 하고, 난로는 일반 공기보다 따뜻한 공기를 내보내므로 아래쪽에다 설치하여 따뜻한 공기가 방 전체에 퍼지도록 한다.

해설

[1] 이사 간 혜인이네 집에서 연결한 가스는 LPG라고 부르는 액화 프로페인 가스로, 프로페인 가스는 공기보다 무겁기 때문에 집 안의 유리창을 모두 열어 놓아도 유리창을 통해 밖으로 빠져나가지 않는다.
[2] 가정용 가스로는 액화 천연가스인 LNG가 주로 쓰이는데, LNG는 주성분이 공기보다 가벼운 메테인 가스로 되어 있다. 따라서 가스가 새었다 하더라도 두어 시간 유리창을 열어 환기시키면 모두 밖으로 빠져나간다. 하지만 LPG는 공기보다 무겁기 때문에 가스가 새면 바닥에 쌓이므로 빗자루로 쓸어내어 문밖으로 밀어내야 한다.
[3] 뜨거운 물은 가벼우니 위쪽으로, 차가운 물은 무거워서 아래쪽으로 이동하여 물이 섞이므로 욕조 위쪽의 물은 뜨겁지만, 아래쪽의 물은 위쪽의 물보다 차갑다. 공기도 마찬가지다. 찬 공기는 무거워 아래쪽으로 이동하므로 에어컨은 위쪽에다 설치하고 따뜻한 공기는 가벼워 위쪽으로 이동하므로 난로는 아래쪽에다 설치하는 게 좋다.

정답

14

[1] ⑤
[2] 삼투 현상
[3] [모범답안]
바닷물은 소금물로, 만약 사람이 바닷물을 마시면 사람의 몸을 이루고 있는 세포로부터 물이 빠져나오므로 마신 바닷물보다 더 많은 양의 물을 몸 밖으로 내보내게 되는데, 이로 인해 결국 탈수 현상을 일으켜 죽게 된다.

해설

[1] 소금이나 설탕을 음식 속에 충분히 넣어주면 미생물의 몸에서 물이 모두 빠져나와 죽거나 힘이 약해져 더는 번식할 수 없으므로 음식을 상하지 않게 오래 보관할 수 있다.

[2] 박테리아는 반투막으로 이루어진 세포막으로 둘러싸여 있고, 그 막을 경계로 박테리아 바깥쪽에 진한 설탕물이 있기 때문에 농도가 낮은 박테리아 안쪽에서 농도가 높은 박테리아 바깥쪽(설탕물)으로 물이 이동해 박테리아가 말라 죽거나 힘이 약해진다. 이와 같은 현상을 삼투 현상이라고 한다.

[3] 실제로 바닷물 1L를 마실 때마다 몸속에서 0.5L의 물이 빠져나간다고 한다.

정답

15

[1] ④

[2] 캡사이신

[3] [모범답안]

- 우유나 유제품을 마신다.
- 아이스크림을 먹는다.
- 삶은 달걀을 함께 먹는다.
- 기름을 한 숟가락 먹는다.
- 빵을 먹는다.

해설

[1] 매운맛은 쓴맛, 신맛, 단맛, 짠맛 등과는 달리 통각(아픔)을 느낄 정도의 자극성이 있는 맛이다. 우리의 몸 안으로 들어온 매운 음식은 몸 안의 장기에서 정말 바쁜 화학 반응을 일으키며 열을 내뿜는데 그로 인해 땀이 비 오듯 흐르고 입안은 불이 날 듯 얼얼해진다.

[3] 매운맛의 원인은 고추 속에 들어 있는 캡사이신이라고 하는 화학 물질 때문인데, 이것은 물에는 잘 녹지 않지만 기름(지방)에는 잘 녹는 특성이 있다. 따라서 우유, 유제품, 아이스크림, 달걀, 빵(만들 때 우유, 달걀, 버터 등이 들어감) 등 기름(지방) 성분이 들어 있는 식품을 같이 먹으면 매운맛을 빨리 가시게 할 수 있다.

16

정답

[1] ①

[2] 악어는 몸의 크기를 마음대로 줄일 수 없으니 돌덩이를 삼켜 무게를 늘리는 방법으로 밀도를 높인 것이다.

[3] [모범답안]
다이아몬드보다 밀도가 큰 액체를 구멍 속으로 부으면 다이아몬드가 두둥실 떠오르므로 쉽게 다이아몬드를 꺼낼 수 있다.

해설

[1] 밀도는 질량과 부피와 관계된 값으로, 질량이 작아지고 부피가 커지면 밀도는 작아지고 질량이 커지고 부피가 작아지면 밀도는 커진다. 물보다 밀도가 큰 물체는 물속에 가라앉고 물과 밀도가 같은 물체는 뜨지도 가라앉지도 않는다.

[2] 부피가 변하지 않으면 질량(무게)을 늘려야 밀도가 높아지고, 질량을 줄여야 밀도가 낮아진다. 반대로 질량(무게)이 변하지 않으면 부피를 늘려야 밀도가 낮아지고, 부피를 줄여야 밀도가 높아진다. 악어는 몸의 부피(크기)를 마음대로 줄일 수 없으니 돌덩이를 삼켜 무게를 늘려 밀도를 높인 것이다.

[3] 구멍 속에 빠진 다이아몬드를 밀도 차를 이용하여 꺼내려면 다이아몬드가 위로 떠오르게 하는 방법을 사용해야 한다. 그러려면 다이아몬드보다 밀도가 큰 액체를 구멍 속으로 부으면 된다. 마치 물보다 밀도가 작은 스타이로폼이 거뜬히 물 위에 뜨는 것처럼 다이아몬드가 떠오를 것이다. 다이아몬드는 밀도가 3.52이고 수은의 비중은 13.6으로 수은을 부으면 된다. 물의 밀도는 1 정도이므로 구멍 속으로 물을 넣어서는 다이아몬드가 떠오르지 않는다.

정답

17

[1] ①

[2] 이온음료

[3] [모범답안]

이온음료 속에는 여러 가지 미네랄이 들어 있는데, 그중 나트륨 성분은 소금과 같은 짠맛을 내는 성분으로 과다 섭취하게 되면 고혈압, 골다공증, 신장 및 심장질환, 비만, 위염, 위암 등을 발생시킬 수 있다.

해설

[1] 인체 내에 존재하는 나트륨, 칼슘, 인, 철, 황, 마그네슘, 칼륨, 염소 따위의 무기질 영양소를 미네랄이라고 한다.

[3] 이온음료 속에는 여러 가지 미네랄이 들어 있는데 그 중 나트륨 성분이 120mg 정도 함유되어 있다. 하루 나트륨 권장량은 성인 평균 2,000mg으로 한국인은 하루 평균 4,000mg 이상의 나트륨을 섭취하고 있다고 한다. 그냥 소금이나 여러 가지 반찬(김치류, 젓갈류, 장아찌 등), 국, 찌개, 라면 등으로 나트륨을 섭취하고 있다. 여기에 운동도 하지 않으면서 보통 때 나트륨이 많이 들어 있는 이온음료를 지나치게 많이 마시게 되면 나트륨 과다 섭취로 여러 가지 질병에 노출될 수 있다. 나트륨은 우리 몸에 꼭 필요한 미네랄이지만 과다 섭취하지 않도록 주의해야 한다. 나트륨 배출을 도와주는 음식으로는 칼륨이 풍부한 우유, 고구마, 시금치, 당근, 양파, 호박 등이 있다.

18

정답

[1] ③
[2] 놀이공원에서 산 풍선 속의 헬륨 기체는 공기의 평균 무게보다 가볍기 때문이다.
[3] [모범답안]
입으로 분 풍선 속의 기체는 우리가 내뱉은 공기로 여러 종류의 기체가 다양한 비율로 섞여 있으므로 주변 공기의 무게와 비슷해 곧 바닥으로 떨어진다.

해설

[1] 놀이공원에서 산 풍선 속에는 공기보다 가벼운 기체, 즉 헬륨과 같은 단 한 종류의 기체만 들어 있다.
[2] 헬륨은 기체 중에서도 가벼운 것이기 때문에 놀이공원에서 파는 풍선은 공기의 평균 무게보다 가벼울 수밖에 없으므로 하늘 높이 저 멀리 날아가 버린다.
[3] 우리 주변의 공기와 우리가 입으로 내뱉은 공기는 모두 여러 종류의 기체가 다양한 비율로 혼합되어 있다.

19

정답

[1] ②, ⑤
[2] (탄산음료 속에 녹아 있는) 탄산가스
[3] [모범답안]
콜라병을 오랫동안 더운 곳에 두면 탄산가스가 음료 속에 녹지 못하고 밖으로 빠져나오려고 한다. 이때 뚜껑을 열지 않았으므로 그 힘이 세져 병이 폭발한 것이다.

해설

[1] 탄산음료의 톡 쏘는 맛은 탄산음료에 녹아 있는 탄산가스에 의한 것이므로 탄산가스가 잘 녹아 있을 수 있도록 냉장고에 넣어 시원하게 보관하고, 뚜껑을 잘 닫아놓아 탄산가스가 밖으로 빠져나가지 않도록 한다.
[3] 탄산가스는 온도가 낮으면 음료 안에 더 많이 녹아 있다. 반대로 온도가 높으면 녹아 있지 않고 음료 밖으로 빠져나오려고 한다. 거기다 뚜껑이 닫혀 있으면 음료 밖으로 빠져나온 탄산가스가 뚜껑을 미는 힘이 점점 커지고 병은 그 힘을 이기지 못해 폭발한다.

정답

20

[1] ⑤

[2] 끓는점, 녹는점, 어는점

[3] [모범답안]

물은 얼면 부피(크기)가 증가하기 때문에 로빈의 몸 안의 세포 속 물이 얼었다면 그 부피(크기)가 증가하여 세포가 망가지므로 꽁꽁 얼어버린 로빈을 다시 녹인다고 해도 로빈은 다시 살아날 수 없다.

해설

[1] 물은 계속 가열해도 수증기로 변할 뿐 100℃로 온도가 일정하게 유지되므로 붉게 변하지 않는다.

[3] 다른 고체 물질은 액체가 될 때 부피가 증가한다. 하지만 물은 다른 물질과 달리 얼음, 즉 고체가 될 때 부피가 증가한다.

정답 및 해설

01

정답

[1] 불에너지 → 가축에너지 → 화석에너지 → 전기에너지

[2]

약 3만 5천 km 상공에 거대 태양 전지판을 설치하여 우주에서 24시간 햇빛을 모은다.	우주 태양열발전
공기 중 산소로 배터리를 충전한다.	리튬에어 배터리
석탄을 태워 나오는 이산화 탄소를 고체 상태인 금속산화물로 폐기한다.	친환경 화력발전소
물속에 사는 식물인 '조류'로 에너지를 많이 만들어낸다.	바이오 연료
바람을 지하 저장소에 압축시켜 놓았다가 필요할 때 사용한다.	풍력저장 지하발전소

[3] [모범답안]

우주 태양열발전, 우주 공간으로 태양 전지판을 띄워야 하므로 첨단우주기술까지 함께 발전해야 할 것이다.

해설

[1] 원시시대에는 불을 이용한 에너지를 처음 사용하였으며, 농경 생활을 하면서 가축을 이용한 에너지를 사용하였다. 석탄, 석유 등의 화석에너지의 사용은 산업혁명을 이끌었고, 이후 전기에너지를 사용하게 되었다.

[3] 우주 태양열발전은 우주 공간에 태양 전지판을 설치해야 하므로, 항공우주 관련 산업도 함께 발전해야 한다.

02

정답

[1] ④

[2] 원자력 에너지란 핵분열이 연쇄적으로 일어나면서 생기는 막대한 에너지를 말한다.

[3] [모범답안]

- 긍정적인 면 : 탄소배출량이 적고, 연료 가격이 저렴하여 연료를 많이 비축할 수 있다. 또한, 대용량 발전이 가능하다.
- 부정적인 면 : 방사성폐기물을 생산하며, 원전사고의 경우 그 피해가 크기 때문에 충분히 주의를 기울여야 한다. 사고에 대한 사회적 불안감이 큰 편이며, 방사능에 오염될 수도 있다.

해설

제1차 핵 안보정상회의에서는 '워싱턴 코뮈니케(Communiqué · 정부의 공식 성명서)'를 채택하게 되었다. 워싱턴 코뮈니케에는 HEU 이용 최소화, 테러리스트 등의 핵물질 취득 방지를 위한 회원국 규제 강화, 핵 안보 강화를 위한 입법조치 및 국가 간 협력 강화 등이 담겨 있다.

[1] 2010년 4월 12~13일 미국 워싱턴에서 열린 1차 핵안보정상회의에는 전 세계 47개국과 유럽연합(EU) · 유엔(UN) · 국제원자력기구(IAEA) 등이 참가했다.

03 정답

[1] ④

[2] • 알파벳 시스템을 탄생시켜 인터넷의 첫 문을 열었다.
• SF 영화를 현실 속으로 끌어내었다.
• 병사의 심리 상태를 흉내 내는 로봇 페트맨을 개발했다.
• 4개의 다리로 전쟁터에서 장비를 옮기는 로봇 알파도그를 개발했다.

[3] [모범답안]

장 점	단 점
사람의 신체 조건으로 하기에 어려운 모든 일을 로봇이 할 수 있다.	마음으로 해결해야 할 인간관계의 임무를 로봇에게 시킨다면 혼란스러워질 것이다.

해설

최근에는 일본 게이오대학에서도 아바타 속 가상세계를 현실로 만들려는 연구가 진행되고 있다는 소식이 들려왔다. 헤드셋과 조끼, 장갑을 착용한 사람이 손이나 몸을 움직이면 인터넷을 통해 연결된 로봇이 움직임을 똑같이 따라 하게 되는 것이다. 후쿠시마 원전 건물 해체에 이바지할 수 있는 로봇을 연구하다가 이를 생각해냈다는 이 연구팀은 아바타처럼 사람이 로봇을 통해 보고, 듣고, 느끼는 기술을 개발할 계획이다. 앞으로 인간을 대신해 위험한 환경에서 임무를 수행할 로봇의 탄생이 머지않아 보인다.

[1] 개와 고양이 등 애완동물은 생명이 있는 생물이다.

정답

04

[1]

서로 다른 특성을 가진 두 종류의 반도체를 연결한 후에 전류를 흘려주면 두 반도체의 전합 부위에서 빛을 내는 현상을 이용

전기 저항이 큰 필라멘트에 전류가 흐르면 필라멘트가 뜨겁게 가열되면서 밝은 빛을 내는 현상을 이용

[2] 백열전구는 수명이 짧고, 사용한 전기의 5%만 빛에너지로 전환하기 때문에 효율이 낮다.

[3] [모범답안]

LED 신호등, LED 텔레비전(모니터), 휴대폰 등

해설

[2] 백열전구는 전기에너지 대부분을 열에너지로 손실하기 때문에 효율이 낮아 사용을 하지 않는 추세이다.

정답

05

[1] ③

[2]

문제점	해결 방법
마찰력이 줄어 제동거리가 길다.	앞차와의 간격을 넓힌다.
눈길에서 타이어가 쉽게 미끄러진다.	타이어에 체인을 감는다.
눈이 녹아 생긴 물이 도로와 타이어 사이에 막을 형성한다.	홈이 넓은 타이어를 사용한다.

[3] [모범답안]

자동차 경주는 동시에 출발하여 가장 빨리 결승점에 도착하는 것이 목적이기 때문에 마찰력이 큰 매끄러운 바퀴를 사용한다.

해설

[1] 젓가락에 홈을 파는 것, 고무장갑 표면을 거칠게 만드는 것, 눈이 오면 도로에 모래를 뿌리는 것, 자동차 바퀴에 체인을 감는 것은 마찰력을 크게 하여 잘 미끄러지지 않게 한 것이다. 그러나 수영장의 미끄럼틀에 물을 뿌리는 것은 잘 미끄러지도록 마찰력을 작게 한 것이다.

[3] 표면에 홈을 없애면 바닥과의 마찰면적이 커서 마찰력이 커진다.

정답

06

[1] • 낮 : 50
  • 밤 : 40

[2] 데시벨

[3] [모범답안]
도로에서 들리는 소음을 막기 위해서 방음벽을 설치하였다.

해설

소리를 차단하기 위해 설치한 벽은 모두 방음벽이라 한다. 이는 주로 소음의 차단이 목적이기 때문에 소음이 발생하는 위치에서 그 소음을 듣는 사람이 있는 장소 사이에 설치하며, 도로 옆에 설치하는 대형 방음벽 등이 대표적이다. 때문에 일반적으로 높이를 높게 만들거나 두께를 두껍게 만든다. 또한, 음파를 흡수할 수 있는 특수한 재료를 사용해서 제작하기도 한다.

07

정답

[1] ③
[2] ㉠ 중력, ㉡ 원심력
[3] [모범답안]
우리나라에서 인공위성을 발사할 수 있는 기술을 쌓았다는 데 의의가 있다.

해설

[1] 나로호는 우리나라 최초 우주발사체로 우리가 흔히 말하는 로켓이다. 나로호 상층부에는 나로호 위성이 탑재되어 우주 공간으로 발사되었다.

08

정답

[1] ①
[2] 탄소포인트제
[3] [모범답안]
에어컨, 하루 1시간 사용시간을 줄이고 실내 온도를 26도로 설정한다.

해설

[사례] 천안시에 사는 이OO 씨는 지난해 하반기 2만 5천 원의 '탄소포인트제' 인센티브를 받았다. 주부이자 회사원인 이 씨는 2년 전 자신이 사는 아파트가 녹색시범아파트 사업에 선정되면서 탄소포인트제에 공동으로 가입하게 됐다. 이 씨는 아침에 출근하기 전에 쓰지 않는 전기 플러그를 뽑아 두는 일은 물론 온종일 켜 두는 전기 제품이 무엇인지 확인하기 시작했다. 적은 가동시간에 비해 온종일 플러그를 꽂아 두었던 전기밥솥과 화장실 비데는 낭비다 싶어 사용할 때 외에는 전원을 꺼 두게 됐다. 그 후 매달 조금씩 줄어드는 전기세를 확인하면서 생활 습관까지 달라졌다. 또한, 전자제품을 살 때는 에너지소비효율 등급이 높은 제품을 구매하게 되었다고 한다.

[1] 에너지소비효율 등급이란 에너지소비효율 또는 에너지 사용량에 따라 1~5등급으로 구분하여 표시한 것으로 숫자가 낮을수록 효율이 높다.

[2] 탄소포인트제란 온실가스 감축 실적에 따라 탄소포인트를 발급하고, 이에 상응하는 인센티브를 제공하는 제도이다. 2009년부터 지방자치제에서 운영되고 있다.

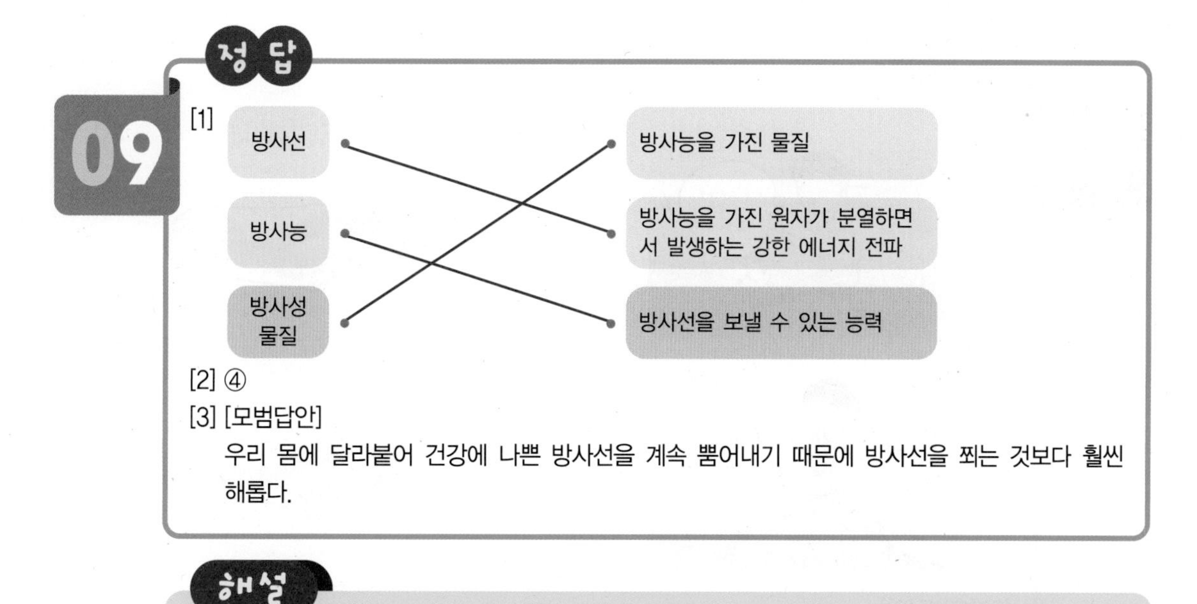

[2] ④

[3] [모범답안]

우리 몸에 달라붙어 건강에 나쁜 방사선을 계속 뿜어내기 때문에 방사선을 쬐는 것보다 훨씬 해롭다.

해설

[2] 방사선은 맛도, 소리도, 냄새도 없어 쉽게 알아차리기 어렵다.

정답

10

[1] 증가

[2]

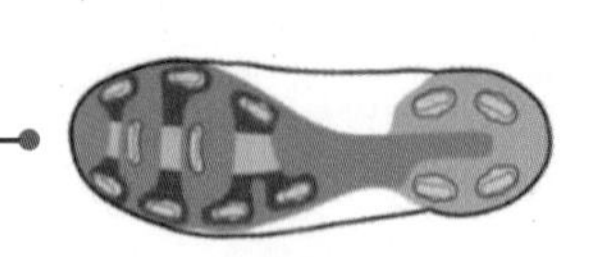

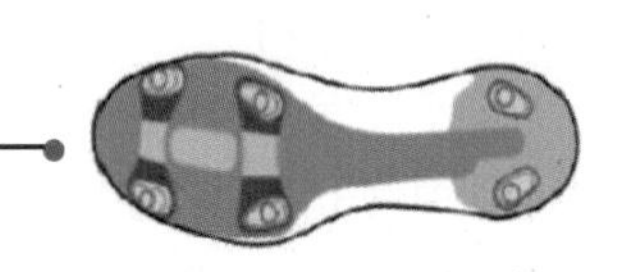

[3] [모범답안]

평면이 아닌 입체 형태의 가죽 조각 8개가 표면을 감싸 지금까지 나온 공인구 가운데 가장 원형에 가까운 모양을 가지고 있다.

해설

[2] 보통 스피드가 실린 직선 운동이 중시되는 공격수는 스터드의 높이가 낮고 개수가 많은 축구화를 선호한다. 반면 공격수를 막기 위해 순간적인 방향 전환이 잦은 수비수들은 긴 스터드가 박힌 축구화로 지면과의 마찰력을 높인다.

정답

11

[1] ①, ②

[2] • 화석연료와 달리 온실가스를 배출하지 않는다.
  • 원자력발전과 달리 위험한 폐기물이 생길 염려가 없다.

[3] [모범답안]
  • 철새의 서식지를 파괴할 수 있다.
  • 연안 어족 자원의 변화를 가져올 수 있다.
  • 인공 물막이가 갯벌을 못 쓰게 할 수 있다.

해설

시화호는 지형적으로 해안의 경사가 완만해 썰물 땐 발전기를 돌릴 수 있을 만큼 물의 높이 차가 생기지 않아 시화호 조력발전소는 어쩔 수 없이 밀물을 이용해 발전하되, 썰물은 발전기를 돌리지 않고 그냥 흘러나가도록 설계됐다.

[1] 농업용수를 공급할 목적으로 만들어진 시화호는 주변의 공장폐수와 생활하수가 흘러들어 수질오염이 심각해져 수질 개선을 위해 노력하고 있다.

12

정답

[1] ④

[2] 전자파는 발암유발 가능 물질이며, 어린이는 일반 성인보다 면역체계가 약해 전자파 흡수율이 높기 때문이다.

[3] [모범답안]

- 장시간 통화는 자제하고, 부득이할 경우 양쪽 귀로 번갈아 통화한다.
- 상대방이 전화를 받기 전까지 휴대 전화를 귀에서 멀리 떨어뜨린다.
- 빠른 속도로 이동 중인 지하철, 버스 안에서는 사용을 자제한다.
- 엘리베이터 등 밀폐된 장소에서도 사용을 자제한다.
- 잘 때에는 인체로부터 되도록 멀리 떨어뜨려 둔다.

해설

과학원은 이동하면서 통화하면 휴대전화가 가장 가까운 기지국을 수시로 검색해 기기 출력이 증가하고 밀폐된 장소에서는 전파 수신이 어려워 기기 출력이 증가하기 때문에 전자파가 증가한다고 분석했다.

[1] 밀폐된 공간에서 통화 중일 때 전자파가 가장 강하다.

[2] 어린이들은 성인보다 면역체계가 약해 전자파 흡수율이 높다는 연구 결과가 나와 있다.

정답 및 해설

정답

13

[1] 우주 쓰레기(우주파편)

[2] • 새로운 인공위성을 쏘아 올릴 때 충돌 위험이 있다.
• 인공위성들끼리 거리가 가까워 충돌사고가 일어날 수 있다.
• 파편들이 인공위성에 부딪힐 경우 다른 인공위성들이 위험할 수 있다.

[3] [모범답안]
• 총알이 크기가 작은데도 날아가는 빠르기가 커서 피해가 큰 것으로 보아 빠르기가 빠를수록 부딪쳤을 때 피해가 커진다.
• 천천히 달리는 자동차에 부딪혀도 피해가 큰 것으로 보아 질량이 클수록 부딪쳤을 때 피해가 커지는 것을 알 수 있다.

해설

인공위성 충돌 사고도 우주 쓰레기가 생기는 원인 중 하나이다. 현재 세계 각국이 발사한 수천 개의 인공위성이 정지궤도(상공 3만 6천 km)와 저궤도(600~2,000km)에 몰려 있다. 이 두 궤도가 지구 관측에 특히 유용하기 때문인데, 이처럼 같은 궤도 안에 인공위성들이 몰려 있다 보니 크고 작은 충돌이 생길 수밖에 없다. 충돌 시 생기는 파편 조각은 고스란히 우주 쓰레기가 된다. 이미 많은 수명이 다한 인공위성의 잔해나 로켓의 잔해가 우주공간을 떠돌아 우주 쓰레기로 전락하였으며, 다른 인공위성과 충돌 사고의 위험이 있다. 우주 쓰레기를 줄이기 위해서 수명이 다한 인공위성은 지구 안전한 곳으로 추락할 수 있도록 프로그래밍하거나 꼭 필요한 인공위성만 쏘아 올리거나 또는 여러 나라들이 인공위성을 함께 사용하는 방법 등이 있다.

정답

14

[1] ⑤

[2] 텔레비전 : 1시간 × 3.6kg × 12 = 43.2kg
컴퓨터 : 1시간 × 4.2kg × 12 = 50.4kg
일 년간 줄인 이산화 탄소 배출량 : 93.6kg

[3] [모범답안]
• 에어컨 적정온도를 맞춘다.
• 냉장고 문은 꼭 필요할 때만 연다.
• 사용하지 않을 때는 플러그를 뽑아 놓는다.
• 가까운 거리는 차를 타지 말고 걸어 다닌다.
• 텔레비전의 볼륨을 줄이고, 시청시간을 줄인다.

해설

[1] 지구온난화란 지구 표면 온도가 상승하는 현상으로 온실기체가 지구 온난화를 일으키는 유력한 원인으로 꼽힌다.

15

정답

[1] ㉠ 크다, ㉡ 많다, ㉢ 3번, ㉣ 3배
[2] 회전 관성
[3] [모범답안]
페달이 달린 톱니바퀴와 뒷바퀴를 연결해주는 체인이 없기 때문이다.

해설

[2] 정지한 물체는 정지해 있으려고 하고, 움직이던 물체는 계속 움직이려고 하는 성질을 관성이라고 한다. 움직이는 자전거는 회전을 유지하려는 회전 관성 때문에 잘 쓰러지지 않는다.

16

정답

[1] 빛 공해
[2] ④
[3] [모범답안]
- 어두운 밤에도 책을 볼 수 있다.
- 레이저 빛을 이용하여 질병을 치료할 수 있다.
- 신호등 불빛은 운전자와 보행자에게 신호를 준다.

해설

[2] 어두운 밤거리를 밝혀 길을 쉽게 찾을 수 있게 해주는 것은 빛의 좋은 점이다.

정답 및 해설

정답

17

[1] ③
[2] 자화
[3] [모범답안]

해설

[1] 마술사가 손에 자석을 쥔 채로 링을 들고 있어 링이 자석의 성질을 띠게 된다.
[3] 자석은 철을 끌어당긴다. 쇠 구슬, 트라이앵글, 자석, 가위, 클립 등은 자석에 달라붙는다.

정답

18

[1] ④
[2] 트램펄린은 용수철에 힘을 가하였을 때 늘어나거나 줄어든 용수철이 원래 자리로 되돌아가려는 성질을 이용한 것이다.
[3] [모범답안]
용수철저울, 자전거 안장, 볼펜, 침대의 매트리스 등

해설

[1] 용수철에 힘을 많이 가할수록 모양이 많이 변하며, 너무 센 힘을 주면 원래 모양으로 돌아오지 않는다.

정답

19

[1]

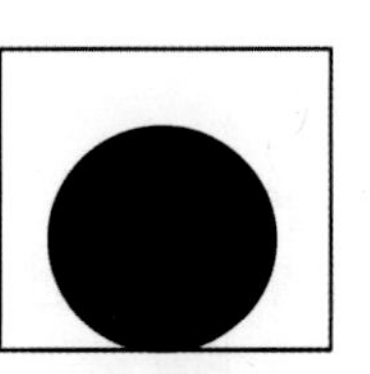

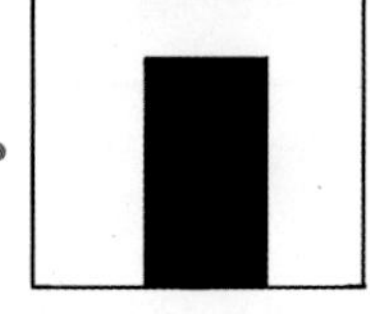

[2] 빛, 물체, 막(스크린)

[3] [모범답안]

크기가 큰 그림자는 빛과 사람 사이의 거리가 가깝고, 크기가 작은 그림자는 빛과 사람 사이의 거리가 멀다.

해설

[3] 물체와 광원 사이의 거리가 가까우면 큰 그림자가 생기고, 물체와 광원 사이의 거리가 멀면 작은 그림자가 생긴다.

정답

20

[1] ④

[2] 보온

[3] [모범답안]

겨울철 방한복, 보온병, 이중창

해설

[1] 열은 온도가 높은 곳에서 낮은 곳으로 이동한다.

[2] 건물이나 물건, 음식 등을 따뜻하게 보존하는 것을 보온이라고 한다.

정답 및 해설

01

정답

[1] ③

[2] 구름씨

[3] [모범답안]

인공강우를 사용하면 원래 비가 내려야 하는 지역에 비가 내리지 않아 가뭄이 올 수 있다. 인공적으로 비를 조절하면 다른 지역이 그 영향을 받기 때문에 인공강우는 일시적인 효과일 뿐 다른 환경 문제를 일으킬 수도 있다.

해설

[1] 구름이 없는 날은 구름씨를 뿌려도 비가 만들어질 수증기와 얼음 결정체가 없어 비가 내리지 않는다.

[3] 인공강우의 다른 문제점은 조절에 실패하면 폭우가 쏟아져 물난리가 나거나 우박이 떨어지기도 하고, 번개가 그치지 않아 항공기가 연착되기도 한다는 것이다. 난징시도 인공강우로 인해 강풍이 불어 120채의 주택이 무너졌고 논밭이 큰 피해를 보았다.

02

정답

[1] ③

[2] 편서풍

[3] [모범답안]

- 날아갈 위험이 있는 지붕이나 간판 등을 단단히 고정한다.
- 응급 약품, 손전등, 식수, 비상식량 등을 미리 준비한다.
- 집안의 창문이나 출입문을 잠근다.

해설

[1] 한반도를 덮친 가장 강력한 태풍은 2003년 9월 우리나라를 강타한 매미로 중심 기압이 910hPa이었으며 최대 풍속은 시속 198km/h, 순간 최대 풍속은 216km/h였다.

[3] 태풍은 강한 바람과 많은 비를 동반하기 때문에 물에 잠기거나 산사태가 일어날 위험이 있는 지역 주민들은 대피 장소로 이동해야 하며, 집 밖으로 나가지 않는 것이 좋다.

정답

03

[1] ①
[2] 화산
[3] [모범답안]
- 화산 활동이 일어나는 화산 주변은 마그마에 의해 지하수가 데워져 온천으로 이용할 수 있다.
- 화산은 아름다우므로 관광지나 관광 상품으로 개발할 수 있다.
- 땅속의 마그마를 이용하여 지열 발전소를 세울 수 있다.
- 화산재는 광물질로 이루어진 천연비료이므로 땅을 비옥하게 만들어 농사가 잘된다.

해설

[1] 폼페이는 서기 79년 8월 24일 인근 베수비오 화산이 폭발하면서 나온 화산재에 의해 뒤덮인 고대 도시이다.
[3] 화산 근처의 온도가 높은 것을 이용하여 온천이나 지열 발전소를 세울 수 있고, 화산을 관광상품으로 개발할 수 있다.

정답

04

[1] ④
[2] 규모
[3] [모범답안]
- 지하 동굴이 무너지면서 지진이 발생한다.
- 지구 내부의 화산이 폭발하여 지진이 발생한다.
- 지구 표면이 움직이면서(판 구조론) 표면과 표면이 부딪혀 지진이 발생한다.
- 지하에서 진행된 폭탄 실험으로 지진이 발생한다.

해설

[1] 작은 지진이라도 지진이 자주 일어나는 것은 지구 내부에 변화가 많아서라고 생각할 수 있다. 이 변화가 언제 커질지 모르기 때문에 지진이 자주 일어나면 대규모 지진이 발생할 가능성이 크다.
[2] 규모 4.9 정도의 지진은 건물이 흔들리는 것을 느낄 정도로 강한 지진이며 자다가 깰 정도의 위력을 나타낸다.
[3] 판 구조론은 지구 표면이 10여 개의 판으로 이루어져 있다는 이론이다. 이 판들은 각각 1년에 몇 cm씩 이동하는데, 판과 판이 만나는 경계에서 마찰이 일어나면서 지진이 발생한다.

정답

05

[1] ④

[2] 탄탈럼

[3] [모범답안]

분쟁광물을 대체할 광물을 찾아야 한다고 생각한다. 분쟁광물을 사용하면 범죄를 도와주는 것과 같으므로 더는 사용하지 않아야 한다.

해설

[1] 분쟁광물은 무장 단체들의 운영을 위한 자금으로 사용되고 있기 때문에 경제가 활성화되는 것에 도움이 되지 않는다.

[3] 분쟁광물 자체가 나쁜 것은 아니다. 분쟁광물을 채굴할 때 인권이 침해되고 무장 단체가 이를 팔아 수익을 내어 범죄행위에 이용하기 때문에 문제가 되는 것이다. 또한, 무분별한 채굴로 인해 자연환경이 훼손되는 것도 문제가 되고 있다.

정답

06

[1] ②

[2] 지구온난화

[3] [모범답안]

석유, 석탄의 사용을 줄이고 이산화 탄소가 발생되지 않는 청정에너지를 사용해야 한다. 또한, 식물이 광합성을 할 때 이산화 탄소를 사용하므로 산림 지역을 보존하고 더 늘리고, 공기 중의 이산화 탄소를 줄이는 기술을 개발해야 한다.

해설

[1] 지구온난화가 나타남에 따라 북극의 얼음이 녹아 전 세계적으로 바닷물의 높이가 높아지고, 생태계에 많은 혼란이 일어나고 있다.

[2] 온난화가 지속되면 자연재해에 의한 피해가 증가하게 된다. 호우 발생빈도가 증가해 홍수뿐 아니라 산사태도 많아지고, 또 강수량의 증가가 뚜렷하지 않은 겨울과 봄에는 기온 상승으로 가뭄이 자주 나타날 수 있다. 바닷물 온도가 상승해 태풍의 세기가 강화될 가능성도 높아진다. 또 해수면이 상승해 서해안과 남해안의 갯벌은 사라질 위기에 처할 것이다.

[3] 이산화 탄소의 양이 많아져서 지구온난화가 나타나는 것이므로 더는 양이 늘지 않도록 배출량을 줄여야 하고, 석유, 석탄 이산화 탄소가 나오지 않는 에너지를 개발해야 한다.

07

정답

[1] ③
[2] 황사
[3] [모범답안]
- 황사 발생 지역에 나무를 심어 숲을 만든다.
- 사막 지역에 방풍림을 만든다.

해설

[1] 황사는 수천 년 전부터 계속 발생한 자연 현상이다. 보통 황사 입자는 기관지와 같은 호흡 기관에서 대부분 걸러져 인체에는 큰 영향을 끼치지 않지만, 황사에 섞여서 함께 날아온 유해한 중금속의 입자는 호흡 기관에서 걸러지지 않고 우리 몸에 쌓이므로 여러 가지 질병을 일으킬 수 있다.
[3] 현재 황사를 막기 위해 가장 많이 이용하는 방법은 방풍림 조성이다. 바람을 막아주는 나무숲인 방풍림을 2m 높이로 조성할 경우 뒤쪽 20m 이내의 황사를 완화시켜 준다.

08

정답

[1] ⑤
[2] 인공위성
[3] [모범답안]
- 우주선 2대에 큰 천을 달아 움직이면서 우주 쓰레기를 수거해 온다.
- 레이저로 우주 쓰레기를 흔적도 없이 파괴한다.

해설

[1] 사람이 만든 우주 쓰레기는 지구 주변을 음속(340m/s)보다 10배 이상 빠르게 떠다니므로 위험하다. 보통 총알이 음속의 3배 되는 속도인데 우주 쓰레기는 총알보다 3배 이상 빠르다. 따라서 우주 공간에는 우주 쓰레기가 총알보다 3배 빠르게 지구를 돌고 있다고 생각할 수 있다.
[3] 우주 쓰레기를 치우는 방법은 현재 논의만 되고 있고 실제로 행동으로 옮기지 못하고 있다. 우주공간에 있는 우주 쓰레기를 치우는 비용이 너무 많이 들기 때문이다. 현재 인공위성 두 대가 그물을 붙잡고 우주 쓰레기를 쓸어서 담는 방식의 우주 그물과 레이저를 우주 쓰레기에 쏘아 대형 쓰레기를 궤도 밖으로 밀어내는 방법 등이 논의되고 있다.

09

정답

[1] ⑤
[2] 수성, 금성, 지구, 화성, 목성, 토성, 천왕성, 해왕성
[3] [모범답안]
토성, 대한이, 민국이, 우리나라의 과학 기술력을 전 세계에 알리고 싶기 때문이다.

해설

[1] 주노 탐사선의 임무는 목성 위 5천 km 상공에 도착해 목성의 정체를 알아내는 것이다. 주노는 목성의 대기에 물이 있는지, 자기장과 중력장의 크기는 얼마인지, 목성의 구성 성분은 무엇인지 등을 알아낼 것이다.
[3] 개인적으로 의미 있는 이름이나 국가, 지구, 우주에 관련된 다양한 의미를 넣어 이야기해 본다.

10

정답

[1] ⑤
[2] 닐 암스트롱
[3] [모범답안]
우리나라는 토끼, 일본에서는 물을 긷는 사람의 모습, 중국에서는 오강이라는 사람이 달에서 도끼질하는 모습, 인도네시아에서는 베를 짜는 여인, 미국에서는 게, 인디언은 악어 등으로 그 모습을 상상하였다.

해설

[1] 1967년 지구 대기권 밖의 모든 우주 공간을 누구도 가질 수 없다는 외기권 우주 조약이 맺어졌으며 그 후 구체적인 우주법이 만들어졌다. 현재 달에 누구나 갈 수 있으나 달을 포함한 우주 공간은 어떤 나라나 개인도 소유할 수 없으며 사고팔 수 없다.
[3] 항아 여신에 대한 대표적인 전설은 다음과 같다. 중국에 하늘의 신인 '예'와 '항아'라는 부부가 있었는데 실수로 인간이 되었다. 다시 하늘의 신이 되고 싶어서 신기한 약 두 개를 받아 왔는데. 하나를 먹으면 죽지 않는 인간으로 살 수 있고 두 개를 먹으면 다시 하늘의 신이 될 수 있는 약이었다. 항아는 욕심이 나서 두 개 모두 먹어버리고 하늘로 올랐는데 그런 항아를 몹시 노여워한 제곡이 그녀를 두꺼비로 만들고 말았다. 두꺼비로 변한 항아는 달에 숨어버렸다.

11

정답

[1] ②

[2] 허블 망원경

[3] [모범답안]

천체를 관측할 때 대기(공기)에 의한 영향을 받지 않기 때문이다.

해설

[1] 허블 망원경으로 안드로메다 은하의 운동을 관찰할 수 있게 됨으로써 우리 은하와 안드로메다 은하가 정면으로 충돌할 것이라는 것을 밝혀냈다.

[3] 망원경은 구경(대물렌즈의 크기)이 클수록 빛을 모으는 능력이 좋으므로 좋은 망원경이다. 허블 망원경보다 지구에 있는 망원경의 구경이 훨씬 크지만, 허블 망원경으로 더 정밀한 관측을 할 수 있다. 그 이유는 우주에는 천체를 관측하는 데 장애물이 없기 때문이다. 지구에서는 대기에 의해 모습이 흔들리거나 가로막혀 있기 때문에 일반 망원경으로 허블 망원경보다 정밀하게 측정할 수 없다. 또한, 지구에 있는 불빛 등에 의해 영향을 받기도 한다.

12

정답

[1] ③

[2] 화성

[3] [모범답안]

- 책임자 나 : 여러 가지 문제를 해결하는 역할
- 우주인 1 : 음식과 청소, 빨래를 하는 역할
- 우주인 2 : 고장 난 시설물을 수리하는 역할
- 우주인 3 : 아픈 사람을 치료하고 화성을 탐사하는 역할

해설

[1] 화성 표면에 물이 흐른 자국만 있을뿐 흐르지는 않으므로 물은 화성의 토양에서 추출해야 한다. 추출한 물에서 수소와 산소도 만들 수 있다.

[3] 여러 가지 상황을 생각해보고 각각에 맞는 역할을 정해준다. 사람이 살아가는 데 기본적인 요소는 의식주이므로 이와 연관된 활동을 생각해 본다.

정답 및 해설

13

정답

[1] ②
[2] 화석
[3] [모범답안]
- 생물의 수가 많아야 한다.
- 생물의 몸에 단단한 부분이 있어야 한다.
- 생물의 사체나 흔적이 없어지기 전에 빨리 묻혀야 한다.

해설

[1] 과거 낙타들은 몇 달씩 계속되는 기나긴 겨울을 지내야 했기 때문에 체온 조절과 장거리 이동이 쉬운 큰 몸집을 가졌었다.
[3] 화석으로 남기 위해서는 생물의 수가 많아야 유리하다. 화석이 되려면 여러 가지 조건이 맞아야 하는데 생물의 수가 많으면 그 조건에 맞는 생물이 생기기 쉽기 때문이다. 또한, 몸에 뼈나 껍데기와 같은 단단한 부분이 있어야 그 흔적이 유지되어 화석이 되기 쉽다.

14

정답

[1] ②
[2] 기온
[3] [모범답안]
남극과 북극은 햇빛을 적게 받고 아프리카와 적도는 햇빛을 많이 받기 때문이다.

해설

[1] 영하 60℃가 되면 일반 섬유 물질은 얼어붙어서 부스러지고, 가장 더운 곳은 미국 데스밸리의 오아시스 퓨너스 크릭이다. 이곳의 최저 기온은 영하 93.2℃이고 최고 기온은 56.7℃로 두 온도 차이는 149.9℃이다.
[3] 지구는 둥글기 때문에 해가 비치는 각도에 따라 그 지역의 온도가 달라진다. 하루 동안 해가 이동하는 것에 따른 기온 변화를 보면, 아침에는 해가 비스듬히 떠 있어서 기온이 낮지만, 정오로 갈수록 해가 점점 높아지면서 기온이 올라간다. 지구도 마찬가지로 적도와 아프리카는 해가 높이 떠 있어 햇빛을 많이 받아 따뜻하지만, 남극 북극은 항상 햇빛이 비스듬하게 들어오므로 햇빛을 많이 받지 못해서 춥다.

15

정답

[1] ④
[2] 성층권
[3] [모범답안]
우주정거장 체험하기, 지구에서 우주선을 타고 우주정거장에 도착하여 무중력 상태를 체험하는 프로그램이다.

해설

[1] 성층권은 지구가 잡아당기는 인력이 적으므로 땅 위에서보다 중력이 작아 약간의 무중력 상태를 경험할 수 있다. 또한, 높이 올라가기 때문에 지구의 모습을 관측할 수도 있다.
[3] 현재 여러 우주상품이 개발 중이며 그중에는 우주정거장이나 달에 가는 여행 상품도 있다. 또한, 세계 최초의 민항우주선업체 버진 갤럭은 비행선과 로켓을 결합한 상품을 개발 중이며, 이 상품은 승객을 60마일(약 96.56km) 상공까지 올려 보내는 것을 계획을 하고 있다.

16

정답

[1] ③
[2] 슈퍼지구
[3] [모범답안]
극한 지역은 지구 밖의 행성과 조건이 비슷하기 때문에 이곳에서 생명체가 발견된다면 지구 밖에서도 생명체가 살 수 있을 확률이 높기 때문이다.

해설

[1] 슈퍼지구는 멀리 떨어져 있기 때문에 케플러 망원경 등을 이용하여 찾는다.
[3] 과학자들은 아주 높은 온도, 아주 낮은 온도, 소금 성분이 많은 곳, 강한 산성과 방사능에 노출된 곳에서도 서식하는 미생물을 발견하고 있다. 이런 생물을 극한미생물이라고 하는데, 이들은 뜨거운 사막과 땅 밑 수 마일 아래, 빛이 전혀 들어오지 않는 환경에서도 살아남는 것으로 알려졌다. 이런 극한 환경은 지구 밖 우주의 다른 행성에서는 일반적인 환경일 것이므로, 극한 환경에서 사는 생물을 발견하는 것은 외계에서도 생명체를 발견할 수 있는 가능성을 높이는 것이다.

17

정답

[1] ⑤

[2] 물, 이산화 탄소

[3] [모범답안]

- 동굴을 아껴 주세요.
- 플래시는 안돼요.
- 눈으로만 보세요.
- 저를 만지는 건 싫어요.

해설

[1] 지하수에 이산화 탄소가 녹아 들어가면 탄산수가 된다. 물과 이산화 탄소로 이루어진 탄산수는 석회암을 녹여 여러 모양을 만든다.

[3] 석회동굴을 보호하지 않으면 먼 훗날 더는 석회동굴을 볼 수 없을 것이다. 석회동굴을 아끼는 마음을 담아 푯말과 그림을 만들어 보자.

18

정답

[1] ③

[2] 침식

[3] [모범답안]

빙하가 녹아 아래로 흘러내리면서 땅을 깎고 파내서 넓은 U자 모양의 계곡을 만들었다.

해설

[1] 인회석에 있는 방사성 원소가 붕괴한 흔적을 조사하면 그랜드 캐니언의 협곡이 침식되기 시작한 시간대를 계산할 수 있다.

[3] U자곡은 빙하의 침식 작용으로 만들어진 지형이다. 이 U자곡에 물이 차 있는 지형을 피요르라고 하며, 빙하가 땅을 깎았기 때문에 밑바닥이 둥근 모양이다. 일반적인 강물에 의해 깎인 계곡은 밑바닥이 V자 모양을 이룬다.

19

정답

[1] ②
[2] 자전
[3] [모범답안]
- 사람이 걸어 갈 때
- 로켓이 앞으로 날아갈 때
- 사과가 떨어질 때

해설

[1] 계절의 변화가 나타나는 이유는 지구가 태양 주위를 공전하기 때문이다. 공전은 지구가 태양 주위를 1년에 한 바퀴 도는 운동을 말한다.
[3] 사람이 걸을 때 발이 땅을 밀어내면 땅이 그 힘만큼 반대로 사람을 밀기 때문에 앞으로 걸어 갈 수 있다. 로켓이 날아갈 때 로켓에서 가스를 밀어낸 만큼 가스도 로켓을 밀기 때문에 앞으로 날아갈 수 있다. 지구가 사과를 잡아당겨 사과가 떨어질 때 사과도 지구를 같은 크기의 힘만큼 잡아당긴다. 그러나 지구는 너무 크기 때문에 움직임이 없다.

20

정답

[1] ②
[2] 해류
[3] [모범답안]
잘게 부서진 쓰레기를 바다 생물이 삼키게 되면 죽게 되는 등 여러 문제가 발생할 수 있고, 이런 쓰레기를 섭취한 바다 생물을 우리가 먹게 될 수 있기 때문에 위협이 될 수 있다.

해설

[1] 미국 서부 해안으로 밀려들어 간 쓰레기더미는 이후에 캘리포니아 해류를 따라 다시 하와이로 되돌아갈 것으로 예상된다.
[3] 해양 생물이 잘게 부서진 플라스틱이나, 고무 조각들을 먹이로 삼키게 되면 이를 소화하지 못하기 때문에 뱃속에 그대로 쌓여 결국 죽게 된다. 이 때문에 해양 생물의 수가 감소하게 되고 생태계가 파괴되고 바다 자원이 줄어들게 된다. 또 바다에 떠다니는 미세한 플라스틱 물질에는 탄화수소나 DDT와 같은 독성 물질이 있다. 해양 생물이 이것을 먹으면 독성 물질이 저장되고, 이 해양 생물을 먹은 사람에게 전달되어 사람도 위험해질 수 있다.

정답 및 해설

01

정답

[1] ⑤

[2] 봄철에는 낮에는 따뜻하지만, 아침 · 저녁은 쌀쌀하므로 음식물 보관에 주의를 기울이지 않기 때문에 식중독이 잘 발생한다.

[3] [모범답안]

- 비가 내리기도 한다.
- 날씨가 점점 따뜻해진다.
- 하늘이 먼지로 흐려지는 경우가 있다.
- 날씨가 따뜻하지만, 갑자기 추워질 때가 있다.

해설

[1] 준비한 도시락은 조리 후 가급적 빨리 섭취해야 한다.

[2] 특히 야외활동을 할 때 준비한 도시락에서 식중독균이 빠르게 증식하는 것은 음식물이 오랜 시간 외부 온도에 노출되었기 때문이다.

[3] 봄철에는 날씨가 따뜻하지만, 추위가 갑자기 찾아오는 경우가 있다. 이를 꽃피는 봄을 시샘한다고 하여 꽃샘추위라고 한다.

02

정답

[1] ⑤

[2] 밀폐된 공간에서 난방 기구를 사용하면, 밀폐된 공간 안의 산소가 난방기구에 의해 연소되어 산소의 양이 줄어들기 때문이다.

[3] [모범답안]

구 분	준비물	필요한 까닭
1	물	생명을 유지하기 위해 꼭 필요하며, 씻거나 음식을 조리할 때도 꼭 필요하기 때문이다. 또, 불이 나면 불을 끌 때 사용할 수 있다.
2	텐트	추운 바깥에서 지낼 수 없으므로, 추위와 바람을 피할 수 있는 공간이 필요하다.
3	점화기 (성냥, 라이터 등)	불을 피워 온도를 유지하고, 음식을 조리할 수 있다.
4	담요	체온이 떨어지지 않게 보온을 유지하는 데 필요하다.
5	음식	에너지원으로 사용되기 때문이다.

해설

[1] 텐트 안에서 난방 기구를 사용할 경우 환기구를 사용하고, 자기 전에는 꺼야 한다.
[3] 특정한 정답을 요구하기보다 그렇게 생각한 이유가 타당한지 확인한다.

03

정답

[1] ④
[2] 마찰력
[3] [모범답안]
바퀴를 사용하면 수레와 땅 사이의 닿는 면적이 작아져 마찰력이 줄어드므로 수레가 움직이기 쉽다.

해설

[1] 고고학자들이 발굴한 자료를 보면 바퀴를 단 탈 것은 기원전 4천 년 경 메소포타미아, 중앙유럽지역 문명에서 발견될 정도로 역사가 오래됐다. 메소포타미아 우르 왕조 시대에 최초의 바퀴 형태를 한 이동도구인 수레가 만들어졌다.
[3] 면과 면이 접촉하면 마찰력이 생긴다. 마찰력은 물체의 운동을 방해하는 힘이다. 닿는 면이 거칠고 넓을수록, 물체가 무거울수록 마찰력은 커진다. 바퀴를 사용하면 땅에 닿는 부분이 작아지고, 마찰력도 줄어든다. 자연히 무거운 것을 실은 수레도 잘 굴러간다.

정답 및 해설

04

정 답

[1] ④

[2] 인간이 버린 쓰레기가 바다로 흘러들어와 해류를 타고 이동하다가, 해류가 느린 곳에서 모여 섬을 이루게 된 것이다.

[3] [모범답안]
플라스틱은 잘 썩지 않으므로 점점 플라스틱 쓰레기의 양이 많아져 환경오염을 일으킬 것이다.

해설

[1] 쓰레기 섬이 발견된 곳에서는 해류가 급격히 느려져 쓰레기들이 한곳으로 모인다.

[3] 플라스틱은 미생물에 의해 분해되지 않고, 공기 속 또는 수중에서도 잘 썩지 않으며, 태우면 유해 가스나 검은 연기를 내는 등 쓰레기 처리가 어렵다는 문제점을 안고 있다.

05

정 답

[1] ⑤

[2] 몸 밖으로 잘 빠져나가지 않기 때문에 시간이 흐르면서 점점 쌓여서 납중독을 일으킨다.

[3] [모범답안]
납이 다른 물체에 잘 달라붙는 성질이 있기 때문에 화장품이나 물감의 재료로 쓰였다.

해설

[1] 납과 같은 중금속은 체외로 배출되지 않아 몸속에 쌓이는데, 이런 납이 많이 쌓여 납중독에 걸리면 빈혈이 생기고 임신을 못 하게 되거나 간신히 임신해도 죽은 아이가 태어날 수 있다. 또, 신경이 이상해져서 폭력적이고 거친 성격을 가지게 되는 경우도 있다. 로마 시대 후에도 많은 사람들이 납을 사용하여 피해를 보았다. 납으로 만든 물감을 사용한 화가들, 납 가루 화장품을 사용했던 귀부인들이 대표적이다. 납중독은 다양한 증상으로 나타나기 때문에 그 당시에는 납중독에 걸렸다는 걸 몰랐을 수도 있다. 지금은 납중독이 얼마나 위험한지 많이 알려져서 이런 사고를 막을 수 있지만, 과거에는 납중독이라는 원인을 정확하게 알지 못하고 단지 병에 걸렸다고 생각하는 경우가 많았었다.

[3] 납은 녹는점이 낮아 납땜을 하기 쉽고, 흡수력이 좋으며 흡착력이 좋아 페인트의 성분에 함유된다.

정답

06

[1]

자기 북극	N극
자기 남극	S극

(자기 북극 — S극, 자기 남극 — N극)

[2] 자기장

[3] [모범답안]

나침반, 나침반 바늘의 N극이 항상 북쪽을 가리키는 것을 보고 지구의 북극이 S극인 것을 알 수 있다.

해설

지구의 자기 북극은 S극, 지구의 자기 남극은 N극을 나타내기 때문에 나침반 바늘의 N극은 항상 북쪽을, 나침반 바늘의 S극은 항상 남쪽을 가리킨다.

정답

07

[1] ③

[2] 생태계

[3] [모범답안]

생태계에서는 동물과 식물 등 여러 생물이 서로 영향을 주고받으며 살아가고 있는데, 일부 평형이 깨지면 전체 생태계가 파괴될 수 있다. 또한, 한번 깨진 생태계는 다시 회복되는 데 오랜 시간이 걸린다.

해설

[1] 산에서 바닥에 떨어진 도토리를 주워가면 겨울철 야생동물의 먹이가 부족해진다.

[2] 생태계란 살아있는 생물 간의 상호작용이 이뤄지는 세계로 자연환경과 모든 생물의 관계는 서로 그물처럼 연결되어 있다.

정답 및 해설

정 답

08

[1] ②

[2] 18~20℃

[3] [모범답안]

- 머리를 통해 체온이 빼기는 것을 막기 위해 털모자를 쓴다.
- 얇은 옷을 여러 벌 겹쳐 입는다.
- 마스크와 목도리 등을 착용한다.
- 장갑을 착용한다.

해설

[1] 겨울철에는 하루에 2~3시간 간격으로 3번, 최소 10분에서 최대 30분가량 창문을 열어 환기하는 게 좋다.

[3] 야외 활동을 할 땐 옷을 따뜻하게 갖춰 입어야 한다. 외투는 자신의 몸집보다 조금 크고 가벼운 걸 선택해야 한다. 면보단 울 · 실크 · 합성섬유로 된 옷이 체온 유지에 도움이 된다. 대부분의 체온은 머리를 통해 발산되므로 모자 착용은 기본이며, 마스크와 목도리 등으로 얼굴과 목을 감싸는 것도 중요하다. 장갑 중에선 벙어리장갑의 보온력이 가장 뛰어나다. 날씨가 추워지면 혈관이 수축되어 혈압이 높아져 뇌경색이나 심근경색 등의 발생 위험이 증가하고, 피부가 손상될 수 있으므로 적절한 체온을 유지하도록 보온에 힘써야 한다.

정답

09

[1] ③
[2] 공기
[3] [모범답안]

공통점	차이점
모양이 둥글다. 스스로 한 바퀴씩 돌 수 있다.	달에는 물, 공기가 없다. 달에서는 바람이 불지 않는다.

해설

[1] 달의 모양은 약 한 달을 주기로 매일 조금씩 바뀐다.
[2] 달에는 지구와 달리 물과 공기가 없다.

정답

10

[1] ⑤
[2] 치아는 입에서 음식물을 씹는 역할을 하는데 치아가 건강하지 못하면 잘 씹지 못해 불편하다. 또, 충치가 많거나 빠진 이가 많으면 다른 사람에게 좋은 인상을 주기 어려우며 발음이 부정확해진다.
[3] [모범답안]
- 음식을 먹은 후와 잠을 자기 전에는 반드시 양치질한다.
- 6개월마다 치과에 가서 구강검진을 한다.
- 올바른 칫솔질을 배워 양치질한다.
- 탄산음료를 많이 마시지 않는다.

해설

[1] 충치의 개수가 줄어든 원인은 제시된 기사를 보고 알 수 없다.

11

정답

[1] ③

[2] • 황사에 포함된 알칼리성 물질이 토양이나 산성비를 중화시킨다.
• 바다에 사는 플랑크톤에게 영양을 공급한다.

[3] [모범답안]
• 황사가 심한 날은 가급적 외출을 삼간다.
• 실내에 황사 먼지가 들어오지 않도록 창문을 잘 닫는다.
• 외출할 때 마스크 등을 착용한다.
• 외출 후 집에 들어오기 전에 몸에 묻은 먼지를 털어준다.
• 손과 발을 깨끗이 씻는다.

해설

[1] 황사에는 알칼리성 물질이 포함되어 있어 흙이 산성화되는 것을 막아주고, 산성비를 중화시켜준다.

[2] 미국에서는 흙과 호수가 산성화되는 걸 막기 위해 엄청난 돈을 들여 알칼리성인 석회가루를 뿌린다. 그러나 우리나라는 황사가 20~50만 톤의 석회를 자연스럽게 날라 주므로 토양에 석회가루를 뿌릴 필요가 없다.

[3] 황사는 몇 가지 좋은 점이 있지만, 사람들에게 직접적인 피해를 주므로 황사가 심할 때는 물을 많이 마시고 밖에 나갈 때 마스크를 쓰며, 외출 후에는 손발을 깨끗하게 씻어야 한다.

정답

12

[1] ②

[2] 추위가 이어지면서 일반가정뿐만 아니라 회사, 공장, 상점 등 각종 시설에서 전기 온풍기, 전기 히터 등과 같은 전기를 이용한 난방 기구를 많이 사용하기 때문이다.

[3] [모범답안]

- 실내 온도를 18~20℃로 유지한다.
- 사용하지 않는 형광등의 불을 끈다.
- 사용하지 않는 가전제품의 플러그는 뽑는다.
- 전기장판이나 전기 히터 등 온열기의 사용을 자제한다.

해설

[1] 가스레인지는 가스를 연료로 하여 불을 땐다.

[2] 여름철에는 냉방, 겨울철에는 난방으로 인해 전기를 많이 사용한다.

정답

13

[1] ②

[2] 의료 분야, 뼈를 잘라 낸 부위에 뼈와 비슷한 모형물을 만들어 박아 넣어야 할 때 잘라 낸 뼈의 크기와 같은 크기의 모형물을 만든다.

[3] [모범답안]

초콜릿, 보통 초콜릿을 만들 때는 초콜릿을 녹인 후 모양 틀에 붓고 굳히는 과정을 거친다. 그러나 3D 프린터가 있으면 모양 틀에 넣어 굳히는 과정을 생략하고, 바로 원하는 모양을 만들 수 있을 것 같다.

해설

[2] CT를 이용해서 잘라낸 뼈 부위의 모양을 정확히 알아낸 후 3D 프린터에 입력하면, 프린터가 잘라낸 뼈 부위의 모양과 정확히 일치한 모형물을 만들어 준다. 이런 기술들이 더 발전하면 앞으로는 뼈뿐만 아니라 환자의 간이나 신장 모형까지도 만들 수 있을 것이다.

[3] 특정한 정답을 요구하기보다 그렇게 생각한 이유가 타당한지 확인한다.

정답 및 해설

14

정 답

[1] ④
[2] 빙저호
[3] [모범답안]
두꺼운 얼음이 위에서 누르면 압력이 높아져서 물의 어는점이 낮아지기 때문에 물이 쉽게 얼지 않는다.

해설

[1] 과학자들은 예전부터 빙저호에 생명체가 살고 있는지 알아보는 등의 연구를 하고 싶어 했다. 그러나 3,000m가 넘는 두꺼운 얼음을 깨끗하게 뚫는 것은 쉽지가 않았다. 3,000m면 63빌딩 약 12개 정도의 높이이며, 뚫는 과정에서 세균이 들어갈 수 있기 때문이다. 뚫는 과정에 미생물이 포함되면 그것이 지상에서 침투된 것인지, 아니면 빙저호에서 살고 있던 미생물인지 분간하기 힘들다. 빙저호의 물과 침전물을 퍼내는 20년의 연구 결과, 빙저호에서 정말로 미생물이 발견되었다고 한다.
[3] 일반적으로 물의 어는점은 0℃이지만, 어는점은 압력에 반비례한다. 즉, 압력이 높아질수록 어는점은 낮아진다.

15

정 답

[1] ②
[2] 하루 평균기온이 20℃ 미만으로 유지되는 첫날을 가을 시작일로 정한다.
[3] [모범답안]
지구의 온도가 점점 높아져 기후가 바뀌면 동식물들이 지금까지 살아왔던 생활환경도 바뀌게 되므로 생태계에 혼란이 일어난다. 극지방의 빙하가 녹아 바닷물의 높이가 점점 높아지면 해안도시가 잠기게 된다.

해설

[1] 1990년대 가을 시작일은 9월 22일이었다. 서울의 가을 시작일은 지구온난화와 급속한 도시화의 영향으로 지난 30년 사이 일주일가량 늦어져 2000년대에는 9월 26일이 되었다.
[2] 우리나라에서는 1일 8회(03시, 06시, 09시, 12시, 15시, 18시, 21시, 24시) 관측값의 평균을 그날의 하루 평균기온으로 사용한다.

16

정답

[1] ②

[2] 끓는점

[3] [모범답안]

솥뚜껑이 무거우면 가마솥 안의 수증기가 솥 밖으로 빠져나가지 못하므로 솥 내부의 압력이 높아져 물의 끓는점이 높아진다. 물이 높은 온도에서 끓으면 쌀이 골고루 잘 익게 되므로 밥맛이 좋아진다.

해설

[1] 대부분의 압력 밥솥은 내부의 압력을 대기압보다 높은 1.2기압 정도로 높여 물이 약 120℃에서 끓게 한다.

[3] 가정용 압력밥솥은 1679년 프랑스의 물리학자 드니 파팽이 발명한 증기 찜통을 개량한 것이 그 시초이며, 우리나라에서는 오래전부터 사용해왔던 가마솥이 그 출발점이라고 볼 수 있다. 일반적으로 물의 끓는점은 100℃이지만, 압력이 높을수록 높아진다.

가마솥의 밥 짓는 원리

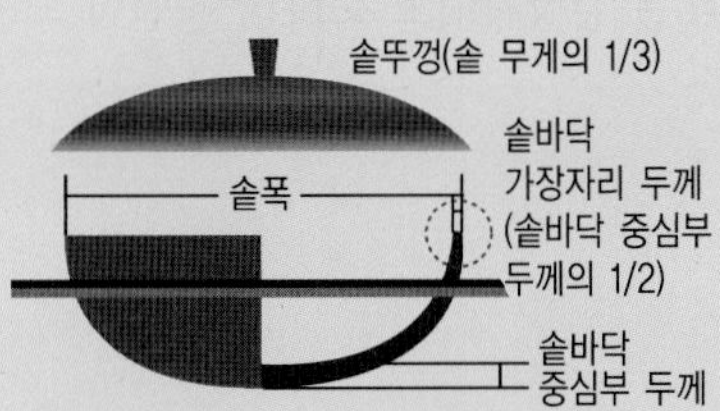

전통 가마솥은 바닥의 중심부 두께가 가장자리보다 2배 두꺼워 열을 솥에 고르게 전달시키다. 또 솥뚜껑의 무게가 전체의 3분의 1에 달해 공기나 수증기가 새나가지 않게 한다.

17

정답

[1] ②

[2] ㉠ 원심력, ㉡ 구심력

[3] [모범답안]

시계바늘, 세탁기, 회전목마, 믹서 등

해설

[1] 원심력과 구심력의 작용 방향은 서로 반대이며, 크기는 서로 같다.

18

정 답

[1] ②

[2] • 피부 노화의 원인이 된다.
  • 피부에 화상을 입히거나 피부암을 일으킨다.
  • 머리카락을 손상시키고, 탈모의 원인이 된다.

[3] [모범답안]
  • 외출하기 전 자외선 차단제를 꼼꼼히 바른다.
  • 야외 활동 시 햇빛 가리개 등을 사용한다.
  • 날씨 예보에서 자외선지수를 확인한다.

해설

[1] 자외선 차단제는 외출하기 15분 전에 바르는 것이 좋으며, 놓치기 쉬운 귀 · 목 · 입술 · 손 · 발 등 얼굴과 팔, 다리 이외의 부위에도 꼼꼼히 발라야 한다. 물놀이 할 때에는 내수성 제품은 1시간, 지속 내수성 제품은 2시간마다 다시 발라야 한다.

[2] 자외선은 피부를 손상시키고 노화의 원인이 되지만, 살균 작용을 하는 등 좋은 영향을 주기도 한다.

정답

19

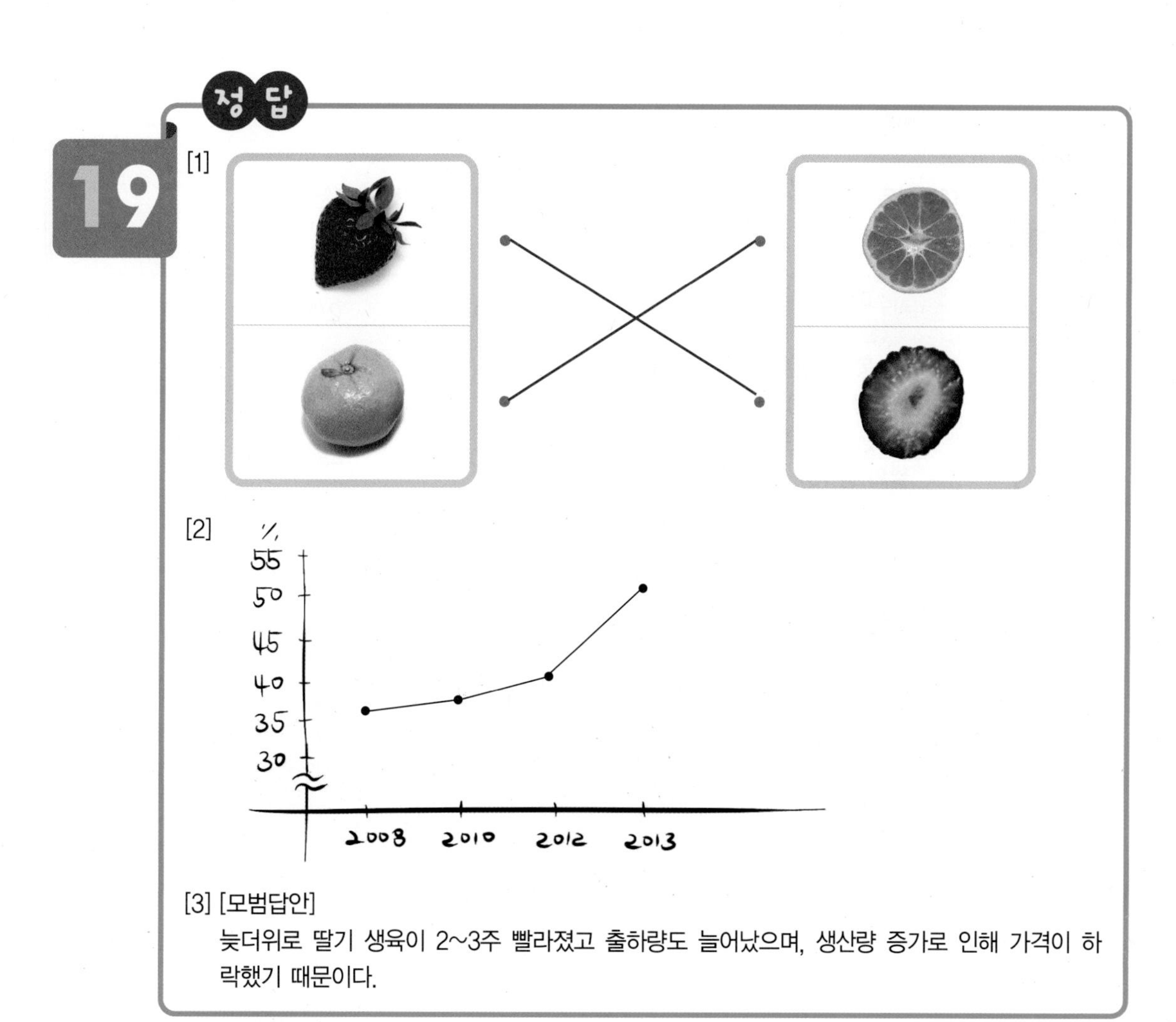

[3] [모범답안]

늦더위로 딸기 생육이 2~3주 빨라졌고 출하량도 늘어났으며, 생산량 증가로 인해 가격이 하락했기 때문이다.

해설

[2] ㅇㅇ마트의 감귤 · 딸기 매출총액에서 딸기가 차지하는 비율은 2008년 36.7%, 2010년 38.7%, 2012년 42.3%, 2013년 52.4%이다. 가로축에서 해당 연도를 찾고, 세로축에서 %를 찾아 점을 찍은 후 각 점을 선으로 잇는다.

정 답

20

[1] ②

[2] 대체식품과 즉석 가공식품이 다양해지면서 식생활이 간편해졌기 때문이다.

[3] [모범답안]

날짜 (월/일)	2/3	2/4	2/5	전체
하루 동안 먹은 밥의 양 (그릇)	3	3	4	10
하루 동안 먹은 쌀의 양 (g)	360	360	480	1,200

• 3일간 먹은 쌀의 양 : 1,200g

해설

[1] 2012년 1인당 연간 쌀 소비량은 69.8kg으로 70kg보다 적다.

[3] 지난 3일간 날짜를 기록하고 밥을 먹은 그릇 수를 먼저 센다. 밥 한 그릇에 120g의 쌀이 들어간다고 가정하였으므로, 3일 동안 밥을 먹은 그릇 수에 120을 곱하여 먹은 쌀의 양을 구할 수 있다.

봄나들이 분리수거

Step 1 주제 탐구를 위한 발문

예시답안

01

(1) ① 페트병 : 다시 가공하면 옷과 등산용 신발에 쓰이는 고급섬유가 된다.
② 음식물 쓰레기 : 퇴비 연료가 될 뿐만 아니라 발효와 소각을 통해서 다양한 에너지로 만들 수 있다
③ 우유팩 : 신문용지, 상자, 인쇄 종이, 골판지, 쇼핑백, 일반 종이, 화장지 등으로 만들 수 있다.

(2) ① 종이팩 : 종이팩은 내용물을 비운 다음 가급적 물로 깨끗하게 헹군 후 평평하게 펴서 일반 폐지와 구분해서 버린다.
② 페트 병 : 금속이나 플라스틱으로 된 병뚜껑을 제거한 후 내용물을 비우고 물로 헹궈서 버린다.
③ 유리병 : 콜라병, 소주병과 같은 빈용기보증금 대상 빈 병은 깨끗이 내용물을 비운 다음에 병뚜껑을 잘 씌워서 소매점 등에 환불한다. 병에 담배꽁초나 이물질을 넣지 않는다.
④ 금속 캔 : 금속 캔은 내용물을 비운 후 압착해서 버리면 되고 다 쓴 부탄가스통은 반드시 구멍을 뚫어 잔량의 가스를 뺀 후 버린다.
⑤ 건전지 : 건전지 수거함에 버린다.
⑥ 형광등 : 형광등 수거함에 버린다.

해설

(1) 플라스틱은 가공이 쉽고 녹슬지 않으며 내구성이 좋아 생활 곳곳에서 사용된다. 그러나 플라스틱은 자연적으로 분해되지 않으므로 매립해도 오랫동안 썩지 않고 그대로 남아있게 된다. 플라스틱은 소각해도 완전히 연소되지 않고 유독가스를 발생시키며, 소각 후에도 중금속과 같은 잔재가 남기 때문에 단순 매립할 경우 이차적인 환경오염을 일으키게 된다. 따라서 폐플라스틱은 재활용하는 것이 가장 효과적이다.
우리나라는 종이 원료인 펄프 생산이 부족하여 85% 이상을 수입한다. 종이는 다른 제품과 달리 9번까지 재활용할 수 있다. 5번만 재활용해도 지금보다 15배 가까이 환경을 보존할 수 있다.

(2) 한 해 동안 사용되는 캔의 양은 약 6억 개로 그중 1억 2천 개가 알루미늄 캔이며 나머지가 철 캔이다. 알루미늄 캔을 재활용하는 데 필요한 에너지는 원석으로부터 알루미늄을 얻는 데 필요한 에너지의 1/26로 에너지 절약 효과가 크다. 알루미늄 캔 하나가 땅속에 묻힌 후 분해되는 데 걸리는 시간이 500년이나 되기 때문에 환경보호 효과도 크다.

예시답안

02

(1)

플라스틱	비닐류	페트	캔류	유리
치약 플라스틱 통 장난감 자동차	라면봉지 과자봉지	주스병 생수병	냄비 음료수 캔 통조림	유리컵 잼 유리병

종이팩	종 이	형광등	건전지	의류 및 천
우유팩	종이가방 종이 계란판 종이컵 노트	형광등	건전지	스웨터 모자

(2) 종이

Step 2 Creative Activity

01

예시답안

① Ready : 장을 보기 전에 미리미리 메모하기
② Reduce : 반찬 가짓수 줄이기
③ Remember : 음식물 쓰레기가 아닌 것 기억하기
④ Replay : 음식물 쓰레기 재활용

해설

음식물 쓰레기란 식품의 생산, 유통, 가공, 조리과정에서 발생하는 쓰레기와 먹고 남은 음식 찌꺼기를 말한다. 푸짐한 상차림에 국물 음식이 있는 우리의 음식 문화, 인구의 증가, 생활여건 향상, 식생활 고급화 등에 의한 음식물 낭비로 무분별하게 버려지는 음식물 쓰레기가 엄청난 양에 이른다. 음식물 쓰레기로 인한 피해는 단순한 환경 문제에 그치지 않는다. 음식은 생산에서 수송, 유통, 보관 및 조리하는 과정까지 많은 에너지를 소모하고, 온실가스를 배출한 후에 우리 밥상에 오르게 된다. 4인 한 끼 밥상을 차리기까지 배출되는 온실가스는 이산화 탄소 4.8kg으로, 이는 승용차 한 대가 25km를 운행할 때 배출되는 온실가스 양과 동일하며, 20~30년생 소나무 한 그루가 1년 동안 흡수하는 이산화 탄소량이다. 음식물 쓰레기를 20%만 줄여도 온실가스를 연간 177만 톤 감소시킬 수 있으며 18억 kWh의 에너지를 절약할 수 있다.

02

예시답안

- 마스크를 착용한다.
- 외출 후 손과 발을 깨끗하게 씻는다.
- 입을 헹군다.
- 물을 많이 마신다.

정답 및 해설

운동회 줄다리기 게임

Step 1 주제 탐구를 위한 발문

01

예시답안

아기가 걸을 때 미끄러지는 것을 방지하기 위한 것이다.

해설

양말과 바닥의 마찰력을 크게 하여 미끄러지지 않도록 한다.

02

예시답안

바닥이 미끄러워서 산에 잘 올라갈 수 없다.

해설

산에 갈 때는 마찰력이 큰 등산화를 신고, 실내에서는 마찰력이 작은 신발을 신는다. 겨울 산은 얼음이 많으므로 마찰력을 크게 하기 위해 아이젠을 신어야 안전하다.

예시답안

03

(1) • 실험 1 결과 : 엄마 또는 아빠가 이긴다.
• 실험 2 결과 : 고무장갑을 낀 내가 이긴다.
• 실험 3 결과 : 카펫 위에 서 있는 사람이 이긴다.
• 실험 4 결과 : 문턱 앞에 선 내가 이긴다.

(2) • 무거운 사람(힘이 센 사람)이 앞에 선다.
• 무거운 사람을 많게 한다.
• 바닥이 미끄럽지 않도록 흙을 없앤다.
• 잘 미끄러지지 않도록 바닥이 미끄럽지 않은 울퉁불퉁한 신을 신는다.
• 손이 잘 미끄러지지 않도록 장갑을 낀다.
• 발이 끌려가지 않도록 땅을 파고 버틴다.
• 줄이 휘어지지 않도록 일자로 만든다.
• 겨드랑이 사이에 줄을 끼우고 양손으로 잡는다.
• 구호와 함께 모두 동시에 줄을 당긴다.
• 구호와 동시에 누워서 당긴다.

해설

줄다리기는 양쪽에서 세게 잡아당기는 경기인데, 잡아당기는 힘이 큰 쪽으로 움직인다. 그러나 줄다리기에서 승패는 잡아당기는 힘보다 바닥과의 마찰력에 의해 결정된다. 바닥과의 마찰력이 클수록 쉽게 움직이지 않으므로 줄다리기에서 이길 확률이 높다. 바닥과의 마찰력을 크게 하기 위해서는 무게가 무거워야 하며, 바닥이 거칠거칠할수록 좋다.

Step 2 Creative Activity

01

예시답안

얼음판은 마찰력이 작아 미끄럽다. 얼음판 위에 서서 줄을 잡고 양쪽에서 잡아당기면, 내 발과 바닥의 마찰력이 작아 몸이 고정되지 않고 쉽게 움직인다.

해설

양말을 신고 매끄러운 바닥에서 수건을 이용하여 줄다리기를 해보면 두 사람 모두 앞으로 끌려가는 것을 쉽게 느낄 수 있다. 무게가 무겁거나 양말이 거칠어 바닥과의 마찰력이 큰 사람이 더 적게 움직인다.

02

예시답안

- 최고와 최저 몸무게를 정한다.
- 맨손으로 한다.
- 줄을 잡을 때 미끄러지지 않게 해주는 송진이나 약품을 사용하지 않는다.
- 신발은 스파이크가 없는 밑바닥이 평평한 실내 스포츠화를 신는다.
- 상대편을 2m 끌어와야 이긴다.

해설

다음 내용은 국민생활체육 전국 줄다리기연합회에서 주최하는 줄다리기의 규정이다.
경기는 8명의 선수가 참여하게 되며 코치와 트레이너 및 예비선수 2명을 포함하여 10명으로 팀 구성이 되고, 코치와 트레이너는 나이 등 다른 규정에 저촉되지 않을 경우 선수를 겸할 수 있다. 선수는 Puller라고 부르며 8번째 선수는 앵커맨(anchor man)으로 부른다.

- 선수 8명 전체의 체중을 480kg부터 40kg씩을 더해 등급을 매긴 체급과 720kg 이상의 무제한급까지 있다.
- 경기복은 반바지, 긴소매의 스포츠 셔츠, 스타킹을 원칙으로 하되, 이와 관계없이 경기하기에 편하고 미관을 해치지 않는 복장이면 무방하다.
- 앵커맨은 부상 방지를 위해서 보호 장구와 헬멧을 착용한다. 보호대는 반드시 셔츠 안에 착용한다.
- 허리보호를 위해서 벨트를 착용할 수 있다. 벨트는 반드시 셔츠 밖에 착용한다.
- 줄다리기는 맨손으로 하며, 송진이나 약품, 장갑, 기타 미끄럼막이를 하는 등 줄을 잡을 때 미끄럽지 않게 해주는 어떤 것도 허용되지 않는다. 부상으로 붕대나 반창고 등을 사용할 때는 심판의 허가를 받아야 한다.
- 신발은 밑바닥이 평평하고 뒤축이 없는 실내 스포츠화이어야 하며 스파이크나 금속제 바닥이나 발가락이 나오는 등의 신발은 금지한다.

정답 및 해설

겨울나기

Step 1 주제 탐구를 위한 발문

예시답안

01

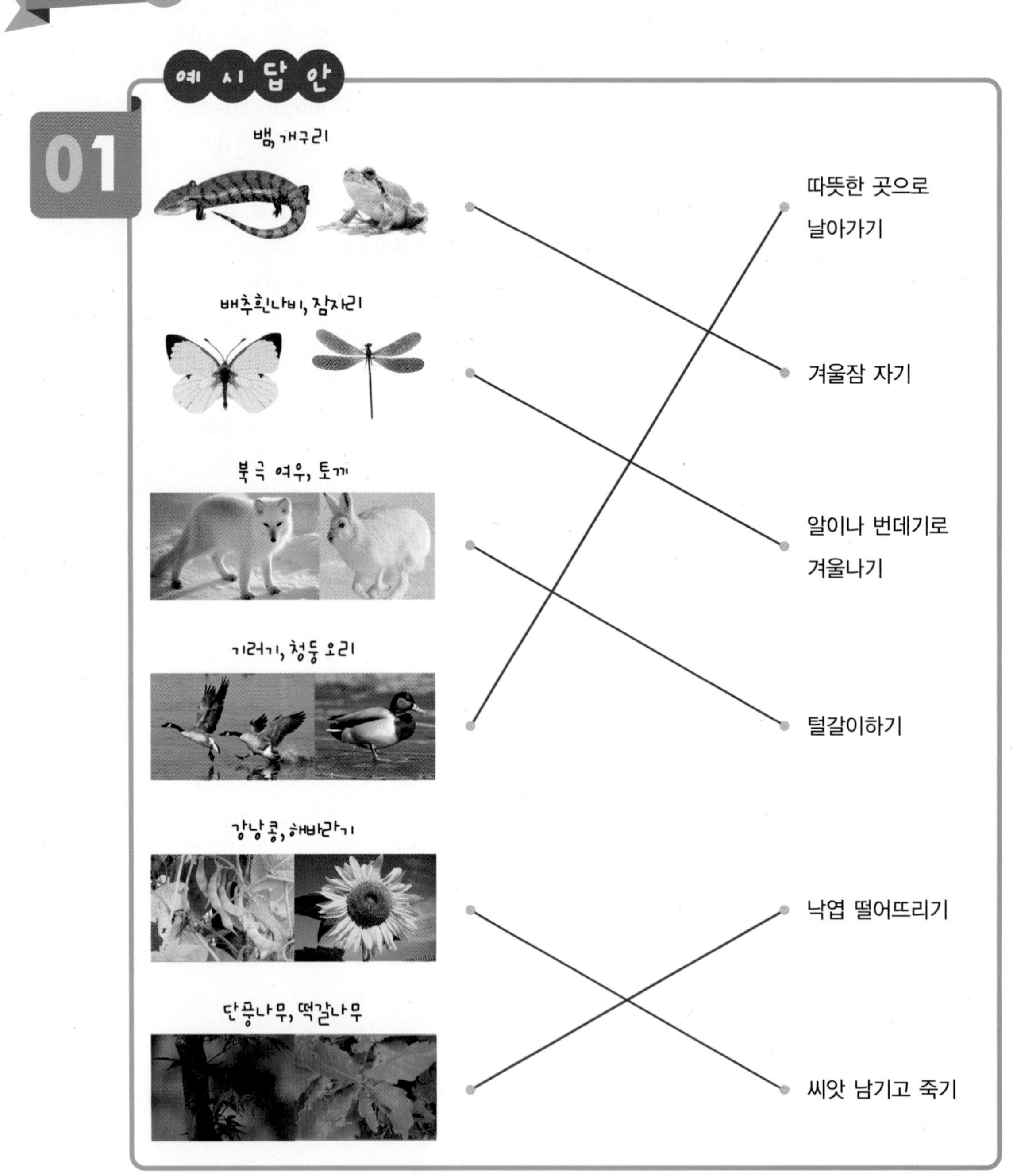

예시답안

02

(1) 눈이 많은 북극은 흰색이므로, 적의 눈에 띄지 않기 위해 털이 흰색이다.

(2) 검은색 종이가 흰색 종이보다 더 따뜻하다.

(3) 검은색이 태양열을 잘 흡수하여 체온을 따뜻하게 유지하는 데 도움이 되기 때문이다.

해설

(1) 북극곰의 털은 두 종류로 구성되어 있다. 하나는 안쪽에 있는 잔털이며, 다른 하나는 바깥쪽에서 몸 전체를 뒤덮고 있는 보호털이다. 보호털은 빨대처럼 속이 비어 있으며, 몸을 따뜻하게 해준다. 털갈이가 끝나면 새하얗던 털은 차차 황백색에 가깝게 변한다.

(2) 검은색은 빛과 열을 흡수하고, 흰색은 반사하므로 검은색 종이가 흰색 종이보다 더 따뜻하다.

정답 및 해설

Step 2 Creative Activity

01

예시답안

- 전열 기구를 설치하고 전열 기구 주위에서 따뜻하게 지낸다.
- 열선이 깔린 바위에서 지낸다.
- 단백질이나 지방이 많이 포함된 음식을 먹는다.

해설

열대지방 동물들은 예전에는 추운 겨울이면 우리에 갇혀 지냈지만, 요즘에는 전열 기구를 이용한 난방으로 실내외를 얼마든지 드나들 수 있다. 알락꼬리 여우원숭이는 전열기 아래에서 서로 몸을 맞댄 채 옹기종기 모여 있다. 사자는 열선이 깔린 바위 위에 몰려있다. 원숭이들도 따뜻한 물 주변이나 햇볕을 찾아다닌다. 반면 혹한 속에서 오히려 활개를 치는 동물도 있다. 호랑이는 날씨가 추워지면 활동이 활발해지고 식욕은 더욱 왕성해지며, 제철을 만난 북극곰도 먹이를 잡으러 차가운 물 속으로 풍덩 뛰어든다. 북극곰은 추위를 이겨내기 위해 지방이 많은 닭고기나 생선 위주의 먹이를 먹는다.

02

예시답안

- 얼음 위에서 연어 사냥을 하고, 바다에서 바다표범 사냥을 한다.
- 얼음으로 이글루를 짓는다.
- 가죽과 털로 옷을 만들어 입는다.
- 날고기를 먹는다.
- 개썰매를 탄다.

나의 몸

Step 1 주제 탐구를 위한 발문

예시답안

01

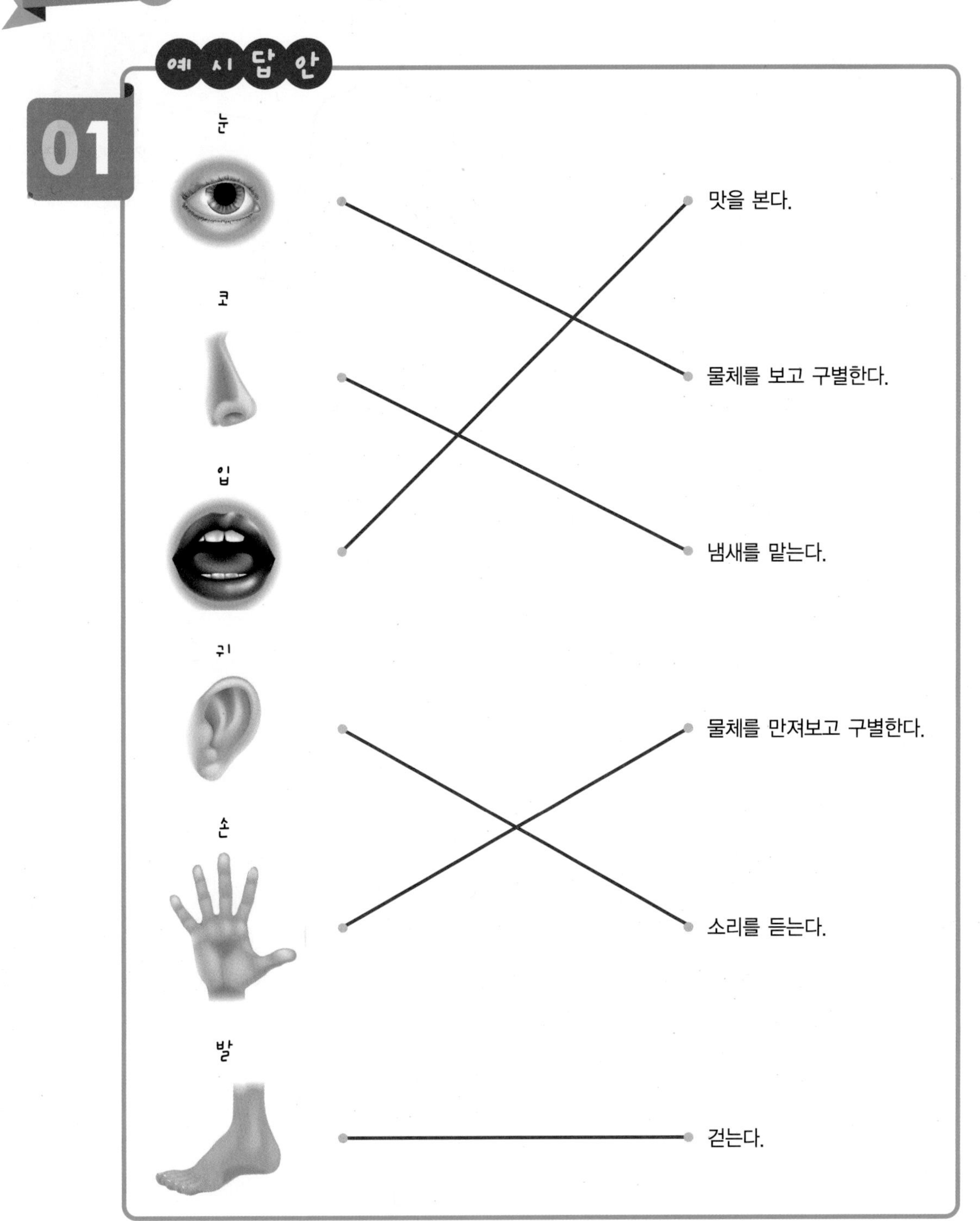

정답 및 해설

예시답안

02

(1)

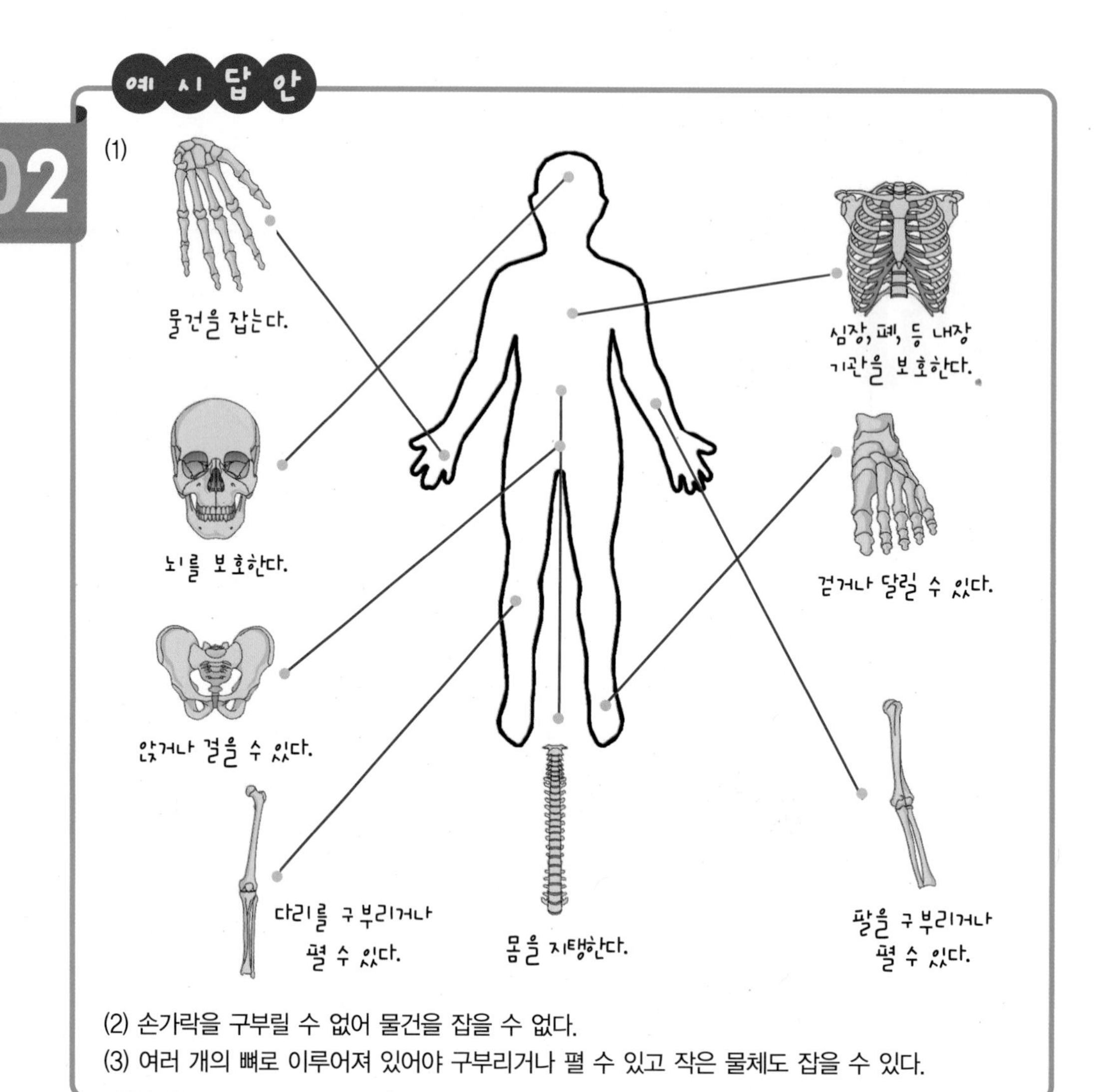

(2) 손가락을 구부릴 수 없어 물건을 잡을 수 없다.

(3) 여러 개의 뼈로 이루어져 있어야 구부리거나 펼 수 있고 작은 물체도 잡을 수 있다.

해설

우리 몸은 206개의 뼈로 이루어져 있다. 사람의 뼈는 같은 무게의 철근 기둥보다 더 단단하며, 강도가 요구되는 곳의 뼈는 굵고, 구부러져야 하는 곳의 뼈는 수가 많다. 손상되기 쉬운 뼈의 끝 부위는 상대적으로 굵고, 근육의 지레 작용이 증가하는 부위는 볼록 튀어나와 있다. 또, 정교한 신경과 혈관이 지나가는 통로엔 안전 통행을 보장하기 위해 홈이 파여 있다.

(3) 뼈마디(관절)는 뼈와 뼈가 맞닿아 연결되는 부위이다. 뼈마디 부위에는 물렁물렁한 물렁뼈(연골)가 있어서 뼈끼리 마찰되지 않도록 보호해 주며, 뼈와 뼈를 연결해 주는 조직인 인대가 있다. 손가락, 발목 등의 관절은 자유롭게 움직일 수 있지만, 머리뼈는 움직일 수 없는 뼈마디로 되어 있다.

Step 2 Creative Activity

예시답안

01

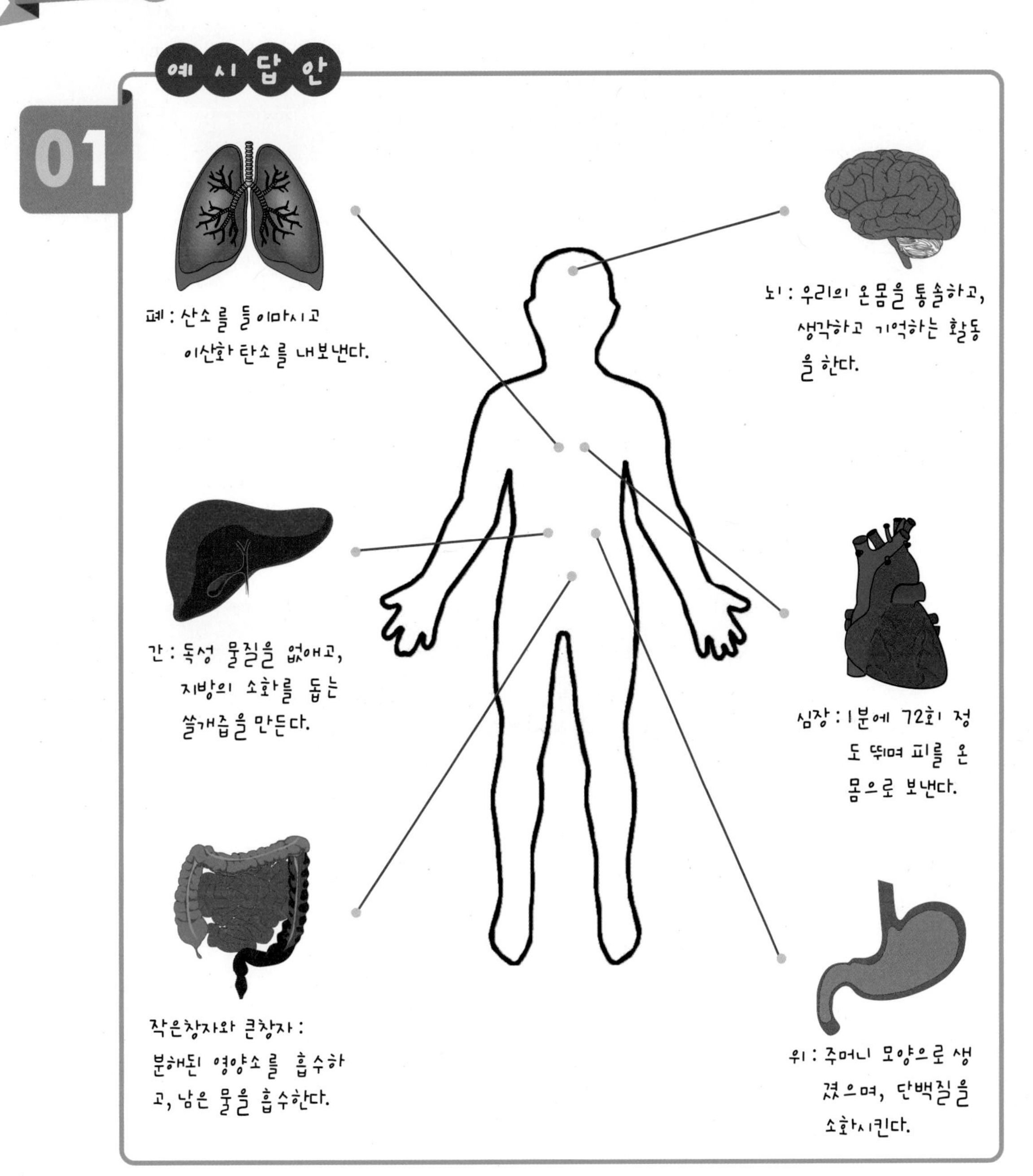

해설

- 간, 위, 작은창자, 큰창자 : 음식물을 소화시킨 후 흡수하는 소화기관이다.
- 심장 : 피를 온몸으로 순환시키는 순환기관이다.
- 폐 : 공기를 들이마시고 내쉬는 호흡기관이다.

02

예시답안

- 10~12월 사이에 예방 접종을 한다.
- 외출 후 집에 돌아오면 꼭 손을 씻고 양치한다.
- 기침 등의 호흡기 증상이 있는 경우 마스크를 착용한다.
- 기침이나 재채기를 할 때에는 손수건이나 휴지 등으로 입을 가린다.
- 독감이 유행할 때는 사람들이 많이 모이는 장소에 가지 않는다.

해설

독감예방주사는 70~90% 이상의 예방 효과를 나타낸다. 그러나 독감예방주사를 맞아도 일반 감기에는 걸릴 수 있다. 독감예방주사는 독감(인플루엔자) 바이러스를 예방하는 백신이므로 감기와 같은 다른 종류의 바이러스에는 효과가 없다.

MEMO

MEMO

안쌤의 STEAM+ 창의사고력 과학 100제

초등 1-2학년

안쌤의 STEAM+창의사고력 과학 100제 추천글

재미있는 그림을 통해 과학을 보다 흥미롭고 알기 쉽게
학습할 수 있을 뿐만 아니라 생활 속 문제 상황을
파악하고 해결책을 서술함으로써 학생들이 자유로운 사고를 하여
문제해결력과 과학 논술 능력을 기를 수 있도록 구성하였다.
이 책은 영재교육원 대비뿐만 아니라 다양한 시험에서
실질적인 도움을 줄 수 있으리라 확신한다.

- 前 하이스트 강동 과학 강사 **문승아** -

수학이 쑥쑥! 코딩이 척척!
초등코딩 수학 사고력 시리즈

- 초등 SW 교육과정 완벽 반영
- 수학을 기반으로 한 SW 융합 학습서
- 초등 컴퓨팅 사고력 + 수학 사고력 동시 향상
- 초등 1~6학년, 영재교육원 대비

영재성검사 창의적 문제해결력
모의고사 시리즈

- 영재성검사 기출문제
- 영재성검사 모의고사 4회분
- 초등 3~6학년, 중등

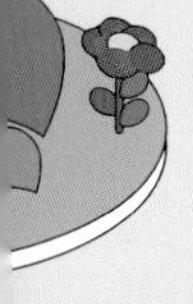

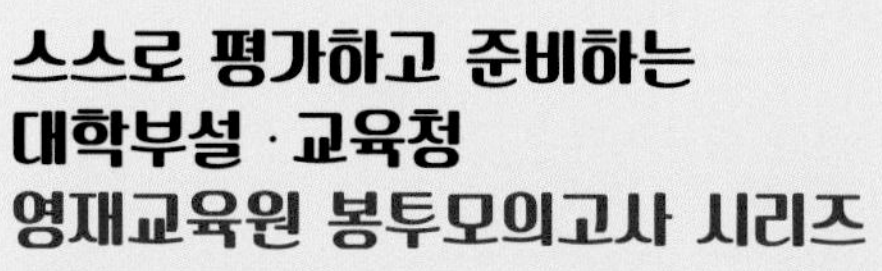

스스로 평가하고 준비하는
대학부설 · 교육청
영재교육원 봉투모의고사 시리즈

- 영재교육원 집중 대비 · 실전 모의고사 3회분
- 면접 가이드 수록
- 초등 3~6학년, 중등

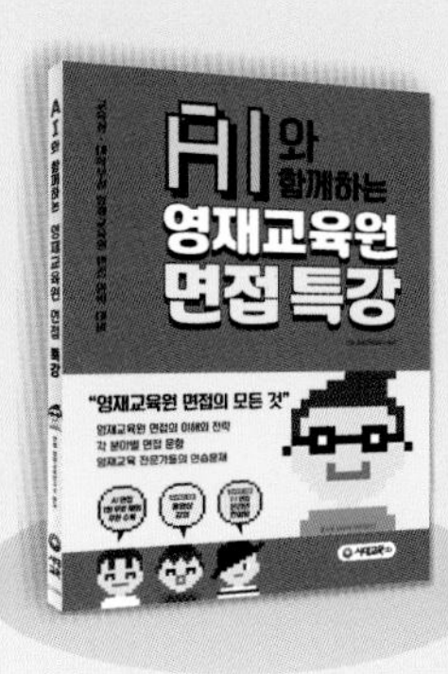

AI와 함께하는
영재교육원 면접 특강

- 영재교육원 면접의 이해와 전략
- 각 분야별 면접 문항
- 영재교육 전문가들의 연습문제